U0296222

国家社科基金
后期资助项目
GUOJIA SHEKE JIJIN HOUQI ZIZHU XIANGMU

环境变迁与水利纠纷

以民国以来沂沭泗流域为例

Research of Environmental Changes and Water
Conservancy Disputes Basic on the Example of
Yi-Shu-Si Basin since the Republic of China

胡其伟 著

上海交通大学出版社
SHANGHAI JIAO TONG UNIVERSITY PRESS

内容提要

　　本书讨论的是沂沭泗流域民国以来环境变迁及水利纠纷问题。将水利纠纷置于社会、经济发展背景下予以考察，对诸如人口增加、土地超荷、民众心理等与水利纠纷的相关性进行具体剖析，从而展示纠纷发生、发展、激化直至解决的过程，尤其是水利纠纷与行政区划调整之间的互动关系。

　　本书对研究其他地区的水利纠纷具有重要的参考价值，可作为水利史、环境史、社会史学者的研究参考资料。

图书在版编目(CIP)数据

环境变迁与水利纠纷：以民国以来沂沭泗流域为例／
胡其伟著. 一上海：上海交通大学出版社，2018
ISBN 978-7-313-19770-2

Ⅰ.①环… Ⅱ.①胡… Ⅲ.①淮河一水利管理一研究
Ⅳ.①TV882.3

中国版本图书馆 CIP 数据核字（2018）第 161806 号

环境变迁与水利纠纷：
以民国以来沂沭泗流域为例

著　　者：胡其伟

出版发行：上海交通大学出版社　　　　　　　地　　址：上海市番禺路 951 号
邮政编码：200030　　　　　　　　　　　　　电　　话：021-64071208
出 版 人：谈　毅
印　　制：上海春秋印刷厂　　　　　　　　　经　　销：全国新华书店
开　　本：710 mm×1000 mm　1/16　　　　　印　　张：21.25
字　　数：366 千字
版　　次：2018 年 12 月第 1 版　　　　　　　印　　次：2018 年 12 月第 1 次印刷
书　　号：ISBN 978-7-313-19770-2/TV
定　　价：88.00 元

国家社科基金后期资助项目
出版说明

后期资助项目是国家社科基金设立的一类重要项目,旨在鼓励广大社科研究者潜心治学,支持基础研究多出优秀成果。它是经过严格评审,从接近完成的科研成果中遴选立项的。为扩大后期资助项目的影响,更好地推动学术发展,促进成果转化,全国哲学社会科学工作办公室按照"统一设计、统一标识、统一版式、形成系列"的总体要求,组织出版国家社科基金后期资助项目成果。

全国哲学社会科学工作办公室

序

我国疆土辽阔,地域广大,河流众多,然而水资源却并不丰富,且地域和季节间差异很大,故常有水旱之灾。这对一个长期靠天吃饭的传统农业国家来说,是经久不解的难题之一。故周秦以来,我国历朝历代都非常重视水利设施建设。各时代的朝廷和地方都曾花费大量财力、人力进行水利建设,然其效果则因时因地而异,是一个十分复杂的问题。同时,在水利建设过程中,由于不同地域和人群在治水、用水、排水问题上的不同利益取向,从而引起的水利纠纷,在我国历史上也是延续不断。据本书作者研究,水利纠纷并非仅仅是水利问题,其背后蕴藏许多社会深层次的原因,诸如人口增长、土地负荷、疆界变动、官民关系以及民众心理,等等。因此研究某地区的水利纠纷,实质上是研究该地区环境和社会变迁的一个很好的切入口。

本书作者胡其伟研究环境变迁与水利纠纷问题所选择的沂沭泗流域,范围不大,却是一个十分典型的地区。

沂沭泗流域地处淮河下游,在历史上曾经是农业比较发达的地区。在春秋战国时代,鲁国地滨洙泗,"颇有桑麻饶","沂泗水以北,宜五谷桑麻六畜",是为"膏腴之地"。然自南宋初年黄河夺淮以来,由于黄河下游河床淤高,沂、沭、泗等河入淮受阻,常患水灾。清咸丰五年黄河北徙后,淮河入海口仍然很高,水患并未减轻。故从清末开始,"导淮""复淮"的呼声很高。民国以后,由于内战和抗日战争的持续不断,社会动荡,"导淮"工程始终未能顺利进行。中华人民共和国成立后,党和政府采取了一系列积极的水利措施,取得了一定的效果,但是在蓄、排问题上引起地域和人群之间的矛盾,未能得到完全解决。因此,水利纠纷还时有发生,诸如有以邻为壑的扒堤、挖沟、打坝的行为,甚至发展到械斗,矛盾十分尖锐。本书皆有详细论述。然深而言之,水利纠纷还有许多社会和自然的背景,例如水旱灾害、土地开发、民众心理和干部的本位主义等,同时还会引起水域边界和行政区划的改变,非常具有典型性。

　　至于水利纠纷的解决，民国以来，中央政府、地方政府、水利机构、民众社会等多方面的协调，也有许多相应的措施，曾取得一定的成效。本书以微山湖地区水利纠纷为例，作为个案解剖，深入细致的分析，使读者对该地区在水利纠纷与地区环境和社会问题之间的关系有很确切的认识。

　　本书篇幅不大，但研究选择的区域很具有一定代表性、典型性，故对研究其他地区的水利纠纷具有重要的参考意义。是为序。

邹逸麟

前　　言

本书所讨论的是沂沭泗流域民国以来的水环境变迁及水利纠纷。通过剖析水利纠纷与环境变迁的关系，并将水利纠纷问题放在社会、经济发展的背景下的考察，对诸如人口增加、土地超荷、民众心理等与水利纠纷的相关性进行研究，从而展示纠纷发生、发展、激化直至解决的过程，尤其是水利纠纷与行政区划调整之间的互动关系。

由于行政区划的划分具有某种偶然性，既有"山川形便"，亦难免"犬牙交错"，而河流的流量、流向、流域范围和湖泊的淹没（覆盖）范围却有着某种必然性，因此两者之间难免存在差异，这种差异与水的流动性、季节性及水资源的有限性交织起来，矛盾便是必然的。为了有利于本课题的探讨与解决，笔者创造性地提出了"水利单元"这一概念。

所谓水利单元，即受某一水利设施或自然物节制之区域。区域内相对封闭，水资源基本平衡，且此区域内的居住单位（含集体与个体）及土地所有者有着共同的用水意愿和相似的利益诉求，并与周边相区别。

一方面由于河流整治、水利设施修建、闸门启闭等发生人为因素变动，另一方面则可能是因气候变化如降雨、干旱以及洪水引起的堤防溃决、河流漫溢等非人为因素的变动，导致水利单元经常变动。一旦这种变动和行政区划及某个群体利益产生冲突，就可能产生水利纠纷。

水利纠纷的解决，历史上在北方缺水地区一直依靠其稳定的水利组织及其代代相传的"水册""水则""渠规"等；在南方则是依靠宗族及宗族间的对话来解决。但是在本流域，一则因为水患频仍，稳定的水利系统和组织一直没有形成；二则因为本区长期战乱，宗族纽带关系极不稳定，历史上并未形成较为行之有效的纠纷解决机制。而中华人民共和国成立以后，传统小农经济被公有制经济取代，水利事业成为国家事业，水利设施不再是私有，传统的水利社会瓦解，水利纠纷更为频繁，解决起来更为艰难。

在沂沭泗流域，因地质条件不同而主要有三种水利纠纷类型，即以微山湖区为代表的权属不清型,以湖西地区为代表的蓄排矛盾型,以邳苍郯新地区为代表的汛期冲突型,因此本书就微山湖湖田湖产纠纷、邳苍郯新苏鲁边界水利纠纷及东明改属事件三个个案展开讨论,并就水利纠纷与行政区划变动之间的微妙的互动关系进行了探讨,认为水利纠纷可能导致行政区划、政区界线的变动,同时政区及界线的变动同样会引起或者消弭水利纠纷。

　　本书并不就这些纠纷做出价值判断,仅希望通过一些分析和解读尽量还事件以本来面目,寻找事件背后的潜在因素,并对纠纷事件的解决过程做一些对照和还原。当然,笔者也希望,本书的研究可以对国内外水利纠纷的解决有所裨益。

目　　录

上编　概　　论

下编　个　案　研　究

附　　录

引　言

第一节　选题的提出

一、研究对象的典型性

水利纠纷,亦称水事纠纷、水利争端、水事矛盾、治水纠纷、水利纷争等,系指行政区、部门和用水单位在治水、用水、排水中出现的一切矛盾纠纷事件,还包括因水域界线变化、河道变迁引起的边界争端。① 学界多以"水案"称之。由于多发生在边界接壤地带,故有些资料上又称边界水事,是边界纠纷的一种,而边界纠纷"其表现形式为行政区域边界不清引起纠纷,而本质却往往是纠纷地区的资源的权属、开发问题"②。加之历史上水利设施异常简陋,缺乏调蓄工程,水权又往往集中在少数水霸手中,一遇旱涝灾患,违章行为和水事纠纷不断,争议双方轻者聚集闹事,重者或殴伤或毙命,水利讼案连连。所以当时不少当政者曾兴叹:"水之利,不难于兴,而难于均。"③

本书讨论的水利纠纷除了边界水事之外,还兼及因水利设施引起的纠纷,如泄洪、蓄水、灌溉、排水、水量调节等引起的官民、官商之间的矛盾,以及官僚和行政机构之间的扯皮。

本书所关注的沂沭泗流域本不过是淮河下游的三条支流,流域面积仅8万平方公里。南宋以前,沂、沭、泗河道浚深,排水通畅,但由于黄河侵夺,淮河及沂沭泗水系被严重干扰,河道紊乱不堪。原水利部前部长钱正英感言:"其河道变化的复杂情况,不但在全国,恐怕在世界上也是少有的。在某

---

① 胡其伟:《湿地边界争端及其解决途径试探——以苏鲁微山湖为例》,《中国方域》2005年第4期。

② 李伟:《新编民政概论》,北京,中国盲文出版社,2003年,第349页。

③ (清)董萼荣、汪元祥:《(同治)乐平县志》,台北,成文出版社,1998年影印本,第270页。

种意义上,沂沭泗河道变化的历史也是中国江河治理历史的一个缩影。"①

　　诚如钱部长所言,沂沭泗河道的巨大变化,首先归咎于宋金以后的黄河南泛夺淮;其次,元明清三代的漕运政策是该流域巨变的直接诱因。如果没有借黄行运、避黄行运、"束水归漕""引黄济清"等一系列措施,沂沭泗流域应当依旧是"列城相望,最称殷繁,编户人才雄于东海"②的富庶之乡。咸丰五年(1855年)以后,虽黄河北徙,但流域水系混乱造成的洪水无出路而四下漫流的现象几乎年年可见,鲁南苏北更是大雨大灾、小雨小灾、无雨旱灾的重灾区。一遇灾年,往往饿殍遍野,野无鸡鸣。1855~1949年,"沂沭泗洪水灾害约共发生20余次。特别是1945~1949年,沂沭河等处连续5年大水"③。加之不少地方处丘陵地区,"冈阜之间,无滥车之水,瘠亢少腴,一遇旱魃为虐则民嗷然忧岁"④,其状甚惨。清末至民国,有识之士多次倡导"导淮",但工程屡次因经费不足及战争破坏而一再搁置。淮海战役的硝烟甫一落定,中共中央就吹响了"导淮整沭"的号角。六十余年以来,几经规划治理,该流域已由"靠天吃饭""一片天对一片地"的穷窝变成了"蓄泄兼筹"、协调发展、综合治理的典范,流域水环境在半个多世纪中有着翻天覆地的变化,勾勒出这个变化的大致过程可以为今后淮河及其他河流的治理提供一个参考。

　　之所以选择这一区域进行研究,还基于以下几点理由:

　　首先,流域是灾害多发地带。由于河道均属雨源型河道,洪水由流域内降雨产生的地面径流汇集而成。沂沭河流域山丘区诸河属山溪性河流,河道比降陡,汇流历时短,峰型尖瘦,洪水陡涨陡落。而南四湖以西坡水河道,则由于地面坡降较缓,河道泄洪能力较小,洪水峰型矮胖,汇流历时较长,当降雨间隔时间较短时,易导致洪水接踵而至,且持续时间很长。历史上尤其是清代以后的沂沭泗区水灾频仍,流域内几无宁日。据历史资料统计:1644~1949年的306年间,共发生较大水灾95年次,大水灾23年次,其中因该水系暴雨洪水引发的12年次(分别是1659年、1683年、1701年、1702年、1730年、1771年、1890年、1918年、1939年、1940年、1947年、1949年),由黄河决口造成的有11年次(分别是1650年、1751年、1781年、1796年、1851年、1853年、1855年、1871年、1926年、1933年、1935年)。⑤ 因里下河地区处在沂沭

①　钱正英:《〈沂沭泗河道志〉序》,见《沂沭泗河道志》,北京,中国水利水电出版社,1996年,第1页。
②　(明)公鼐:《〈沂水县志〉序》,见沂水县地方史志编纂委员会汇编《沂水县志》,济南,齐鲁书社,1997年,第864页。
③　徐州水利局:《徐州市志·水利志》(初稿),1988年11月油印本,第2~23页。
④　(清)傅履重:《水利论略》,见(清)黄胪登《(康熙)沂水县志》卷一。
⑤　数据系综合《山东省水利史(送审稿)》(山东省水利史志编辑室,1992年)、《山东省自然灾害史》(地震出版社,2000年)、《山东淮河流域防洪》(山东科技出版社,1993年)等资料而成。

泗洪水波及范围之内,故本书兼有论及。

其次,南水北调工程实施以后,本流域的重要性已经凸显,可以预言:在未来的几十年、上百年间,流域的界限会进一步被打破,就像本流域各河互相通注、交相分流一样,宏大的南水北调工程将再次把长江、淮河、黄河、海河贯通起来,在这个过程进行的同时,新的问题、新的纠纷将不断出现,而本案或可以为其提供一个解决模式。

沂沭泗流域是黄河变迁的产物。如果时光倒退 800 年,在黄河夺淮以前,不会有沂沭泗区域这个名称。1855 年黄河北徙之后,方才形成沂沭汶泗区域。1930 年国民政府编制《导淮工程计划》时,汶河尚是淮河流域的一部分;1949 年冬成立沂沭汶运治导委员会,汶河仍与沂沭泗合并在同一个大尺度流域空间内,1955 年方归于黄河水利委员会管理。但是,随着黄河河床的持续淤高,东平湖排水日渐受阻,虽然小浪底水库的修建对黄河河床抬高有减缓作用,但数十年甚至上百年以后,终究会堵塞汶河及东平湖北排出路,汶河回归沂沭泗流域的那一天迟早会到来。从这个角度而言,对沂沭泗区的水系变迁以及水利纠纷的研究,不仅具有典型性,还有相当的前瞻性。

二、时间断限的选择

淮河流域的巨变始于黄河夺淮,一般的时段选取可以以此为断限点,即黄河夺淮前、黄淮合流时期以及黄河北徙以后,本书选择民国以来为时间断限,是基于以下几点考虑:

首先,咸丰五年(1855 年)黄河北徙以后,虽然导淮呼声很高,但实际付诸实施者寥寥,流域在咸丰五年之后至建国前一段时期内变化不大,故选择本时段与选择以咸丰五年黄河北徙为断点区别不大。

其次,民国时期国民政府导淮,虽成就无多,且受战争干扰屡次中断,尤其是 1938 年为阻日军南下,将郑州花园口黄河大堤炸开,使黄河再次南泛,对淮河流域破坏尤甚,许多工程付之洪流,但是此前苏鲁两省地方政府于水利着力颇多,其中尤以韩复榘主鲁政时成绩斐然,值得一书。

第三,中华人民共和国成立后,面对淮河流域千疮百孔的惨烈景象,新的人民政权提出了"一定要把淮河修好"的口号,开始了淮河流域翻天覆地的变化,形成了今天的水系状况。

第四,水利纠纷的类型,大致分为权属不清型、蓄排矛盾型和汛期冲突型等,各个历史时期区别不大,可以管中窥豹;至于纠纷的解决途径,无外乎官方、民间两种,亦可以同一阶段的不同事例来说明之,但在不同的所有制形式下,水利设施的公有或私有使人们在修建、管理上的态度截然不同,处理水利纠纷的角度也因此相去甚远,因此选择土地私有制的民国和公有制改造后作一比较,以期勾画出私有制解体后,原有的"水利共同体"瓦解,新的水利形态的建构过程。

诚然,流域环境变迁的根本原因是黄河夺淮,因此本书用了一章的笔墨研究了黄河北徙之前,主要是明清时期的各类水利纠纷,目的是使读者对本流域水利纠纷的复杂性和长期性有所认识。

三、现实意义

(一) 历史发展的客观要求

河渠水利向为历代各级政府所重视,水利事业是一个系统工程,河流的治理往往需要进行全流域的规划和设计,以保证政策的同一性和一贯性。由于一条河流的流域往往分布于多个行政区划之中,形成或跨省,或跨地区,或跨县、乡(镇)的现象,而同时我国虽然总体水资源丰富,但分布却极不均衡,各个行政区难免会因河渠水利的管理和修治产生争议和矛盾,即水利纠纷。

河渠水利争端自古就是困扰各级政府的难题,直到今天也没有完满地解决,不少地方依然存在着或大或小的争议,有些甚至延续了数十年上百年。史籍上诸如"蒲郡濒黄河,河水迁徙无常。山、陕两省民隔河争地,讼数十年不结"[1]的记载不在少数,而沂沭泗流域更是"民不堪其患,则筑埝以邻为壑,械斗戕生,积年相寻,命案至不可枚举"[2]。

对水利纠纷的协调和解决方式无外乎民间和官方两条途径。

作为传统农业社会,中国百姓长期靠山吃山,靠水吃水,对稀缺资源例如土地、山林、井泉、河湖等的分配自有一套惯例或原则。乡村社会对水权的调节亦有约定俗成的诸如"则例""水则"等诸如此类的习惯法,但"此种习惯法,行之于风调雨顺之时尚能相安无事,若遇天旱水量求过于供,争水纠纷时有所闻,小则涉讼而费时失事,大则械斗,以致灌溉之建筑亦因而随之破坏"[3]。长期研究山西水利社会的学者董晓平、蓝克利也有类似结论:

---

① (清)赵尔巽:《清史稿》卷四七七《周人龙传》,北京,中华书局,1976 年,第 13014 页。

② (清)张之洞:《为拨款疏浚江皖豫三省河道以兴水利而除民患事(光绪二十一年十二月二十八日)》,见中国水利水电科学研究院水利史研究室,《再续行水金鉴·淮河卷》,武汉,湖北人民出版社,2004 年,第 461 页。

③ 梁庆椿:《中国旱与旱灾之分析》,《社会科学杂志》1935 年 3 月第 6 卷第 1 期。

"该灌溉系统(指清峪河、冶峪河)内的用水,只有在水量充足的季节才是公平的,一旦发生旱情,水资源紧缺,就会出现不公平用水的借口。"①因此,灾害环境下水利纠纷问题的发生、发展亦是本书研究的一个重点,尤以面对灾变上下游之间的协调为考察重心。

中国历来有"五害之属,水最为大。五害已除,人乃可治"②的古训,而治水往往和解决水利纠纷相辅相成。官方历来重视水事纠纷的解决。历朝历代自不必说,新中国刚刚建立,新的人民政权就面临这个问题。据曹应旺回忆,周恩来总理在1950年八九月间的治淮会议上,为解决安徽和江苏的蓄泄之争,反复召集各单位负责干部讨论、协商、开大会达六次之多,会下还与很多同志个别谈话,征求意见③,最后"在综合各方面意见的基础上,周恩来兼顾上下游的利益,运用唯物辩证法和现代科学技术的观点,提出了'蓄泄兼筹'的治淮方针"④,解决了矛盾,保证了治淮大政的实施。

但是,无论是水法、红头文件还是地方性法律规范,都无法涵盖水事纠纷及其解决的所有方面。这一方面是立法的滞后性所致,另一方面在很大程度上是由于水利建设事业的飞速发展和人民对资源的强烈需求,所以,为水事纠纷立一部专门的法律(规)已经迫在眉睫。本书亦试图为此提供借鉴和参考,以遂经世致用之愿。

(二) 实现中国梦,构建和谐社会的历史使命

习近平总书记指出:"中国梦是历史的、现实的,也是未来的。"所谓中国梦,"就是实现中华民族伟大复兴。实现民族复兴,是中国人民的百年梦想,是贯穿近代以来中国历史的一条主线"⑤。而历史、现实、未来是相通的,历史可以映照现实、折射未来,看历史就会看清现在、看到前途。如何认识历史上的水利纠纷,从而消弭水利纠纷,最大限度增强民族凝聚力,从而实现国家富强、民族复兴的梦想是本书的指导思想之一。

"水事纠纷是一种消极的社会现象,它给社会带来了诸多危害,是人们不愿意看到的,也不希望出现的社会负效应"⑥。水事纠纷古来有之,史载春秋时期,齐桓公于葵丘会盟中原各诸侯国,签订了盟约,其中有"毋雍泉,

---

① 董晓平、蓝克利:《不灌而治——山西四社五村水利文献与民俗》,北京,中华书局,2003年,第7页。

② 黎翔凤、梁运华整理:《管子校注》,北京,中华书局,2004年,第1054页。

③ 曹应旺:《中国的总管家周恩来》,北京,中共党史出版社,1996年,第125页。

④ 高峻:《新中国治水事业的起步1949—1957》,福州,福建教育出版社,2003年,第67页。

⑤ 包心鉴:《今天我们如何实现中国梦》,《人民日报》2013年7月29日。

⑥ 林冬妹:《水利法律法规教程》,北京,中国水利水电出版社,2004年,第31页。

毋讫籴"①之语。《孟子》中也记载了这个事件,提到桓公"束牲载书"作"五命",即"五条契约",其第五条也有"毋曲防,毋雍泉"②之语,意即不得曲为堤防,壅滞河水以为害他国,可见这些问题当时在诸侯国之间已经相当普遍,否则绝无必要以盟约的形式规定下来。这些可以视为是最早的关于预防边界水事纠纷的条文。而在"西汉时期的地方法规中,就规定将水源分配协议刻成石碑,以供各方共同恪守,以防止争水纠纷"③。

当今社会,水资源的稀缺已经成为一个国际性的问题,国家地区间的水资源争夺也日渐增多。"1992 年,匈牙利和捷克两国围绕捷在多瑙河修建水利工程一事发生严重的政治争执。恒河水分配问题一直是印度、孟加拉、巴基斯坦三国间的一大争端。幼发拉底河水问题导致土耳其、叙利亚两国关系一直处于紧张状态并引发了其他矛盾。"④而以色列与周边国家的战争与紧张关系很大程度上也是基于对水资源的争夺。怒江、雅鲁藏布江下游的越南、缅甸、老挝、泰国等也与我国在水资源利用方面多有摩擦。

近年来,随着我国社会经济的发展,对各种资源的明争暗夺愈来愈趋白热化,解决水利纠纷及因之而引起的边界纠纷,对发展生产,稳定社会秩序有着极大的裨益。据有关部门不完全统计,"新中国成立以来,规模较大、上报国家调处的边界争议已超过 1000 起,争议面积 14 万多平方公里,相当于一个安徽省"⑤。1958~1987 年,"仅微山湖苏鲁民众之间即发生大小群众纠纷 250 余次,其中开枪械斗 23 起,仅沛县一方受伤群众达 317 人(其中枪伤 106 人),死亡 12 人,终生致残 19 人,财产损失更是无法统计"⑥。可以这样说,包括水利纠纷在内的边界争议已经成为创建和谐社会的一大阻碍。

(三)可持续发展的时代主题

自 1972 年在瑞典首都斯德哥尔摩召开的联合国人类环境会议上形成并公布了著名的《人类环境宣言》,到 1987 年联合国世界环境与发展委员会提交联合国大会的报告——《我们共同的未来》,全面系统地提出了可持续发展理论,三十余年来,该理论已为世界各国普遍认同。国际社会开始认识到,工业化以来对自然资源的过度索取和消耗所带来的环境恶化、灾害频

---

① 《春秋穀梁传·僖公九年》,见傅隶朴《春秋三传比义(上)》,北京,中国友谊出版公司,1984 年,第 431 页。

② 《孟子·告子下》,见《诸子集成(一)》,北京,中华书局,1954 年,第 497 页。

③ 林冬妹:《水利法律法规教程》,北京,中国水利水电出版社,2004 年,第 31 页。

④ 黄锡生:《水权制度研究》,北京,科学出版社,2005 年,第 57 页。

⑤ 李大宏:《全面勘界如何面对边界争议》,《瞭望新闻周刊》1997 年第 17 期。

⑥ 肖淑燃、王亚东:《微山湖边界矛盾史》,沛县档案馆,1987 年,第 2 页。

发、疾病流传,不仅导致人类自身的生活质量的下降,而且由此引发的环境问题为子孙后代带来很多隐患。

所谓可持续发展,是指既满足现代人的需求又不损害后代人满足其需求的能力。换句话说,就是指经济、社会、资源和环境保护协调发展,它们是一个密不可分的系统,既要达到发展经济的目的,又要保护好人类赖以生存的大气、淡水、海洋、土地和森林等自然资源和环境,使子孙后代能够永续发展和安居乐业。为此,有学者大声疾呼:"以当前我国国情而言,水资源的保护为头等大事。"①而解决好水利纠纷,是实现水资源保护的前提之一。

第二节　几个概念的界定

一、水利纠纷及其类型

前文已述,水利纠纷系指行政区、部门和用水单位在治水、用水、排水中出现的一切矛盾纠纷事件。其分类历来众说纷纭,盖因角度不同所致。本书为方便论述计,将本流域河渠水利纠纷分为以下三类:一是各河普遍存在的取用矛盾,二是以邳苍郯新②地区为代表的蓄泄争议,三是以微山湖地区为代表的权属不清。

取用矛盾亦是河渠水利争端的一种主要表现。水资源是相对有限的,此地多用必然他处少取,由此引发的矛盾极多。史上早有不少有识之士注意到这个问题,提出:"水利不准龙(垄)断也,往时每遇天旱,上流有渠之处就河中筑堰,将水截断专注本渠,以致下流无水可灌,争讼之端亦由此起,今议傍渠筑堰必须中开一洞,但能束水缓流而不准全行筑断,以期上下流通均沾水利。"③这类矛盾不唯在西部、北部缺水地区存在,沂沭泗流域也很普遍。

所谓蓄泄争议是指流经不同行政区的同一流域(集水区)的上下游之间就流域内水(尤其是汛期水)的蓄泄、排放产生矛盾,或为上游汛期将洪水排往下游,枯水期却拦截水流,限制下游用水;或为下游筑堤打坝拦截上游客

① 邹逸麟:《我国水资源变迁的历史回顾——以黄河流域为例》,《复旦学报(社会科学版)》2005 年第 3 期。

② 邳苍郯新指邳县(江苏省),苍山县、郯城县(山东省),新沂县(江苏省)。

③ (清)金福曾:《捐助新安渑池水利银两业已开工试办并拟章程请示禀》,见(清)葛士浚《皇朝经世文续编》卷三六,《近代中国史料丛刊》第 741 册,台北,文海出版社,1966 年,第 947~948 页。

水等。

　　所谓权属不清是指因划界、水位等问题产生的水域界限不明,以及因政区变动后遗留下来的使用权、所有权分离等。

　　本书讨论的水利纠纷主要限于同等级的行政单位之间,主要是省与省、县与县之间的纠纷,为说明问题,间有乡与乡之间的事例出现,限于篇幅,个人与单位、单位与政府之间的水利纠纷本书不作讨论,但在回顾明清时期水利纠纷的历史渊源时,对民众与官府及治水机构间的矛盾间有论及。

二、"水利单元"概念的提出

　　(一) 作为概念的"水利单元"

　　水具有流动性,只要条件允许,它会流向任意低处。所谓水利就是:"人类社会为了生存和发展的需要,采取各种措施,对自然界的水和水域进行控制和调配,以防治水旱灾害,开发利用和保护水资源。"①人们在长期的水利活动中,往往是利用某种手段对河湖水平面及流量的控制达到趋利避害的目的,换言之,即将适当的水引入某平面以下的区域加以利用,同时避免该水平面之内的人民生命财产被水淹没,其方式主要有开挖河道以资宣泄、修筑堤埝以防渗溢、修筑塘堰以足滞蓄、修筑台圩以供自居、修筑闸涵以利贯通等。

　　在水利史上,国家对不同的河流进行的治理,向以水系为单元进行②。清设河督、漕督,对黄、运河分别治理,河督下设"河道"分段管理,如徐州驻有淮徐河道,淮安驻有淮扬河道等,道员下设同知、通判、州同、州判、县丞、主簿、巡检等职,执掌岁修、抢修、挑浚及防汛等③。及至民国,划分水利区划的办法开始为地方政府采用。

　　在民间,较为常见的是基于长期的水利实践中建立起来的稳定的水利组织,他们的管理是基于代代相传的"水册"、"水则"、"渠规"等。研究表明:汉代设立"田官"管理屯田和水利,在屯垦的田卒中,有一部分为河渠卒,专为"田官"开渠引水灌田。到万历年间,移民剧增,垦荒日盛,引水灌田已成为发展农业的唯一途径,由千家万户的居民推选出管水人员,名曰"总

---

①　钱正英:《中国大百科全书·水利卷》"序",北京,中国大百科全书出版社,1992 年,第 1 页。

②　李甲林:《洪水河灌区水权制度改革的探索与实践》,《中国水利》2002 年第 9 期。

③　张德泽:《清代国家机关考略》,北京,学苑出版社,2001 年,第 231 页;瞿同祖:《清代地方政府》,北京,法律出版社,2003 年,第 31 页。

甲",负责引水灌田事宜。……清康熙年间,每条渠设掌渠一名,由各村差甲配合共同管理用水,并明确规定:"如渠口不坚,堤坝不牢,有水不引,责在农管(即掌渠)";引水期间,"如巡察不到,跑水浪费,责均在差甲,各尽其责"。与此同时,采用"按粮配水,点香计时"的办法,按交纳田赋粮的多少配水并确定浇水时辰,依次到户。这种点香计时的做法,实质上只分配了浇水的时段,不计水量的多少,"水大则有余,水小则受旱,过时不补"。每次浇水,农户在各接水渠口准备石头、树枝、柴草、木板等堵水物资,按时堵坝引水灌溉。清朝末年至民国时期,在沿用"按粮配水,点香计时"办法的基础上,实行按额定地亩纳粮、按纳粮数额配水的"干沟实轮制",即对从河道引水的各引水渠按纳粮数额分别分配引水时段,各渠轮流引水,在规定的引水时段内,无论有水无水,水大水小均为一轮。如果水小或水干,下轮不再补配,仍然从下游开始轮灌;如果水大有余,可以出卖。但是无论国家还是民间水利组织,都无法避免水利纠纷,因为"一条河流,一条水渠,不可能只流动于一个村庄内部。它所流过之地,人们形成群体保护自己的利益,为了共享资源和协作,有不同利益的不同群体又需要结合成为一个超村落范围的合作圈子",即所谓水利社会——"以水利为中心延伸出来的区域性社会关系体系"。①

在笔者考察流域环境变迁与水利纠纷的过程中,发现所有的纠纷均是相邻的行政区划之间,因某一河流湖泊的自然或者人为的流量、流向、流域范围、淹没(覆盖)范围的改变而引起的,纠纷双方对同一河流(湖泊)的上述变化产生不同的利益诉求,进而发展成为不同的水利行为,从而升级为水利纠纷。

由于行政区划的划分具有某种偶然性,既有"山川形便",亦难免"犬牙交错",而河流的流量、流向、流域范围和湖泊的淹没(覆盖)范围却有着某种必然性,因此二者之间难免存在差异,这种差异与水的流动性、水资源的有限性交织起来,矛盾便是必然的。为了与行政区划相区别并有利于本课题的探讨与解决,笔者提出了"水利单元"这一概念。

所谓水利单元,即受某一水利设施或自然物节制之区域,区域内相对封闭,水资源基本平衡,且此区域内的居住单位(含集体与个体)及土地所有者有着共同的用水意愿和相似的利益诉求,并与周边相区别。

本书认为:流域空间的变动是经常性的,随着人类认识自然、征服自然能力的提高,人们应对灾害的需要和减灾防灾水平的增长,水利活动愈加频

---

① 王铭铭:《"水利社会"的类型》,《读书》2004 年第 11 期。

繁,水利设施愈修愈多,从而将原本自然流动的河流湖泊以各种水利设施人为拦蓄、切割、改道、围垦、填占,以达利用之目的。这种变动即会带来水利单元的变化,从而引起或消弭水利纠纷。如图0-1为某流域的自然流势,其中有甲乙两县,A为水闸(堤坝、涵洞、津梁),虚线为低洼区域,由于甲乙两县有共同的防洪利益,我们将其视为一个水利单元,但是乙县沿边界线修筑堤防一道,阻止甲县沥水下排,将原本一个水利单元割裂为两个,即会引起水利纠纷。

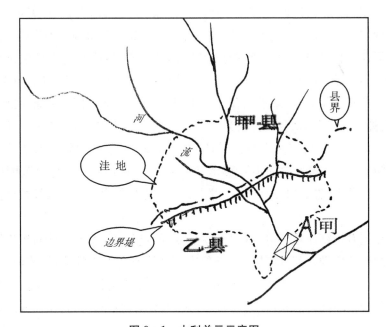

图0-1　水利单元示意图

　　本书所谓"相对封闭",系指单元内排、蓄自成体系的,通过水利设施如闸、涵、堤、堰等与周边水系发生联系的地域空间。

　　所谓"共同的用水意愿和相似的利益诉求",系指在相同气候、水文条件下,"相对封闭"的空间内的居住单位对水量、流向、流速等有着共同的愿望和要求。

（二）水利单元的划分原则

　　基于以上的定义,我们可以比较容易地划分水利单元,但是划分的尺度是我们考量不同问题时需要做出的选择:对于省际边界水利矛盾,宜选择水系、流域的大尺度水利单元为研究对象;对于县、乡际纠纷,宜选择小尺度单元如河段、堤段、灌区、库区、圩区、行滞洪区等加以研究,在具体研究、解决水利纠纷的时候,往往也是面对小尺度的水利单元。

需要指出的是,水利单元是变动的,一方面由于河流整治、水利设施修建、闸门启闭等发生人为变动,另一方面则可能是因气候变化如降雨、干旱以及洪水引起的堤防溃决、河流漫溢等非人为因素而变动。

因河流整治带来的变动,如新河开挖、河道阻塞等引起的对原有河道的切割、集水区的改变。

因水利设施修建带来的变动,如闸坝、桥涵、水库、堤圩等水工设施引起的水利单元的增减、改易。如闸、坝、桥、堤圩等的修建往往会使原本一贯的水利单元一分为二;涵洞又会使原来不相联系的水利单元贯通;水库往往使原本联系不大的几个水利单元合而为一;闸门、涵洞启闭会使两个水利单元发生或者断绝关系等。

降雨、干旱等气候因素常常导致河湖赢缩、河岸(湖岸)滩地漫涸;堤防溃决、河流漫溢则引起水利单元面积的暂时扩大。因此,在灾害环境下,往往不能按照正常的情况作单元的划分,这一点将在以后的行文中再作分析。

三、几个近似的概念比较

(一) 水利共同体

这是半个多世纪以来,海外尤其是日本的中国史研究学者长期关注的主题之一。日本研究中国水利组织的鼻祖是清水盛光,而热烈讨论则在1956 年由丰岛静英引起。[①] 丰岛静英认为:在"水利共同体"中,水利设施是共同体的共有财产,而耕地则为各成员私有;灌溉用水是根据成员土地面积来平等分配,并据以分担相应的费用与义务;于是在各自田地量、用水量、夫役费用等方面形成紧密联系,即地、夫、水之间形成有机的统一。[②] 森田明进一步论证、阐述水利共同体理论,并用明末清初的地权集中、大土地所有来解释共同体的解体。1965 年,森田明对明清水利团体的共同体特征进行了概括性表述,指出:水利社会中,水利设施"为共同体所共有"。修浚所

---

① 参见 Mark Elvin(伊懋可), Introduction. Japanese Studies on the History of Water Control in China: A Selected Bibliography. The Institute of Advanced Studies, Australian National University, Canberra. With Centre for East Asian Cultural Studies for Unesco, The Toyo Bunko, Tokyo, 1994, pp.3 - 14. 杜赞奇著,王福明译:《文化、权力与国家——1900~1942 年的华北农村》,南京,江苏人民出版社,1995 年,第 195~196 页。

② 丰岛静英:《中国西北部における水利共同体について》,《历史学研究》1956 年 201 号,第 23~35 页。

需夫役(即劳力)、资金费用是以田地面积或者说"灌溉面积来计算",由用水户共同承担;与各自田地多少(地)相对应的用水量(水)与其所承担的相应义务(夫役人力、金钱费用)互为表里,简言之,"地、夫、钱、水之结合为水利组织之基本原理"①。

显然,所谓水利共同体是在土地私有制度下,在灌溉用水甚至基本生活用水不够丰富的地区讨论水利社会的一个视角。在土改以后,特别是人民公社化时代没有多大意义,因为不仅是土地,包括一切水利设施已经变为国家和集体所有,大型水利设施由国家或地方行政投资,相对的权力与义务不再是对应关系。

水利共同体与水利单元的区别在于前者是形而上的,而后者是实际存在的。

(二) 水利区划

所谓水利区划是指"对不同地区的水利开发条件、水利建设状况、农业生产及国民经济各部门对水资源开发的要求进行深入研究分析,并在此基础上加以分区,提出各区充分利用当地水土资源的水利化方向、战略性布局和关键性措施,为更好地制订水利规划提供依据"②。划分水利区划的办法于民国时期开始为地方政府广泛采用,据《山东建设》第一卷第一期载时任水利厅厅长的张鸿烈的提案:

> 查水利一项,为建设范围内之最要行政。本厅前以本省河系曲折分歧,往往流经数县,若各县就局部形势,分别治理,则因利害之不同,计划方面,难免歧异,进行实多窒碍。爰于二十一年二月间,呈准钧府,依照河流系统,划分全省各县为十八水利区。每区设治水利专员一人……而对于任一河系通盘筹划,亦可免上下游扞格之弊。……现本省实行合署办公,并已设有行政督察区,虽行政组织,较前变更,而各县之水利事项,因河道系统关系,仍需通筹设计,方能划一,而无窒碍。为便利本省水利事业发展起见,实应按照原定分区设置水利专员办法切

---

① 森田明:《明清时代の水利団体——その共同体的性格について》,《历史教育》1965 年第 13 卷第 9 号,第 32 页;森田明:《清代水利史研究》,第 171 页;松田吉郎:《明清时代陕西泾水流域の水利灌溉システム》,见森田明《中国水利史の研究》,东京国书刊行会,1995 年,第 363~379 页;森田明著,郑樑生译:《清代水利社会史研究》,台北,"国立"编译馆,1996 年,第 3~41、341~405 页。

② 刘善建:《水的开发与利用》,北京,中国水利水电出版社,2000 年,第 91 页。

实推行,拟请仍由本厅直接指挥……①

此前,著名水利学家张含英先生曾著文指出:"以水利行政为原则,分山东河道为十八区:一、黄河区,二、北运区,三、南运区,四、小清区,五、徒骇区,六、马颊区,七、洙水区,八、万福区,九、汶河区,十、泗河区,十一、沂水区,十二、沭河区,十三、瀰河区,十四、潍河区,十五、傅疃区,十六、胶河区,十七、大沽区,十八、五麓区。"②张鸿烈所说"划分全省各县为十八水利区",大约受张含英影响,但侯仁之先生对二张的分区不以为然:"然以地理之眼光视之,各区间并无明显特征,不能独成一单位区域,本书重加区分,并予以地理区位之说明。"侯氏的分区如下:"一、北运区(居黄河之北、运河之西,与马颊徒骇原属同一流域,皆黄河故道景象之地);二、马颊徒骇区;三、南运区③;四、沂沭区;五、小清区;六、瀰潍区;七、胶莱区;八、五龙区。"④侯氏的分区尺度虽大,却似更合理,其汶泗区和沂沭区大约即本书所指之沂沭泗流域,而汶河在 1955 年以后被排除在外。

由上可见,二张的区划以水利行政为标准,侯老的区划以地理为视角,然无论是二张还是侯仁之老,其所说的水利区划尺度都较大,包括一条或若干条河流,其划分的目的是为水利活动的开展进行具体区域的明确。

我国政府在 1979~1981 年配合农业区划曾首次完成全国、流域、省(自治区、直辖市)、县(市、自治县)四级水利区划。这次水利区划以农业发展为主要对象,并考虑国家社会经济发展和国土整治的需要,分区研究了水资源综合开发、合理利用的战略布局和综合治理措施。

(三)小流域

所谓"小流域",是相对大流域而言的"小面积的独立闭合集水区域"⑤,即"以分水岭和出口断面为界形成的自然集水单元,是小河流或各级支流的

---

① 张鸿烈:《提议本省行政组织现已变更原有分区设置水利专员办法进行颇见成效仍宜切实推行所有各区水利专员拟请仍由本厅直接指挥并请通饬全省各县将应摊水利专员薪公及测生工资等费仍照原案列入年度预算按月拨支案》,《山东建设》1929 年第 1 卷第 1 期。
② 张含英:《治理山东河道刍议》,《华北水利月刊》1930 年 9 月第 3 卷第 9 期。
③ 按:侯氏将该区又分为两个亚区,即汶泗区和牛头万福区,因该区东为山东半岛所阨,南为淤黄高床所障,北为今河堤所阻,于是泰山诸水,若汶若泗,若邹滕诸小水,皆西归入运。曹州府诸水,若洙若万福若顺溪,益以黄河决口之水,皆东汇于运。
④ 侯仁之:《续天下郡国利病书·山东之部下编·山东河流分区图说》,《山东建设》1929 年第 1 卷 1 期。
⑤ 长江水土保持局:《长江中上游水土保持技术标准》,长江水利委员会,1991 年。

地面径流集水区域,包括上部山岗、中部山坡及下部水流汇集和泥沙沉淀区三个有机组成部分"[①]。这一术语最早源于欧洲阿尔卑斯山区的山地整治及植被恢复及美国田纳西河流域的治理及管理实践,通过这些地区大流域中成百上千条小支流的治理,使整个大流域或成片山区恢复了生态平衡,减少了水土流失及洪涝灾害。如今该术语广泛使用在环境治理、水土保持等领域,于水利纠纷问题的考察并无裨益。

四、水利单元与行政区划之关系

大尺度的水利单元往往包括若干行政区,这是显而易见、毋庸赘述的。比较理想的情况是一个中小尺度的水利单元完全等同于某一级行政区或者为该行政区完全包含在内,大者如塔里木河完全在新疆维吾尔自治区内,小者如某塘堰完全属于某村,但这样其实并不能绝对消弭纠纷,只是为纠纷的解决带来某些便利,因为塔里木河沿河亦有许多县区级行政单位,塘堰周围的住户也会有这样那样的矛盾。

事实上,即使我们将水利单元缩小到一口水井,恐怕也不可能完全没有纠纷的出现,但是因此怀疑水利单元概念引入的意义,那就大错特错了。

当我们把关注的目光放在合适的尺度和角度上的时候,水利单元的意义就会凸显,这将会在后面的对具体事例的研究中表述,这里不妨先将二者的关系作一简要分析(见图0-2):

1. 包容型　　　　2. 共有型　　　　3. 相交型

图0-2　水利单元与行政区划关系示意图(本示意图中方形为行政区,椭圆形为水利单元)

第一,包容型关系:即水利单元完全被行政区包容。这种情况一般纠纷较少,即使发生也可由行政区内部解决。

第二,共有型关系:即水利单元与其他行政单元共有,例如界河,往往以中泓为界。

第三,相交型关系:这是最为常见的现象,即一个单元分属不同的行政

---

① 杨庆媛:《西南地区土地整理的目标及模式》,北京,商务印书馆,2006年,第207页。

区。这往往是纠纷多发地带,且发生后需要上级行政机构或流域管理机构介入,有些甚至需要中央政府出面解决。

第三节　目前相关的研究进展

对于沂沭泗流域而言,以往的研究并不多见。陈吉余先生所著《沂沭河》是对该流域研究最为直接的一本著作,但属于普及性读物,比较浅显,且二河在该著作问世之后变化颇大,因此仅能将之作为复原流域面貌的参考。淮委沂沭泗管理局所编《沂沭泗河道志》是有关该流域最为权威的水文论著,但名为志书,实为材料汇编,明显流于条理化,除了大量数据罗列和图表堆砌外,缺乏流域水环境变化动态的勾勒和对外部机制的分析,在理论思考方面尤显薄弱,对水利纠纷问题竟未专门提及。

究其原因,一来因为该地处鲁南苏北之一隅,向属落后地区,与经济发达地区相比有较大差距,学者目光尚不屑及此;二来此地水系环境变化巨大,厘清其变化实需相当功夫;再者,此地的水利纠纷虽然激烈,但由于我国新闻报道的特殊性,长期以来鲜为外界所知,故未引起足够重视。

但是,笔者通过对这一区域的关注,发现该区水利纠纷问题具有相当的普遍性和复杂性;其纠纷的解决,竟是相当曲折和艰难,故将其脉络理清并从纵横层面及相关因素等予以剖析研究,总结其中具有代表性的东西,以期在创建和谐社会,实现中华民族伟大复兴的进程中,为研究者和相关的决策者提供一些借鉴。

对水利纠纷的研究,应该纳入水利社会史研究的范畴。这方面的经典著作莫过于魏特夫的《东方专制主义》[①]一书,尽管其理论至今争议颇多,而且显得过于宏观,缺乏具体事例的剖析。与之相反,法国远东学院(Ecole franaise d'Extrême-Orient)蓝克利(Christian Lamouroux)、吕敏(Marianne Bujard)教授及北京师范大学董晓萍教授等,在山西、陕西地区展开的大规模的文献资料搜集和田野考察[②],成果颇丰。但是一直以来,学者将目光较多的停留在西部、北部缺水地区的"水利社会"问题之上,其他地区则着墨较少。

---

① 卡尔·A.魏特夫著,徐式谷等译:《东方专制主义——对于集权力量的比较研究》,北京,中国社会科学出版社,1989年。
② 其相关成果见《陕山地区水利与民间社会调查资料集》第一、二、三、四册。

中国幅员辽阔,既有干旱困扰的缺水区,又有洪涝肆虐的丰水区。大江南北,朝野上下,古往今来,纵横千年,如何合理配置和利用水资源;如何"治水",如何抗旱;如何泄洪,如何节水等,都是挥之不去难以解决的持久性问题,"在努力解决这些问题的过程中,国家层面上朝廷和庙堂有过争论,封建时代与当今社会有所不同;社会层面上从地方官府宗族士绅恶霸的仗势攫夺,到普通民众的所谓'滴水如油'、'洪水猛兽',甚而为争水防洪械斗惨死"①。尤其是北方缺水地区水利纠纷频发,各级政府久为困扰。早在 1935 年,李仪祉先生着陕西省水利局将本局自 1916 年至 1934 年底所处理结案的案卷择其"可作处理争水案件之参考者"十九起,编制《陕西省各河流域历年人民水利纠纷案件处理情形统计表》,以为各级水利部门参考②。少数学者对江浙地区有所涉猎,如熊元斌的《清代江浙地区水利纠纷及其解决的方法》③,以及复旦学兄冯贤亮的《近世浙西的环境、水利与社会》,冯著重点叙述了太湖平原水利和生态环境、地区社会、环境卫生、灾荒等方面的密切关系,对水利矛盾和冲突有简短论述。此外还有一些期刊文章,对江南水利纠纷多有论及。④

夏明方的《民国时期自然灾害与乡村社会》中对灾害与区域冲突的关系作了一些探讨,即其所谓的"导源于区域差异的集团对抗"——"水平型冲突"(相对于"建基于经济政治不平等关系上的社会各阶级之间的对抗"——"垂直型对抗"),其中也注意到水利纠纷问题,"当这种天上来水落地成河而变为对人类的生存与发展具有极大价值的水资源时,其在各个地区共同体之间的分配就因地势及地理位置的关系而天生的不平均,而这种水资源公有观念和水资源分配不均的事实之间的矛盾,就会在人类开发利用水资源的过程中埋下了持久冲突的种子"⑤。书中提到鲁西巨野县黄沙河东、西两岸居民因筑坝引起的冲突,致使前往调解的县长被扣留和殴击的

---

① 行龙:《从"治水社会"到"水利社会"》,《读书》2005 年第 8 期。

② 《陕西水利月刊》1935 年第三卷第 2~5 期。

③ 熊元斌:《清代江浙地区水利纠纷及其解决的方法》,《中国农史》1988 年第 3 期。

④ 如谢湜:《"利及邻封"——明清豫北的灌溉水利开发和县际关系》,《清史研究》2007 年第 2 期;冯贤亮:《清代江南乡村的水利兴替与环境变化——以平湖横桥堰为中心》,《中国历史地理论丛》2007 年第 2 期;徐高洪:《长江流域省际河流中水事纠纷冲突与对策措施》,《水资源保护》2007 年第 3 期;吴建新:《明清时期广东的陂塘水利与生态环境》,《中国农史》2011 年第 2 期;王建革:《清代东太湖地区的湖田与水文生态》,《清史研究》2012 年第 1 期;方前移:《20 世纪二三十年代芜湖湖田垦务的群体博弈》,《中国经济史研究》2010 年第 4 期;孙景超:《环境变化下的传统水利博弈:以青浦县为例》,《中国农史》2014 年第 3 期等。

⑤ 夏明方:《民国时期自然灾害与乡村社会》,北京,中华书局,2000 年,第 278 页。

事件①,即发生在本书研究范围之内。遗憾的是,夏著中只注意到"由洪水灾害或河道变迁导致地界变动"②情况,却并未认识到这种变动是双向的,对地界变动后因水利建设而可能引起的洪涝灾害及河道变迁并未提及。

郭成伟、薛显林主编的《民国时期水利法制研究》虽有专门章节探讨水利纠纷,但仅是从法律程序上和调处机制上的研究,于具体事例、过程等方面并无涉及。③ 冯和法编著的《中国农村经济资料》中亦有对苏皖萧(县)、宿(县)两县1932~1936年三次水利纠纷事件的关注:1932年6月苏北萧县疏浚龙山、岱山两河,宿县农民担心"水发下注,淹没该处田地","突聚二千余人携带武器,拟用武力填塞",双方遂"开炮激战极烈,萧县村庄中弹损毁多处,伤农民三"。1935年3月,萧县农民挖掘淮河支流,又遭宿县农民阻挠,械斗再起,致多人死亡。次年5月,二县边境又有农民因水利争执,"大起冲突"④。江苏行政学院汪汉忠先生的《灾害、社会与现代化——以苏北民国时期为中心的考察》一书以专门章节讨论了民国时期的灾害对苏北社会的危害,其第六节以整节的篇幅论及"灾害搅动下的社会纷乱",该节首先讨论的就是"灾害与苏北的水利纠纷与冲突",对苏北水利纠纷的普遍性、长期性和残酷性有较深刻的认识,并指出:"苏北由于是'洪水走廊',水利纠纷主要表现为'避祸水'。……与其说是水利纠纷,不如说是水害纠纷。"⑤这与本书所论之邳苍郯新地区的"灾害环境下的水利纠纷模式"其实是异曲同工,不过将其推广到整个苏北,似有失偏颇,因为微山湖地区的纠纷就明显不在其例。

北京师范大学王培华从2002年开始,先后发表了《清代滦阳河流域水资源的管理、分配与利用》⑥《清代河西走廊的水利纷争及其原因——黑河、石羊河流域水利纠纷的个案考察》⑦《清代河西走廊的水资源分配制度——黑河、石羊河流域水利制度的个案考察》⑧等,就清代水利纠纷个案展开探讨,指出"分水的制度原则有二:一是公平原则,即按地理远近;二是效率原

① 载民国《中央日报》1934年8月6日。
② 夏明方:《民国时期自然灾害与乡村社会》,北京,中华书局,2000年,第283页。
③ 郭成伟、薛显林:《民国时期水利法制研究》,北京,中国方正出版社,2005年,第194~210页。
④ 冯和法:《中国农村经济资料》,上海,黎明书局,1933年,第535页。
⑤ 汪汉忠:《灾害、社会与现代化——以苏北民国时期为中心的考察》,北京,社会科学文献出版社,2005年。
⑥ 王培华:《清代滦阳河流域水资源的管理、分配与利用》,《清史研究》2002年第4期。
⑦ 王培华:《清代河西走廊的水利纷争及其原因——黑河、石羊河流域水利纠纷的个案考察》,《清史研究》2004年第2期。
⑧ 王培华:《清代河西走廊的水资源分配制度——黑河、石羊河流域水利制度的个案考察》,《北京师范大学学报(社会科学版)》2004年第3期。

则。分水制度在一定程度上缓解了水利纷争。地方各级政府发挥了调节平均用水的作用"。在 2005 年南开大学召开的"中国历史上的环境与社会"国际学术讨论会上,又就漳河流域的水利纠纷发表了论文《漳河流域水资源矛盾及原因》,开始关注 20 世纪 20 年代至 80 年代的水利争端。一些民政、水利工作者亦就各自角度对此有所涉猎,如黑龙江省水利厅的房建将水事纠纷分为用水纠纷、排水纠纷、洪水纠纷、管理纠纷四类[①];成都市水利局陈渭忠认为成都平原近代水事纠纷有五种起因,即水量分配、用水侵权、兴修工程、经费分摊及功能矛盾等[②]。上海师范大学吴赘认为,鄱阳湖随着渔退农进的演变,引发水利纠纷的原因变得更加复杂。他建议引入系统论,从人口、制度和技术及管理等要素入手来分析,有利于纠纷的解决,同时能为纠纷研究提供新的视角。[③]

长江科学院李浩等人运用博弈理论提出了省际水事纠纷的演化发展分析框架,并结合鄂豫丹江荆紫关水事纠纷案例,具体分析中央与地方在修建水利工程避免水事纠纷方面的博弈演化过程。并从信息收集、信息处理与分析、信息评估与预测、信息沟通及干预机制等方面提出了省际水事纠纷预防机制框架。[④] 对外经济贸易大学赵崔莉从清代皖江圩区水利纠纷产生的原因入手,展现了由封建社会向近代社会转型期间皖江流域自然生态、环境资源和社会人口三者之间的矛盾和水利纠纷的处理过程中,不同利益集团权力的运作反映出国家、社会、民众的互动。[⑤]

近年来随着法治建设的进一步深入,水权问题愈加受到关注。2006 年10 月,中国政法大学田东奎的博士论文《中国近代水权纠纷解决机制研究》出版,该著作从法律史的角度触及了水权问题尤其是总结了中国历史上水权纠纷解决机制的经验教训,探讨了从先秦至近代水权纠纷解决机制的构建,勾勒了中国社会诸如政府、宗教组织、社会组织及普通民众等各个阶层在参与水权纠纷解决过程中的角色,从古今、中外两个角度对比了各种机制的优劣,并选取山陕、河西、江南、四川盆地四个类型建立了历史模型,进行了类型学分析。作者认为:"山陕地区主要是通过建立流域共同体的方式避免水权纠纷。河西地区通过国家解决机制,如民事诉讼、行政处理解决彼此

---

① 房建:《对水事纠纷处理程序及方法的研究和探讨》,《水利科技与经济》2002 年第 4 期。
② 陈渭忠:《成都平原近代的水事纠纷》,《四川水利》2005 年第 5 期。
③ 吴赘:《论民国以来鄱阳湖区的水利纠纷》,《江西社会科学》2011 年第 9 期。
④ 李浩、黄薇、梁佩瑾:《基于博弈论的省际水事纠纷预防机制研究》,《长江科学院院报》2011 年第 12 期。
⑤ 赵崔莉:《清代皖江圩区水利纠纷及权力运作》,《哈尔滨工业大学学报(社会科学版)》2011 年第 2 期。

之间的水权纠纷。江南地区通过国家机制解决较大范围内的水权纠纷，由于夹杂着家族冲突、土客冲突、地区利益冲突，效果并不理想。四川盆地水权纠纷涉及较大范围的水权纠纷，一般以国家机制，特别是行政处理方式解决，问题基本得到解决。"①显然，该论著主要侧重于纠纷解决机制的讨论，对纠纷从形成到激化到最后解决的过程没有论及，而且，该书主要是从法理角度的探讨，而非历史地理学的著作。

近年来通过民间文献进行的水权、水利社会史研究颇成气候：陕西师范大学萧正洪教授的《历史时期关中地区农田灌溉中的水权问题》一文探讨了关中水权的纵向变化及其特点，认为明清时期用水权的买卖及其与地权的分离是其显著特点。② 法国学者魏丕信（Pierre-Etienne Will）就清代引泾工程的自然社会环境、官员意识进行纵向考察，以此对"拒泾引泉"的形成等进行分析。③ 而中法合作项目"陕山地区水资源与民间社会调查"，利用相对丰富的、能被搜集到的地方资料，如民间水利碑册等，剖析基层村社管理水资源的稳定传承和社会变迁的状况，对开展关中水利社会史研究进行了多角度、全方位的表述，对本书颇有启发。

但是，就目前对水利纠纷的研究而言，缺乏将流域环境变迁与水利纠纷问题结合起来的考察，对诸如人口增加、土地负荷、民众心理等与水利纠纷的相关性尚未有深入触及，尤其是对新中国成立以后，传统小农经济被公有制经济取代、水利事业成为国家事业、水利设施不再是私有、传统的水利社会分崩离析的情况下，水利纠纷出现的新情况、新问题或视而不见或避而不谈，这不能不说是一个遗憾。

在行政区划问题上，目前虽有学者注意到水利纠纷与行政区划变动之间的微妙的互动关系，即水利纠纷可能导致行政区划、政区界线的变动，复旦大学历史地理研究所王建革老师的《河北平原水利与社会分析 1368～1949》一文就谈到了雍正时期磁州改归广平府一案，并以此为例探讨了府与府之间的水利纠纷，并特别提到国家权力机关对具体闸渠管理规定的干涉。④ 而对于政区及界线的变动所引起或者消弭水利纠纷问题，目前并未见系统专门的学术著作。

①　田东奎：《中国近代水权纠纷解决机制研究》，北京，中国政法大学出版社，2006 年，第 7 页。

②　萧正洪：《历史时期关中地区农田灌溉中的水权问题》，《中国经济史研究》1999 年第 1 期。

③　Pierre-Etienne Will, Clear Water versus Muddy Water: The Zheng-Bai Irrigation System of Shaanxi province in the Later-Imperial period. Edited by Mark Elvin & Liu Ts'ui-jung. *Sediments of Time: Environment and Society in Chinese History.* Cambridge University Press, 1998, pp.283-343.

④　王建革：《河北平原水利与社会分析 1368—1949》，《中国农史》2000 年第 2 期。

第四节　本书欲解决之问题、研究 方法及资料处理

一、欲解决之问题

（一）水环境变迁过程的重建

"历史地理学是研究历史时期地理环境的变化及其规律的科学。"[1]每一个历史地理问题的提出,总是以解决某一历史时期的地理问题为目的。本书以民国以来之沂沭泗流域为研究对象,自然必先重建其水环境变迁过程,在此基础上进行进一步的展开。

自从有了人类历史,人类就面临水及水环境问题。所谓环境,一般的解释是:某一中心项(或叫主体)周围的空间及空间中存在的事物[2]。而水环境是环境的重要组成部分,其中心项应该是人类及其他生物,其中以人类对水环境的影响最大。人类通过水利活动影响水环境、利用水资源,水环境也时刻影响和制约着人类活动,即这种影响是互动的。正如邹逸麟先生指出的:环境史具体研究中应该关注人口和土地利用问题、历史时期水环境变化、社会体制与环境关系、环境史和社会史结合研究等几个具有现实意义的研究方向[3]。

晚近以来,随着人类影响自然的能力的加强,水环境的变化随之加剧,重现该变化过程是历史地理学者的任务之一。

（二）探求水利纠纷的影响因子及预防解决途径

引起水利纠纷的原因很多,有天灾更有人祸。笔者以为除了自然原因如河流改道、洪涝、旱灾以外,还有一定的社会政治因素如政区变化、人口增长、资源紧张导致的对水资源的无序利用等。此外争议地带民众和官员的心理以及流域管辖权的混乱状况都是水利纠纷产生和激化的因素。本书欲探究这些因素在水利纠纷中的权重,以寻求各不同类型区域的不同纠纷的

---

[1] 邹逸麟:《中国历史地理概述(修订版)》,上海,上海教育出版社,2005年,第5页。
[2] 陆雍森:《环境评价》,上海,同济大学出版社,1999年,第2页。
[3] 邹逸麟:《有关环境史研究的几个问题》,《历史研究》2010年第1期。

最佳解决方案,为政府行政提供参考。

由于水利纠纷"背后还蕴藏着十分丰富的区域社会生活史内容。水案的频发,不仅反映出区域内人口与水资源之间的紧张关系,而且反映出区域间国家与社会,官府与绅民,绅士、商人、宗教、家族、恶霸等势力与一般用水民众,乃至于此民众与彼民众之间的复杂互动关系"①。水利纠纷的妥善解决,一方面可以安定纠纷双方人民群众的生产生活,减少政府机构的公务案牍、公文往来,其解决过程中的方式方法往往可以作为模式推广到类似的纠纷中。另一方面可以在立法过程中作为借鉴和参照。如光绪二十一年(1895 年)十月,安徽巡抚福润在奏折中言及盱眙县西乡洪泽湖新淤出大量滩地,发生"土民客民互相占种,动滋事端"之情形,官府"设局开丈",一些措施就是"援照江苏铜山、沛县两县微山湖田征租之案"办理的。② 笔者也希望,本书的研究可以对本流域及国内外水利纠纷的解决有所裨益。

二、研究方法

就历史地理学而言,研究对象通常是指历史时期的人地关系。③ 所谓人地关系,泛指一切人类活动与自然环境的关系。水利作为人类征服利用自然的活动之一,历来是历史地理研究的主要对象。因此历史地理传统的研究方法,如历史学方法、历史地理学方法、社会学及人类学等方法均可作为本课题的研究方法。此外,本课题不可避免地运用到统计学、水文学等学科的方式方法。

对历史环境的重现,必须借助传统的地图。本课题研究重点之一就是重现沂沭泗流域近百年来的水系变迁、水利单元细化的过程以及政区变动情况,这就需要借助历史资料,采取各种必要的手段,构建一系列的图景,以期将水利纠纷放在当时的历史环境中去考察,并给读者一个尽可能接近历史事实的直观印象。

实地勘查法作为历史地理研究的基本方法,在本课题中显得尤为重要,一则因为本研究的时段比较迫近,很多变化尚有遗迹可循;二则由于研究需要第一手资料,有些问题又是必须亲力亲为方得解决之策,如纠纷的具体情形及争议地段(点)等,道听途说与亲眼所见、亲耳所闻出入极大。从事本课题研究期间,笔者亲赴苏鲁边界济宁、菏泽、临沂、连云港等地级市及丰县、

---

① 行龙:《从"治水社会"到"水利社会"》,《读书》2005 年第 8 期。
② 《谕折汇存·安徽巡抚福润奏折》,见中国水利水电科学研究院水利史研究室《再续行水金鉴·淮河卷》,武汉,湖北人民出版社,2004 年,第 460 页。
③ 邹逸麟:《中国历史地理概述(修订版)》,上海,上海教育出版社,2005 年,第 6 页。

沛县、微山、邳州、鱼台等县区,深入乡村,采访当事人、知情人,获得了大量的信息。

三、章节安排

本书的主体部分分引言、正文和余论三大部分。在引言中介绍了本选题的意义,界定了概念,进行了学术回顾;正文部分共七章,分上下两编。第一章对民国以来,特别是 1949 年以来的流域水环境变迁,尤其是水利单元变化进行一简要回顾;第二章回顾了明清时期流域内的水利纠纷,归纳了纠纷类型,选取了典型案例,得出了明清时期流域水利纠纷的根本原因在于政府的漕运体制与民间的灌溉防洪体制之间的冲突;第三章分析了水利纠纷的年内分布、与灾害性气候的关系及与土地开发、民众心理因素、地方干部素质等相关因子的关系;第四章就纠纷解决机制即中央政府的强制性政令、上级政府的高调介入、同级政府的平等协调、流域水利机构的作用、民众上访与控诉、民间的双向互动等解决途径展开讨论。

下编就本流域三种不同的纠纷类型选取了三个个案进行了还原和分析,兼论了在水利纠纷解决中行政单元与水利单元的关系:两者整合度愈高纠纷愈少,行政区划的调整应尽量与水利单元相适应。

四、资料的搜集与运用

方志即"以地方行政单位为范围,综合记录地理、历史的书籍"①。其所涵盖的内容十分广泛,记载有自然现象、地理概貌、社会生产、商品交换、货币流通、社会组织、政权机构、风俗习惯等,可谓上至天文,下至地理,中及人事,包罗万象,无所不有,其中存有许多有关水利史的资料。20 世纪 80 年代以来,大量的新方志得以编辑出版,不少地方政府还编撰了水利(史)志,使笔者可以从中找到水系演变的脉络,厘清环境变化的过程,发现纠纷产生的端倪。在本书撰写的过程中,笔者几乎搜尽流域内所有水利史志,遍阅清代以来,尤其是新中国成立以后的新方志,这为本课题的研究提供了丰富的资料。尤为珍贵的是,笔者收集到不少相关部门为编撰这些志书而编辑的资料长编、内部资料或初稿,其中保留了较多的原始资料。

自明景泰二年(1451 年)始设漕运总督,至 1905 年初裁撤漕运总督及各省粮道等官,明清两朝共计有漕运总督近 150 位,加上南河、东河河道总督,不下 300 人,他们或青史有传,或有专著流传于世,或有疏表奏章存于宫

---

① 冯尔康:《清史史料学》,沈阳,沈阳出版社,2004 年,第 161 页。

廷档案之中,其中保存了丰富的史料可供挖掘。

就本课题研究时段而言,正是各种资料极大丰富的时期,不仅有大量的报纸、杂志,还有繁多的档案和连续的系统的水文资料,而且,由于不少事件发生在 20 世纪 50~80 年代,有一些回忆录可资佐证,如曾任江苏省水利厅厅长、党组书记、分管水利的副省长的陈克天撰写的《江苏治水回忆录》,内容丰富、翔实。最为难得的,由于不少当事人依旧健在,他们的真实记忆更是本课题难得的第一手资料。

在笔者进行本课题研究的过程中,于资料搜集上着力尤多,除翻阅、购买了大量的正规出版物以外,还罗致了近百本研究区域内的内部资料、自编资料、个人自传等,尤其是复印、翻拍了中国第二历史档案馆、江苏省档案馆、山东省档案馆、徐州市档案馆、济宁市档案馆、菏泽市档案馆、沛县档案馆、微山县档案馆、邳州档案馆、丰县档案馆等馆藏资料数千页,这是本课题研究的基本资料来源。

对于资料中关于水文、水利设施的数据,基本可以完全采信,无需特别的处理。而有关水利纠纷的档案资料,就需要进行甄别,因为既是纠纷,双方在表述的时候不可避免地带有倾向性,于是对己方损失的夸大和对错误的掩饰、对对方行为的歪曲和恶意揣测随处可见,需要作者以审慎的眼光和冷静的思考去伪存真,还原事件的真相。

上编 | 概 论

第一章　流域水环境变迁及水利单元细化

第一节　流域概述

一、范围和区划

沂沭泗流域,系沂、沭、泗三条水系之合称,大部位于鲁南苏北。北以沂蒙山脉与黄河支流汶水交界,南以废黄河与淮河干流地区接壤,西界黄河,东临黄海,经中运河和淮沭新河与淮河干流连通。全流域介于东经 114°45′~120°20′和北纬 33°30′~36°20′之间。东西方向平均长约 400 公里,南北方向平均宽不足 200 公里。流域面积 8(一说 7.8)万平方公里,占淮河流域面积的 29.0%。[①]

流域行政区划辖苏、鲁、豫、皖四省 16 地市 68 市县,共计 78 个行政单位(2011 年数据为 15 地市 79 县、市、区),其中山东省辖菏泽、济宁、泰安、枣庄、临沂、日照、淄博、潍坊八地市 38 县(其中 3 个部分县);江苏省辖徐州、淮阴、连云港、宿迁、盐城五地市 17 县(其中 5 个部分县);河南省有民权、兰考等二地市五个部分县及安徽省砀山、萧县两个部分县(详见表 1-1、图 1-1),占淮河流域的 31.8%;人口约 6500 万[②],其中城镇人口 840 万人;耕地 5650 万亩(其中水田 730 万亩),占淮河流域的 30.6%。[③]

---

① 水利部淮委沂沭泗管理局:《沂沭泗河道志》,北京,中国水利水电出版社,1996 年,第 1 页。

② 沂沭泗水利管理局 http://www.yss.gov.cn/WebMain/Main/News.aspx?Id=32。

③ 水利部淮委沂沭泗管理局:《沂沭泗防汛资料汇编》,1992 年,第 17 页。

表 1 – 1 沂沭泗流域行政区划表

省　名	地(市)名	县(市)名
山东省	济宁市(11)	任城区、兖州区、曲阜市、邹城市、微山、鱼台、金乡、嘉祥、汶上、泗水、梁山
	枣庄市(6)	市中、薛城、山亭、峄城、台儿庄、滕州市
	临沂地区(12)	兰山区、罗庄区、河东区、沂南县、郯城县、沂水县、兰陵县、费县、平邑县、莒南县、蒙阴县、临沭县
	日照市(2)	岚山区、莒南
	菏泽地区(9)	牡丹区、曹县、定陶、郓城、成武、单县、巨野、鄄城、东明
	泰安市(3)	(新泰市)、(宁阳)、(东平)
	淄博市(1)	沂源县
	潍坊市(1)	(五莲)
江苏省	徐州市(10)	云龙区、鼓楼区、泉山区、丰县、沛县、贾汪区、(铜山区)、邳州市、新沂市、(睢宁)
	连云港市(6)	连云区、海州区、赣榆区、东海县、灌云县、灌南县
	宿迁市(5)	宿迁、沭阳、宿豫、泗阳、泗洪
	淮安市(5)	清河区、清浦区(2016 年清河区、清浦区合并更名为清江浦区)、淮安区、淮阴区、涟水
	盐城市(3)	(滨海)、响水、阜宁
安徽省	宿州市(2)	(萧县)、(砀山)
河南省	开封(1)	(兰考)
	商丘地区(4)	(商丘)、(虞城)、(民权)、(宁陵)

资料来源:据《淮河流域地图集》《沂沭泗河道志》《山东省地图册》《江苏省地图册》等编制。括号内为部分县。

二、自然地理概况

(一)地质地貌单元

该区在地质上分为三个构造单元,即:

(1)沂沭泗山丘区:主要是地壳垂直升降运动造成的。根据其断裂褶皱构造在平面上排列形式及延伸方向又分为沂河东的新华夏构造区和沂河西的鲁西旋转构造与新华夏构造复合构造区。

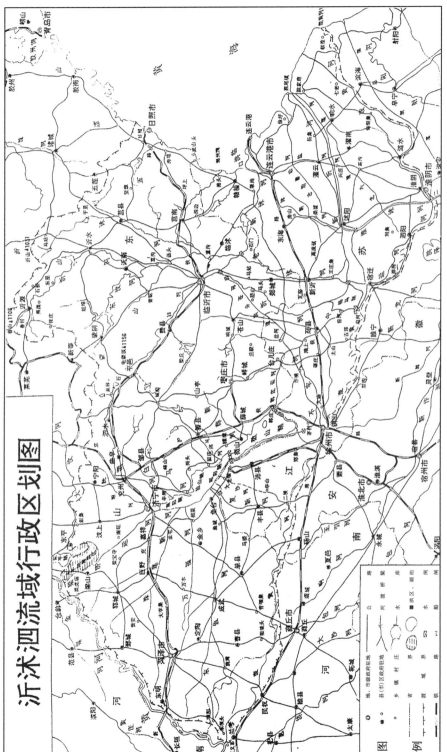

图 1-1　流域行政区划图

资料来源:《沂沭泗河道志》插页。

（2）沂沭断裂带：由多条断裂、凹陷和凸起构成，纵贯鲁东、鲁西，是一条延展长、规模大、切割深、活动时间长的复杂断裂带，是本区域地质的重要分界线。

（3）鲁西南断陷区：以近南北和近东西向的两组断裂为主，形成近似网格状的构造格局。该区地貌主要由北中部的中高山区和鲁西南湖洼地带构成。因黄河在这里多次改道、泛滥，形成了黄河和废黄河的冲积层构成的湖西平原，其第四纪沉积物在 100 米以上；北中部有海拔 800 多米的高山和低山丘陵，丘陵外围有洪流形成的冲积壤；西部为鲁西南湖洼地带，又称微山湖—骆马湖断裂带，东平湖、微山湖、骆马湖等呈北西向串珠状分布，绵延200 余公里。徐州以东、连云港以西、苏北灌溉总渠以北的徐淮平原地区，出露着许多基岩的"岛山"，该平原上的冲积物主要是沂沭河和黄河的冲积物，地面有波状起伏。①

（二）水系

沂沭泗流域即古代沂水、沭水、泗水之区，三河历史上均为淮河下游支流。其中泗水是三河之主干。注入泗水的河流很多，沂沭二水是其主要支流。《禹贡》曰："导淮自桐柏，东会于泗沂，东入于海。"②《水经注》卷二五有《泗水沂水③洙水》，卷二六有《沭水巨洋水淄水汶水》。

在南宋以前，沂、沭、泗河道浚深，排水通畅，航运发达，由淮上溯泗、汴即可直达中原腹地，唐人白居易有"汴水流泗水流，流到瓜洲古渡头，吴山点点愁"之句。黄河袭夺泗水后，水系有了很大的变迁，流域界限也产生了变化。元开通会通河之后，鲁桥以南之泗水成为运道，并沿河逐渐形成众多的水柜、水塦，泗水成为汇入运河的支流，仅存鲁桥以上一段，沂、沭河也不再直接入泗水（运河），泗水亦与淮河干流脱离了联系。今天的沂、沭、泗三河之间已没有多大关系，而泗水的另两条主要支流汴水、濉水更是与泗水脱离了联系。

剧烈的水系变迁，给鲁南、鲁西南和苏北地区带来了频繁的灾害，河道淤积，水系紊乱。新中国成立以来，经过大量的水系调整，挖河筑堤，修库建闸等工程，已基本建成防洪、排涝、灌溉的完整水系。目前据统计全流域干支流（包括一级支流）共 510 余条，"其中大于 100 平方公里的一级支流 182

---

① 综合《山东省志·地质矿产志》第 124 页、《山东省志·自然地理志》第 44 页、《沂沭泗河道志》第 1 页。

② 《尚书正义》，见李学勤《十三经注疏整理本》，台北，台湾古籍出版社，2001 年，第 60 页。

③ 此沂水当非本书所言之沂水。该沂水发源于邹县城前镇凤凰山北麓，全长 58 公里。从曲、邹交界处入境，至曲、兖交界的金口坝入泗河，今为曲阜市第二大的河流，曾名庆源河、泗沂河，为区别于临沂地区的沂河，亦称小沂河。

条,大于 500 平方公里以上的河流 47 条,大于 1000 平方公里的骨干河道 26
条"①。详见表 1-2、图 1-2:

表 1-2　沂沭泗流域主要河流面积长度统计

（450 平方公里以上）

所属水系		河　流	流域面积（平方公里）	河流长度（公里）
泗运河水系	湖东诸河	泗河	2366(2338)	159.0
		白马河	1099	56.6
		洸府河	1331(1376)	76.4(81)
		城漷河	912	82.5
		新薛河	686	89.6
		北沙河	505(535)	64.0
	湖西诸河	梁济运河	3306	88.0
		洙赵新河	4206	140.7(145)
		洙水河	571(450)	47(55)
		新万福河	1283	77(73.3)
		老万福河	563	33.0
		东鱼河	5923(6074)	173.4(172.1)
		复兴河	1812	75.0
		大沙河	1706(1700)（包括废黄河）	61.0
		郑集河	497	17.0
		其他	1598	
韩、中运河水系	韩庄运河(42.5)	峄城大沙河	629	31.0
		陶沟河	676	31.0
		其他	647	
	中运河(179.1)	邳苍分洪道	2357	74.0
		不牢河	1343	73.0
		房亭河	756(716)	74.0
		邳洪河	581(530)	20.0(27.2)
		其他	1467	

---

① 水利部淮委沂沭泗管理局:《沂沭泗河道志》,北京,中国水利水电出版社,1996 年,第 1 页。

所属水系	河 流		流域面积（平方公里）	河流长度（公里）
沂河水系	沂河（至入湖口333）	东汶河	2449(2428)	124.6(132)
		蒙河	673	62.0
		祊河	3377(3376)	155(158)
		白马河	552	65.6
		其他	4499	
	新沂河（包括骆马湖）	新沂河	2500	144.0
		新开河	809	32.0
		淮沭新河	693	66.1
		其他	1598	
沭河水系	沭河	袁公河	529(544)	62.0
		浔河	532(535)	67.5(68)
		其他	3468	
	老沭河（大官庄至口头）		1625	103.7
	新沭河（大官庄至临洪口78.1）	蔷薇河	1819	97.0
		其他	1031	
废黄河及入海诸河	沂北沭北诸河	傅疃河	1048	51.5
		龙王河	582	75.0
		青口河	499	64.0
		古泊善后河	1471(1470)	77.1(75)
		其他	2700	
	灌河（70.0）（60）	柴米河	1260	84.4
		北六塘河	794	58.8
		南六塘河	957(958)	35.6
		盐河	506	155.3
		其他	2893	
	徐洪河（废黄河以北段）		233	112
	废黄河		2610(4291)	508(728.3)

说明：表中数字为1991年《沂沭泗河道志（送审稿）》的数据，括号内为1996年中国水利水电出版社出版的《沂沭泗河道志》的数据，两者相较，可见流域内河道变化之大。

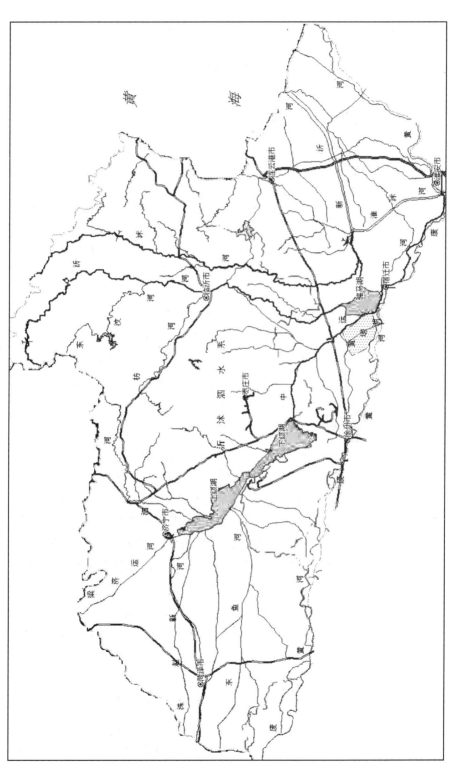

图1-2　沂沭泗水系略图

第二节　大尺度水利单元的变迁

一、沂沭泗水利单元的出现

黄河夺淮以前,豫东和鲁西南基本属黄河流域。时黄河南岸有两条重要的支流横穿,即济水和五丈河(也称广济河)。据《水经注》载:济水分黄河水于鸿沟,向东经阳武、封丘南、兰考北、定陶南、巨野西、注入大野泽。济水出大野泽,东北流至安山镇(今东平县西南五公里),会东来之汶水。① 研究表明:巨野泽以上之济水,由于黄河决口泛滥的影响,在唐代已经逐渐淤废,巨野泽以下之济水,1855 年为黄河所夺,大部分成为今黄河之水道。②

北宋广济河,也可以说是古济水的再现。唐武则天时,于开封以东开挖湛渠(也称济渠)东通济鲁以利渔盐。北宋借唐代之湛渠故道,并引京、索、蔡诸水为济运水源,其行经路线大致自汴京城东北经今兰考北部和定陶、菏泽间,又东北经今郓城、巨野、梁山、安山间,于今东平县西北入北清河(又称大清河,今为黄河所夺),因渠宽五丈,故又称五丈河。③ 济水、五丈河以东以南即为当时之淮河流域。

从南宋至明中期(公元 1194 年之后),黄河频繁决溢改道,夺泗入淮,鲁西南成为黄河泄水泛道,湖西诸河成为黄淮共有,流域界限实难判定。

万历间,潘季驯行"筑堤束水""蓄清刷黄"之策以治河,在不到三十年的时间内,从开封到徐州段,不仅加固了北岸堤防,还修筑了南岸大堤。徐州以下更修筑双重堤防,自此,郑州至海口形成了千里黄河大堤,黄河河槽被固定下来。随着泥沙淤积,河床逐年抬高为地上河,截断了两岸河渠陂泽与黄河相互通注的关系,鲁西南诸河如牛头、赵王、洙水、南清、大沙、柳林及鱼台支河等无法入黄,各河只能按其自然地形泄入南四湖,再经韩庄运河、中运河入淮。故明末以后,今鲁西南微湖以西之地面径流,基本纳入淮河流域,沂沭泗水利单元的西界亦自然推移到黄河大堤之下。

---

① 　(北魏)郦道元注,杨守敬、熊会贞疏:《水经注疏》卷七《济水》,南京,江苏古籍出版社,1989 年,第 635 页。

② 　史念海:《论济水和鸿沟》,见《河山集(三集)》,北京,人民出版社,1988 年,第 318、324 页。

③ 　邹逸麟:《湛渠·白沟·五丈河》,《历史地理研究》(1),上海,复旦大学出版社,1986 年,第 413 页。

沂沭泗北界的汶泗两河,古代均为齐鲁名川。汶出莱芜,泗出泗水,二水南北分流,本不相贯通。元开会通河,拦汶筑堰雍水入洸河,南流至济宁入泗济运,汶水成为泗水支流;明永乐间在汶河上筑戴村坝,经小汶河引汶水至南旺分水济运。明清两代,为了保证山东运河的通畅,对引汶济运的戴村坝和南旺分水工程不断进行修筑和完善,汶泗两河始终保持着密切的关系。

1855 年,黄河北徙夺大清河(古济水)入海,汶、运两河入黄口渐被淤塞,汶水北泄受阻,部分汶水只好南流入运,经南旺湖芒生闸入牛头河,再入南四湖。由于汶、泗历史上的这种渊源关系,民国以后,沂、沭、汶、泗、运水统划入淮河流域。1927 年以后,国民政府导淮时期即以此为界。

中华人民共和国成立之初,华东水利部于 1949 年至 1953 年仍把沂、沭、泗、汶列入一个区域来治理。[①] 1953 年撤华东水利部后,沂、沭、汶、泗及运河治理由中央水利部直接领导。同年年底,水利部将该区划归治淮委员会管理。而淮委时隶华东军政委员会,故华东水利部于 1954 年曾编《沂沭汶泗洪水处理意见》,足见当时四河仍合并治理。1955 年夏,淮委以汶河主要以黄河为出路,南流入淮只是引汶济运部分,建议水利部将汶河划入黄河流域。1958 年在整治汶河堤防时,将戴村坝分流经小汶河入运之口门堵断,汶水南流不再。从此,鲁西南的黄、淮两大流域界限就被固定下来,沂沭泗流域这一提法方出现。

二、工程治理与水利单元变迁

(一) 运河的治理与泗水水系的变迁

由于泗水是我国为数不多的南北向河流,其下游很早就被利用为天然航道,故论及泗水时无法回避漕运。泗水作为运河上最为重要的一段,其水利单元变迁亦和运道治理密切相关。

古时沂、沭、睢、汴等均为泗水支流,从春秋战国至今的 2700 多年间,人们在本区域所开辟的航道,大体都是以古泗水为骨干向外辐射,泗水水利单元也在不断分合变化之中。

公元前 483 年,吴王夫差率师北伐与晋国争霸,为保证军需接济,在今

---

① 胡焕庸 1952 年曾编写《淮河水道志》一书,其中并未涉及沂沭泗流域一河一渠,盖因当时分别治理,机构不统属之故。见胡焕庸《淮河水道志》1952 年初稿,淮委《淮河志》编纂办 1986 年印行。另华东水利部 1954 年编有《沂沭汶泗洪水处理意见》。

鱼台和定陶两县间开挖了一条运河,名曰菏水,沟通了泗水与济水的联系,时济水为黄河支流。

东晋永和十二年(356年),荀羡镇下邳(今江苏邳县)时,为溯泗水攻燕将慕容兰,"羡自洸水引汶通渠,至于东阿以征之"①,由此汶、泗、济得以勾连。太和四年(369年),桓温北伐慕容暐,军次金乡,"使(毛)穆之监凿巨野百余里,引汶会于济川"②。是即桓公沟,又称洪水。

581年,隋兖州刺史薛胄,在兖州、济宁间开丰兖渠,于济宁西与桓公沟相接,济、泗再次沟通。由于丰兖渠截断了洙、洸两水南注泗水之路,不久即湮。至唐高祖武德七年(624年),尉迟敬德"导汶泗至任城(今济宁)分水,建会源闸,并凿治徐州、吕梁二洪,通饷道"③。

垂拱四年(688年),又开泗州、涟水新漕渠,北通海、沂(临沂)、密(诸城)诸州,南入于淮。④ 这样,使沂、沭中下游实现通航,对开发沿海鱼盐之利发挥了有益的作用。

北宋开广济河自汴京东通齐鲁,不仅有利于京师和齐鲁间漕运,夏秋亦可供汴河分洪之用,故广济河亦应纳入当时的泗水流域。

元建都北京,公元1282~1283年,世祖遣兵部尚书李奥鲁赤开济州河(济宁至东平县安山镇),旋又开会通河(安山至临清),"约泗水西流……分汶水入河,南会于济州……南通淮、泗"⑤。从此,北起北京,南至杭州,横跨四省两市,贯通五大水系的京杭运河就形成了。运河淮河流域段长726公里,其中绝大部分在沂沭泗流域。

至明代,会通河淤塞,南旺湖段水源不足,永乐皇帝采纳济宁州同知潘叔正建议,派工部尚书宋礼等,征夫30万开会通河。宋礼采汶上老人白英提出的方案,"筑坝东平之戴村,遏汶使无入洸而尽出南旺"⑥,南北分流,"七分朝天子,三分下江南",并利用周围湖泊洼地建闸蓄水济运,解决了会通河南段水源问题,汶河成为运河支流。

嘉靖年间,河患南移济宁、徐州间,济宁以南的运河仍循泗水,径至徐州垞城入黄河,称泗水航道。由于这段运河屡遭黄泛侵袭,为了避开黄河危害,嘉靖四十四年(1565年),工部尚书朱衡率民工九万,开挖了北起南阳,

① 《晋书》卷七五《荀崧列传附子羡》,北京,中华书局,1974年,第1981页。

② 《晋书》卷六一《毛宝列传附子穆之》,北京,中华书局,1974年,第2125页。

③ 武同举:《淮系年表全编》表四,1928年,第1页。

④ 同③。

⑤ 《元史》卷六四,河渠一《运河》,北京,中华书局,1974年,第1614页。

⑥ 《明史》卷八五,河渠三《运河上》,北京,中华书局,1974年,第2080页。

南至留城,长 141 里的南阳新河。同时疏浚了留城向南至境山段的旧河 53 里。① 这为以后开挖泇河、中运河,实现"避黄行运"奠定了基础。

南阳新河建成后,缓和了夏镇至济宁段运河淤塞的矛盾,但夏镇以南借黄行运之运道,尤其是徐、吕二洪仍常困扰漕船。为了避开二洪险段,自万历二十一年(1593 年)始,经八年三次施工,挖成自夏镇经韩庄、台儿庄达邳州直河口入黄的二百六十多里之泇河,避开二洪及黄河三百三十余里。② 运河经此改线,不仅路程缩短,漕船安全状况亦大为改善。当年经泇河北上之漕船达 8000 多只。至此,运河在邳州以上段已与黄河无关。

清初,直河口至淮阴段仍需借黄行运,漕船常有倾覆之虞。康熙二十五年(1686 年),河督靳辅、于成龙等主持开挖中运河③,历经 17 年告竣,使这段运河与黄河完全分离,至此借黄行运时代宣告结束。沂沭泗遂成为独立的水利单元。

黄河夺淮以前,泗水还有一条重要支流汴水。汴水基本即今黄河故道徐州以西部分。《水经注》载:"汳(即汴)出阴沟于浚仪县北。……又东至彭城县北,东入于泗"④,故韩昌黎有"汴泗交流郡城角"之句,然经黄河长期泛滥,汴河久已湮没,这种壮观景象已经不复存在。黄河北徙以后,黄河故道亦成为相对独立的水利单元。

(二)清末民国"复淮""导淮"及地方政府的作为

1. 南复故道之争

考导淮之说,约始于清初顺治时户部左侍郎王永吉、御史杨世学等奏疏,疏曰:"治河必先治淮,导淮必先导海口,盖淮为河之下流,而滨海诸州县又为淮之下流。乞下河、漕重臣,凡海口有为奸民堵塞者,尽行疏浚。"⑤

自黄河夺淮以后,对于黄河应该北流还是南流,历史上诸多争议。顺治九年(1652 年),河水再决于封丘,冲毁县城,且水势向北溃溢,波及东昌(今山东聊城),漕运因此阻滞中绝。当时朝中大臣建议:"请勘九河故道,使河北流入海",但河道总督杨方兴⑥反对改道北流。他力排众议说:"黄河古今

① 《明史》卷二二三,列传一百十一《朱衡传》,北京,中华书局,1974 年,第 5866 页。
② 《明史》卷八五,河渠三《运河上》,北京,中华书局,1974 年,第 2078 页。
③ 《清史稿》卷一二七,河渠二《运河》,北京,中华书局,1976 年,第 3774 页。
④ (北魏)郦道元著,陈桥驿校证:《水经注校证》卷二十三,北京,中华书局,2013 年,第 538 页。
⑤ 《清史稿》卷一二六,河渠一《运河》,北京,中华书局,1976 年,第 3629 页。
⑥ 杨方兴(?~1665),字浡然,汉军镶白旗人,清初大臣,顺治元年至十四年任河道总督。

同患，而治河古今异宜。宋以前治河，但令入海有路，可南亦可北。元、明以迄我朝，东南漕运，由清口至董口二百余里，必藉黄为转输，是治河即所以治漕，可以南不可以北。若顺水北行，无论漕运不通，转恐决出之水东西奔荡，不可收拾。今乃欲寻禹旧迹，重加疏导，势必别筑长堤，较之增卑培薄，虽易晓然。且河流挟沙，束之一，则水急沙流；播之九，则水缓沙积，数年之后，河仍他徙，何以济运？"上然其言，乃于丁家寨凿渠引流，以杀水势。① 杨方兴之议，虽仍以传统的治河观念，以先保运为考虑，但其治河的方法，已提出"凿渠引流，分杀水势"及"引水南向"的具体做法了，同时也维持了黄河河道最后一次大迁徙前的一贯方向。

直至乾隆年间，仍有北归之议。"（嵇）璜议挽黄河北流仍归山东故道，入对尝及之。是岁河决青龙冈，大学士阿桂②视工。上以璜议谘阿桂及河督李奉翰③，佥谓地北高南低，水性就下；欲导河北注，揣时度势，断不能行。上复命廷臣集议，仍谓黄河南徙已久，不可轻议改道，寝其事。"④

黄河北徙以后，淮河流域水患并未见减轻，反有加剧之虞，加之黄河北徙直接导致运道艰涩，漕运受阻，朝廷内外时有"南复故道"之议。同治六年（1867年）八月，江苏淮扬绅士吴秉寻、叶珂文等上书两江总督曾国藩《三河可以缓堵清口亦可缓开不求利多但求无患》，极力反对黄河南复故道并条陈导淮事宜："黄淮合流以来，淮水之上流皖境诸水病在雍遏，淮水之下流淮扬诸水病在泛滥，而黄以南毛城铺等处减泄太过则睢宿诸水病，黄以北六塘盐河宣泄不及则沂沭诸水病。黄走利津而淮由三河旁泄，凡皖境暨睢宿沂沭诸水患较前稍松"，但朝廷之中有人"各私其乡而不通筹全局，囿于成见而未熟考地形；识小之儒，琐陈俗议，喻利之士，籍便私图"。曾国藩批复认为：吴、叶的建议"良属老成卓见，唯施之徐宿一带旱谷田亩，但求宣泄者则可，若山（阳）宝（应）迤南，秧田栉比，必除害而外速兴水利，方期丰稔"⑤，支持了江苏的主张。

---

① 《清史稿》卷一二六，河渠一《运河》，北京，中华书局，1976年，第3629页。

② 阿桂（1717~1797），章佳氏，字广廷，号云崖，大学士阿克敦之子，清朝名将，满洲正蓝旗人，后以新疆战功抬入正白旗。乾隆四十二年，授武英殿大学士，常以朝廷重臣的身份被派往各地解决难题，多为办理河工和水利事务。

③ 李奉翰（？~1799），汉军正蓝旗人，清朝大臣，乾隆间江南河道总督李宏之子，历官江苏苏松太道、江南河道总督、河东河道总督、两江总督兼领南河事。

④ 《清史稿》卷三一〇，列传九七《嵇璜传》，北京，中华书局，1976年，第10628页。嵇璜（1711~1794），字尚佐，晚号拙修，江南无锡县人。嵇曾筠之子，父子皆长于治河。雍正八年进士，历官南河、东河河道总督、工部尚书。

⑤ （清）丁显：《淮扬水利图说·请复淮水故道全案》，见《中华山水志丛刊》，北京，线装书局，2004年，第62~65页。

　　面对淮河连年水患，有识之士纷纷提出导淮及整理江北运河之议，尤以里下河地区绅民为踊跃。同治五年（1866 年）江苏士绅丁显著《复淮论》首倡复淮水故道，提出"堵三河，辟清口，浚淮渠，开云梯关尾间四项工程"①，之后又有前福建船政大臣、阜宁人裴荫森向两广总督曾国藩游说复淮，"公许分别缓急，次第兴工"②。1867 年 10 月，曾氏于清江浦开"导淮局"，命淮扬道主持办理，但终因"费用须百余万金，无款可筹"③以及"废黄河底高于洪泽湖底太多，疏浚土方工程量巨大"④，又适"文正以是秋移督直隶"⑤而最终作罢。嗣后，宿迁人蔡则澐、南通人张謇等再倡此议。同治七年（1868 年），蔡则澐会同丁显等"遣抱"⑥赴京，请濬复淮水故道，都察院代奏。"奉谕着马新贻、张之万、丁日昌会议具奏。"⑦

　　然而，具体到实施步骤及措施上，则众说纷纭，争议不断。光绪五年（1879 年）春，淮安教职殷自芳上书两江总督沈葆桢《筹运篇》六则，提出"引淮泗之水，由盐河、莞渎河⑧归海"。两江总督沈葆桢认为："舍数千年之故道，而就支渠，在该教职只从节省经费起见，第动更旧制，且恐有碍安东、海、沭民田，应请毋庸置议。"⑨宣统二年（1910 年），侍读学士恽毓鼎、资政院议员周廷弼提议："导淮由清口西坝盐河至北潮河为便，海州绅民持不可。"武同举按曰：自是导淮线路问题，议者蠭起。⑩ 及至民国，导淮之议在张謇的推动下，一度如火如荼，然多不果行。

　　作为导淮工程的组成部分，整理江北运河方面，情形大体相似。自光绪十七年（1891 年）两江总督刘坤一奏筹江北运道以来，先后有松椿、端方等践行，但进展不大，迨至民初，由张謇等人推动，取得了一些实质性进展，而

①　（清）丁显：《黄河北徙应复淮水故道有利无害论》，见《复淮故道图说》，续修四库本。
②　（清）张謇：《复淮浚河标本兼治议后》，见张孝若编《张季子九录（二）》卷一〇《政闻录》，《民国丛书（三编）》第 95 册，上海，上海书店，1991 年影印本，第 15 页。
③　武同举：《江苏水利全书》卷八，南京水利实验处，1944 年，第 22 页。
④　水利部淮河水利委员会《淮河水利简史》编写组：《淮河水利简史》，北京，水利电力出版社，1990 年，第 297 页。
⑤　（清）张謇：《复淮浚河标本兼治议后》，见张孝若编《张季子九录（二）》卷一〇《政闻录》，《民国丛书（三编）》第 95 册，上海，上海书店，1991 年影印本，第 15 页。
⑥　遣抱，明清司法制度，指举人以上身份不得亲自诉讼，可委托亲属或家人代理出庭，又称抱告。
⑦　武同举：《江苏水利全书》卷八，南京水利实验处，1944 年，第 23 页。
⑧　莞渎河，今已无迹。考《（隆庆）海州志》卷二《山川志》："界首河，在莞渎河南。"又载："莞渎河，在永祥河东。"又民国元年（1912 年）亚新地学社《江苏全省分图》第十幅海州图，海州东南有莞渎镇、莞渎北镇，当即莞渎河所流径，界首河在其南。
⑨　武同举：《江苏水利全书》卷八，南京水利实验处，1944 年，第 25 页。
⑩　武同举：《江苏水利全书》卷八，南京水利实验处，1944 年，第 35 页。

其中矛盾纠纷之烈,令人瞠目。

首先是苏鲁分治合治问题。"苏省治运,要在使上游无雍遏之灾。鲁省治运,要在使下游有消纳之量"①,但是两省如何协调进程,统一步骤,却深深困扰当时的执政者。

民国四年(1915年)五月,山东运河局局长潘馥②约同江苏筹濬江北运河局总办马士杰③,在台儿庄会商苏鲁运河筹治事宜,"会商结果,两省从事测量,一俟测量事竣,当为全部分之计划",实际并无进展。恰逢徐州公益垦务公司承领微山湖滩地二千顷,与水争地,妨害运河水利,"李参政映庚④呈请中央彻查",中央责成江苏省长齐耀琳查勘,经水利专家王宝槐查明系预备围垦,因恐水无所潴,一时"江北舆论群起非难,垦议遂寝"。同时,有消息称"山东议借美金二百万元,大治南运"。江北士绅黄以霖⑤等自费印刷宣传册,"江苏地处下游,水无可泄",议请中央派员会勘。⑥ 民国五年秋,中央派全国水利局副总裁潘复南下勘运,至十一月三日在南京召集江苏官绅会议,定出初步治理计划。

2. 导淮线路之争

至光绪七年(1881年),两江总督刘坤一再设"导淮局",是年二月初九至四月中旬,在徐州道程国熙的督工下,募夫两万,浚杨庄至安东(今涟水)旧黄河20余公里。⑦

其后,高举"导淮"大旗并大声疾呼、身体力行的便是著名实业家张謇,他多次上疏并通过一些封疆大吏上奏朝廷,力主实施导淮,无奈朝局艰难,官员掣肘,计划一再搁置。宣统元年(1909年),张謇被选为江苏谘议局议长,谘议局很快通过了张謇等人的治淮提案,但时任两江总督的张人俊并不

---

① 《筹濬江北运河工程局卷》,见《江苏水利全书》卷二〇,第4页。
② 潘馥,山东省微山县马坡镇潘庄人,清末举人,被誉为江北才子,民国时期北洋政府最后一任国务总理,民国后曾任山东实业司司长、全国水利局副总裁、全国河道督办、财政部总长、交通部总长等。
③ 马士杰(1865~1946),字隽卿,高邮人,清末举人,一生亦官亦商,民国后先后任江苏都督府内务司司长、运河工程局总办等职,前后有六七年之久。
④ 李映庚(1845~1916),光绪十五年进士,初任卢龙迁安知县,历任永平、天津、保定等七地知府。民国初年升任肃政使,职责是监察各部员司的违法乱纪行为。
⑤ 黄以霖(1856~1932),字伯雨,今江苏宿迁市宿城区人,民国成立后迁居上海,致力于慈善事业,与上海名流虞洽卿、杜月笙、张啸林、黄炎培、梅兰芳、马连良、周信芳等,发起成立华洋义赈会(后改为江苏义赈会)。
⑥ 武同举:《江苏水利全书》卷二〇,南京水利实验处,1944年,第4页。
⑦ 水利部淮河水利委员会《淮河水利简史》编写组:《淮河水利简史》,北京,水利电力出版社,1990年,第297页。

支持,致使计划再次落空。① 但张謇并未灰心丧气,创江淮水利公司于清江浦,1911 年正月改组为江淮水利测量局,开始实测淮、沂、沭、泗各河湖水道。1912 年,安徽督军柏文蔚提议裁兵导淮,首次提出江海分疏主张。1913 年,北洋政府于北京设"导淮局",以张謇为督办。张謇随后发表《导淮计划宣告书》和《治淮规划纲要》,至 1919 年,再作《江淮水利施工计划书》,具体提出了七分入江,三分入海的计划。② 1914 年,导淮局改组为全国水利局,张謇任总裁,与美国红十字会签订了一份《导淮借款草约》,欲筹款 3000 万美元实施导淮,无奈因第一次世界大战爆发而废止,张謇被迫辞职以谢国人。

虽然张謇功败垂成,但其对于导淮事业的贡献不可忽略。正如武同举所言:"导淮之呼声,至民国愈唱愈高,大有迫不及待之势,张南通创办测量,维持其经费,阅时至十余载,凡成图表二十五卷又二千四百八十五幅,册一千一百四十四本,土质七十四种,凡三千七百有奇,虽未几(及)施工,而工有依据。"③

淮河流域较为科学的治理是从南京国民政府开始的。"民国九年一月,筹濬江北运河工程局改组为督办江苏运河工程局,督办张謇、会办韩国钧到局视事。呈请中央,派徐鼎康为参赞,常川驻局,规划江北运河工程。……按先于八年五月,中央特派张謇督办江苏运河事宜,又派韩国钧为会办,久未组织机关。中央又以全国水利局总裁为督办,以江苏、安徽两省省长为会办,亦未组织机关。江苏省长齐耀林遵照中央原委,商之南北士绅,公推徐钟令④赍省署呈文,赴京呈递,仍由张、韩二绅组织机关,遂于九年四月一日,就江都原设之督濬局,改组为督办局。"⑤

然机关虽设,但权力有限,往往协调乏力,督而不办。民国十年(1921 年)冬,"督办局议收回洪泽湖三河口草坝管理权,以便早堵三河口,潴水济运,不果行"。武同举按曰:民国十年(1921 年)十一月,安徽省长许世英电督办局言:三河坝工,皖省已设局管理,请停止派员,以免争执。督办局电复:此项坝工,皖省能办,请于十日内兴筑。否则,本局仍派员前往筹堵等

---

① 水利部淮河水利委员会《淮河水利简史》编写组:《淮河水利简史》,北京,水利电力出版社,1990 年,第 298 页。

② 张孝若:《张季子九录(二)》卷一〇《政闻录》,上海,上海书店,1991 年影印本,第 15 页。

③ 武同举:《淮史述要》,《江苏研究》1936 年第 2 卷第 7 期。

④ 徐钟令(? ~?),字庶侯,江苏淮阴人,清末民初学者、藏书家,以史地研究及志书编纂闻名,著有《(民国)重修沭阳县志》《(民国)淮阴志征访稿》等书。辛亥革命期间,他曾作为江北都督府都督蒋雁行的代表到上海参加各省都督府代表联合会会议。

⑤ 武同举:《江苏水利全书》卷二〇,南京水利实验处,1944 年,第 8 页。

语。结果仍循旧例,由淮北盐务筹堵。嗣是苏省屡争收回管理,皖省坚持,迄未解决。同时,江苏水利协会提议,微山湖湖口双闸,由苏鲁两省委员驻守,专司启闭,裨益苏运,亦不果行。按:督办局咨商省署与鲁省接洽,未得要领,嗣后又迭次接洽,亦未解决。①

3. 导淮主要成绩

频仍灾荒造成中国农村经济的破败破产,对当时以农立国的中国经济必然产生巨大影响,同时还不断激化社会矛盾,危及整个社会的安定。1921 年,淮河大水,资料记载"沿运各县,数百万生命,数千万财产,公私损失,更不可以倍数计。且江北各县,经此次大灾,号寒啼饥之民不下百万"②。面对淮域民不聊生的局面,导淮再次被提上日程,国民政府"创设江淮水利测量局,后改为导淮测量处",经过大量的准备工作,拟具《导淮工程计划》。

与过去的治导计划相比,该计划科学性大为增强:其一,注重全流域共同防治。针对过去治导计划偏重整治尾闾,忽略上游洪水拦蓄的状况,不仅提出整理苏北下游入江水道,开辟新的入海水道,使淮水分疏江海,而且提出整治安徽境内淮河干支流,在沂沭上游修筑围堰,通过上中下游蓄泄并施达到根治淮河目的。其二,注重将除害与兴利相结合。计划提出将山东南流之水导入微山湖,用于拦洪防涝、蓄水抗旱。在运河沿线建七道船闸,使长江与黄河连通,使运河苏北段终年可通航 900 吨级船舶。第三,提出对沂沭泗分别治理。计划中沂、沭、泗治理作为一章。对沂、沭两河主张上游建水库,下游打开洪水出路,干支流建滚水底堰,以平其降度,减其流速。两河最大设计洪水泄量 4500 立方米/秒。沭河下泄途经大沙河,穿青伊湖,入蔷薇河,至临洪口入海。沂河出路主要是通过骆马湖、六塘河至灌河口入海。泗河及南四湖水系洪水主要是从韩庄运河下泄,设计微山湖水位 35 米,下泄 1000 立方米/秒,韩庄湖口建闸控制③。1931 年,江淮流域再发大水。随后,国民党四届三中全会作出了"政府应专设统筹机关,迅即切实进行各项水利工程建设"④的决策,使治淮进入实施阶段。"二十年春……呈准国府备案。廿一年奉中央指定中英庚款一部分,为淮域事业基金。"⑤

① 武同举:《江苏水利全书》卷二○,南京水利实验处,1944 年,第 13 页。
② 江北运河督会办咨江苏省长文,见武同举《江苏水利全书》卷二○,第 13 页。
③ 导淮委员会:《导淮工程计划》,第一章第四五六节,上海,上海文宝橡皮印刷公司,1931 年,第 38~50 页。
④ 《以铁道电气水利事业为建设中心案》,见(民国)《革命文献》第 26 辑,第 109 页。
⑤ 淮河水利工程总局:《淮河流域水利建设计划》第一章《总论》,民国三十七年九~十二月,中国第二历史档案馆藏,案卷号 320-1003。

为使水利政令统一,事有所专,国民政府"乃于二十三年有统一全国水利行政事业之举。厘定水利行政之系统,为中央、省、县三级,以全国经济委员会为全国水利总机关。各省建设厅主持省之水利,各县县政府主持县之水利。均受全国水利总机关之指挥监督"①。之后,水利建设稍有起色。民国二十三年(1934 年),"导淮"工程陆续开工,至 1937 年抗战全面爆发后停顿,抗战胜利后又开工两年。故抗战前后南京政府对淮河实际治导仅六年时间。

至抗战前,南京政府完成了大运河水道拓宽,高邮、邵伯等泄洪水道截直工程,使淮水较以往能顺利入江;开挖六塘河,使淤塞已久的淮河入海水道重新开通;修建了邵伯、淮阴等船闸、活动坝,使运河实现通航。1946 年、1947 年,南京政府在苏北又先后实施泛区复堤工程及灾后初步急要一期工程,对沂沭尾闾区、中运河区、废黄河区在抗战期间及 1947 年大水灾中遭毁的堤坝、涵闸进行了修复,不仅堵塞决口,还在原堤坝基础上加高、培厚堤身,加筑子埝等。②

但与宏大的计划相比,"导淮"工程的实际实施显然要逊色很多。抗战前安徽境内淮河及沂沭河上游工程均未铺开,实际只整治了苏北尾闾。中山河入海水道计划行洪量 500 秒立方米,但实际开挖行洪量只有 250 秒立方米。③ 抗战后,泛区复堤工程及灾后初步急要一期工程初步实施,二期工程及"豫皖苏泛区复兴计划"未及开工。

诚然,日本侵华战争迫使"导淮"工程中断 8 年是导致南京政府实际"导淮"成绩不大的一个重要因素,但另一个更重要的因素亦不容忽视:南京政府建立后,虽然制定了国家经济建设纲要,表示要锐意建设,但久未停息的内战使政府无法将工作重点完全转到经济建设上。抗战前 10 年,南京政府每年财政收入的绝大部分都投入军费及偿还外债上,用于国家经济建设的则少之又少,"1927～1936 年的十年期间,南京政府真正用来投资于生产建设性的支出,估计平均每年从未超过岁出总额实数的 4%"④。南京政府"导淮"信誓旦旦,但工款却不能及时到位。据抗战前预算,全部"导淮"款约需两亿,但南京政府最终仅以英国所退"庚款"之一部分用于导淮,不足

① 孔祥熙:《全国水利建设报告》,见全国经济委员会丛刊《全国经济委员会报告汇集》第一二集,1937 年 2 月,第 1 页。
② 《导淮委员会 1946 年 6 月～1947 年 5 月视察运河复堤工程报告》,中国第二历史档案馆藏,案卷号 320－1154。
③ 淮阴市政协文史资料编撰委:《淮阴文史资料(第二辑)》,第 120 页。
④ 张红安:《明清以来苏北水患与水利探析》,《淮阴师范学院学报(哲学社会科学版)》2000年第 6 期。

部分由"受益各省省政府尽力协助"。经多方筹措，工款只及半数，遂边施工边筹款。抗战后，又因内战再起及通货膨胀，更使水利计划难以实施。按计划，初步急要一期工程需款 94 亿元，因社会部拨发 100 亿元赈款而开工。二期工程预计需款 235 亿元，①泛区复兴计划需款更多，这对于内战正酣的南京政府来说是无论如何也无法筹出的。

按照《导淮工程计划》，在运河上计划兴建的工程有：从微山湖丛家口至骆马湖段建五座船闸（丛家口、韩庄、傅胜、河定、刘老涧）；自丛家口向北至黄河的山东南运河计划兴建两座船闸。② 最后实际仅建成刘老涧一座船闸，惜抗战时毁于炮火。1934 年，又利用废黄河下游河槽开挖入海水道一条，名中山河，又称新淮河。河道西起淮阴之杨庄，过涟水至滨海、响水交界之八套，离废黄河故道东北行，于套子口入海。③

据孔祥熙民国二十六年二月所作《全国水利建设报告》中所提及本流域水利工程有：

邵伯、淮阴、刘老涧三大船闸工程：为整理运河航道计，乃于苏省江都属之邵伯、淮阴属之杨庄、宿迁属之刘老涧三处（其中杨庄、刘老涧船闸属本流域），各建大船闸一座。又于刘老涧东岸另辟引河，加建钢筋混凝土双管涵洞一座。

入海水道工程："起自洪泽湖，出张福河至杨庄，经废黄河至套子口入海，全长约二百公里。其第一段工程，为开浚张福河，已于二十二年七月告成。第二段自淮阴至海口为止，系于二十三年十一月兴工，征工自十三万人增至二十四万人，本年夏当可全部完成。"④

不幸的是，其他工程未及开展即被抗战中断，所做工程悉被破坏无遗。至民国三十四年（1945 年），"抗战胜利，淮会还都复员，以战时已成及停顿工程多遭敌伪破坏，重以黄河南决，平地泛滥，造成广大之黄泛灾区……为安辑流亡，修复各工起见，有淮域善后救济工程计划之施行，计有复堤工程、水道整理工程、灌溉航运修复工程。惜因粮款不足，未能全部实施。卅六年七月，导淮委员会改组为淮河水利工程局，继续导淮业务"，并制定了《战后导淮工程十年建设实施计划》，但也因时局不定且"工款无着，

---

① 《苏北水灾案——苏北水灾工赈工程计划纲要》，中国第二历史档案馆藏，案卷号 377 -481。
② 导淮委员会：《导淮工程计划》，上海，上海文宝橡皮印刷公司 1931 年版，第 38~50 页。
③ 单树模：《中华人民共和国地名词典》，北京，商务印书馆 1987 年版，第 411 页。
④ 孔祥熙：《全国水利建设报告》，见全国经济委员会丛刊《全国经济委员会报告汇集》第十二集，1937 年，第 9 页。

不能全部实施"。①

　　总之,民国年间,国民政府虽然于导淮实际工程上成就不多,但是"创设江淮水利测量局,后改为导淮测量处,前后十数年,测量成绩最多,其他亦理淮域测量工事者,尚有江北运河工程局、淮扬徐海平剖面测量局及山东运河工程局等。民国十七年,建设委员会设整理导淮图案委员会……十八年,政府特设导淮委员会,主持导淮工事",并"特聘德国汉诺佛(即汉诺威)工科大学教授方休斯为顾问工程师,详究图籍,申勘要害,择其对于排洪灌溉航运工事最有利益、工程最经济者,拟具《导淮工程计划》"。② 这些测量、计划工作还是有相当成就的,尤其为 1949 年后治淮工作提供了大量的一手资料,有利于治淮各项工程的开展。

　　从地方上看,韩复榘主政山东期间,对山东各项事业尤其是水利事业还是有所作为的。在这个时期,山东省建设厅编制了《整理运河工程计划》,这个计划是流域性的综合治理方案,其第一、二期工程以减轻鲁西南地区水灾为目的,主要工程有整理小汶河、泗河、南运河及沿运湖泊,改建南四湖湖口双闸,整理韩庄运河以备排洪,整理鲁西各坡水河道以消除内涝;第三期工程主要是兴办鲁西灌溉工程,改革不牢河及伊泇河为灌溉渠或排洪副河;第四期工程是运河穿黄,展宽河道,改建船闸,修建汶、泗上游水库及灌溉设施;第五期为支流灌溉工程及发电、堤防植树等。这个规划已由单一治运发展到流域排洪、除涝、灌溉、航运、发电等综合开发利用的总体规划。抗战爆发前,不少工程已经实施。

　　据山东省建设厅民国二十三年二月所编《各项事业概况及将来之进行计划》显示,仅民国二十二年鲁省建厅即进行了 16 项工程,"各项河湖工程总长一千七百五十余公里,土方合计六千九百余万公方",其中不少属于沂沭泗流域,如:

　　概况所列第二项:疏浚定陶县南区坡河工程。定陶县南区坡河为宣泄定陶、曹县、菏泽三县涝洪之要道,年久失修,淤塞为患。鲁建厅派员将该河测量完竣,"嗣又根据测量结果,拟定疏浚计划,分令沿河各县遵照施工,并派职员张富燮前往督修,各该县村民,均踊跃出夫,历时两月,各县工段,次第报竣,自此沿河坡水,宣泄顺利,水患既可免除,农收自可增益,沿河各县受益良多"。

---

① 淮河水利工程总局:《淮河流域水利建设计划》第一章《总论》,民国三十七年九一十二月,中国第二历史档案馆藏,案卷号 320-1003。

② 同①。

概况所列第三项：疏浚单县八里、乐成两河工程。八里、乐成两河为单县境内之重要排洪河道，年久淤塞，每遇暑雨，辄患漫溢。该厅于二十二年春季曾派员前往测量，并拟定疏浚办法，征夫施工，并派委员黄宝诠前往督促。"开工之后，因有少数人借故从中阻挠，进行不免稍缓，嗣经本厅委员及该县县长督率建设人员，积极催工，沿线村民，约克一致出夫，全河工程遂行报竣。"此次疏浚之后，上游一带坡水由两河下泄，辗转流入万福河，下汇于微山湖。单县境内水患稍减，其相邻之曹县、定陶、金乡、鱼台等县亦受惠。

概况所列第四项：疏浚彭河工程。彭河流经菏泽、巨野、金乡三县，长约60里，为万福河之重要支流。"因年久失治，淤垫过甚，每届伏雨，两岸山洪坡水，无路宣泄，沿河漫溢，为害甚烈。"在建设厅组织下，各县于二十二年十二月间次第开工，"嗣因时届严冬，施工不宜，暂行停止。计已成工程，约有十之六七"，全部工程完工在次年开春以后。

概况所列第五项：督修丰鱼交界东支河工程。此工程主要因为"丰（县）鱼（台）水道，纠纷已久"，此前曾由导淮委员会及苏鲁两省建设厅派员会勘，议定了疏浚办法，数年以来，一直未及兴工。本年五月，鱼台县民特援旧案呈请疏治东支河，本厅即派委员张富燮会同江苏建设厅派员高所堪前往该处监工，历时数月，全部报竣。

概况所列第六项：测勘设计浚治赵王河南北两支及七里河北支牛头河下游。"赵王河斜贯鲁南，为排洪要道，而刘长潭、阎什口两处，又积有纠纷"，该厅为免除水患，解决纠纷计，"特按照该河形势，拟定南北两支并挑办法，派员沿七里河北支，经赵王河本流，至牛头河下游，实地勘测，拟具计画，分令沿河各县，遵照施工"。

概况所列第九项：测量设计治理八里河、惠河。惠河长五十余里，起于江苏丰县，经金乡、鱼台入南阳湖，因"河身淤垫过甚，泄水不畅，沿河大面积区域受灾"。八里河起于单县之杨集，下流会坡河等，经金乡、鱼台会顺城河后，分东西两股，于常李寨及西田家注入万福河，长百余里，亦因"河身淤填，泄水不畅，沿河受灾区域，宽自四五里至六七里不等，沿河人民，沉沦不堪，亟有设计疏浚之必要，现两河均测量竣事，正在设计期间"。

概况所列第十三项：设计治理鲁西万福、洙水二河河堤及南阳湖埝。万福、洙水二河为鲁西主要坡水河道，"以河槽淤塞，泄水不畅之故，灾区辽阔，田禾房产，损失不赀"。二十一年（1932年）春，建设厅曾将该二河及其支流疏治，并将南阳昭阳等湖埝培高筑厚，但不料"客岁秋季，黄河漫决，黄水灌注鲁西，已浚各河，均被淤填，至为可惜，现正设计于今春重行整理"①。

从所列事项看来,除九、十三等项尚未叙功以外,其余几项已经付诸实现。

另据《山东省水利志》载:1931~1932年,山东省建设厅曾对万福河进行大规模治理,组织六县出工十万人施工,从1931年11月至次年7月,"疏浚(万福河)干流和南渠河、沙河、涞河、西沟等五条支流计292公里,厢修南、北大溜堤防82公里……并修建隋林、刘堂二处滚水坝为万福河固定口门"②。这项工程应是前文所述之未叙功之第十三项。同年,鲁建厅还主持了对洙水的浚治。③ 另外,民国二十三年(1934年)还曾治理泡河(今复新河)支流玉带河、新河及东、西支河。④

遗憾的是,次年黄河决于鄄城董庄,以上治理工程多毁于黄患。董庄堵口后,未几抗战军兴,山东成为战场,水利失修,河道淤垫。抗战胜利后,水利工程的重心一直在黄河回复故道上,黄河北归不久,全面内战即爆发,故无论国府还是地方政府,于水利实乏善可陈。

江苏方面所修工程相对较少,主要是配合导淮工程进行,如:

(1) 1924年江苏督办运河局曾挑浚中运河,翌年又用挖泥船疏浚中运河。

(2) 整理六塘河:"于二十三年一月征工办理,同年六月底完成。"

(3) 整理沂沭尾闾:"于二十四年春征工办理,同年六月告成。共浚河长八〇公里。"⑤

(4) 疏导苏北积水工程:"二十四年七月,黄河决于董庄,泛滥于鲁西苏北,积水至冬未退,经委会爰即召集有关各方,筹款疏导苏北积水,着手疏浚苏省善后、岑池、车轴三河,征工挑挖。"⑥

不过,河道治理,即意味着水利单元的改变,或消弭纠纷,或引起争执。如民国二十年(1931年)九月,"导淮委员会……议决由张福河、废黄河至六七套迤下,于北岸开新河,出套子口入海。及冬,拟先挑尾闾,以工代赈,甫

---

① 各项均节录自山东省建设厅:《各项事业概况及将来之进行计划·水利》,1934年,第14~34页。

② 山东省水利史志编辑室:《山东省志·水利志(送审稿)》(内部资料),1992年,第77页。

③ 张鸿烈:《山东省建设厅浚治洙水万福两河及湖垱工程报告》,山东省建设厅,1932年,第1页。

④ 山东省水利史志编辑室:《山东省志·水利志(送审稿)》,1992年,第81页。

⑤ 导淮委员会:《导淮委员会十七年来工作简报》,1946年,第5页。

⑥ 沈百先:《三十年来中国水利事业》第四篇《淮河水利事业》,行政院水利委员会,1941年,第36页。

开工而中辍"①。至于原因,武同举按曰:"先是拟由杨庄挑至涟水县,并于县城对面南堤之南,创筑新堤,裁弯取直,淮安人民持不可。"

(三) 1949 年后主要治理工程与水利单元变迁②

1948 年 9 月,山东省刚解放,为了尽早解除沂、沭河水患,当年山东省实业厅研究通过了导沭工程方案,中共华东局批准了山东的导沭整沂规划方案,10 月成立测量队,在淮海战役的隆隆炮声中进行导沭经沙入海河道测量工作。1949 年 3 月,成立了山东省导沭委员会,第一期导沭工程随即开工。同时,苏北行政公署也于 1949 年 11 月成立了苏北导沂整沭工程司令部,对沂沭河进行整治,揭开了新中国治淮的序幕。

经初步治理的沂河"主流全长 574 公里,流域面积 17325 平方公里",其中,"从源头至李家庄称为上游;从李家庄附近的江风口至骆马湖是中游段"③。上游一直以来没有什么变化,但从江风口奔流出来后,即"产生分流现象。沂河的中游主要分水处有二:一为江风口,分水入鹅堵河,下流入武河;一为芦口坝(或称石坝窝),分出之水,一支为沂支河经徐塘口注入运河,另一支会武河水分为城河和艾山河,分由二道口和沙家口入运河。这两个分水口都是人工开挖用来补给运河水量不足的。但是历史上沂河在这个区域内,或由于决口或由于干河淤阻,常常改道或分流,而且由于地球自转偏向力的作用,使干流成为北北东——南南西的流路,同时有夺取武河进入运河的趋势"④。

在中游地区的干流称小沂河,一部由窑湾注入运河,一部注入骆马湖,再由骆马湖南端五花桥流出。这一部分河水和中运河平行流动,相隔只有 10 余公里,二者互相灌注、息息相关,沂河在徐塘、窑湾等处补给运河,运河又由五花桥和刘老涧两处泄水入沂。

从五花桥至入海一段是沂河下游。这一段的特点是河道极度紊乱。沂河干流"由总六塘河分为南北六塘河,再由武障河和义泽河汇注潮河,经陈家港和燕尾港入海。潮河即灌河,入海口即称灌河口。"⑤

沭河经解放初期的治理,"全长 400 公里,流域面积比沂河要狭隘得多,

---

① 武同举:《江苏水利全书》卷九,南京水利实验处,1944 年,第 13~14 页。
② 本小节资料主要系由《山东省淮河流域防洪》《沂沭泗防汛资料汇编》《沂沭泗河道志》及《沂沭泗河道志(送审稿)》《江苏省志·水利志》综合而成。
③ 苏北导沂整沭委员会工程部政治部:《新沂河年鉴》(内部资料)第一卷,1951 年,第 17 页。
④ 陈吉余:《沂沭河》,上海,新知识出版社,1955 年,第 19 页。
⑤ 苏北导沂整沭委员会工程部政治部:《新沂河年鉴》(内部资料)第一卷,1951 年,第 18 页。

有 11133 平方公里"①。也可划分三段:"上游从源头到大官庄是集流区,东岸支流有岘河、绣针河、袁公河、鹤河、浔河和高榆河,其中以浔河较长。西岸有络河、黄华河和汤河。从大官庄到口头是中游分水区。口头以下,沭河折向东流。沭河在下游显得格外紊乱。在龙埝分为两支:北为分水沙河,南为后沭河,都注入青伊湖,经蔷薇河入海。后沭河在沭阳城北分一支东南流是为前沭河,经柴米河,注入北六塘河。"②(见图 1-3)

经过建国初的"导沂整沭",初步治理了沂沭洪水,但是 1957 年大水后发现,原设计防洪规模偏小,于是又在此基础上扩大设计并次第兴工,以后陆续进行的沂沭泗流域水利工程建设中较大的改变水利单元的工程列表如表 1-3:

表 1-3　1957 年后沂沭泗主要改变流域单元工程表

工　程	简　况	长度(km)	时　间
淮沭新河	连接洪泽湖和新沂河	173	1957 年
开挖顺堤河		76	1957 年
邳苍分洪道	上起郯城县江风口分洪闸,西南流经临沂、郯城、苍山、邳州等县(市)境,于邳州大谢湖入中运河,除分泄沂河洪水外,还截陷泥河、南涑河、燕子河、吴坦河、东泇河、汶河、西泇河来水	74	1958 年
修建安峰山、小塔山及石梁河水库			1958~1962 年
山区兴修水库	修建了会宝岭、日照、唐村、徐家崖、田庄、小仕阳、陡山、尼山、岩马、跋山、岸堤、马河、西苇及青峰岭等 14 座大型水库,32 座中型水库		1958~1970 年
微山湖二级坝	1960 年建成红旗一闸,1967 年建成红旗二闸,1971 年建成红旗三闸,1975 年建成红旗四闸		1960~1975 年
红卫河(即东鱼河)	开挖干流	89.8	1967~1970 年
复新河全面治理	疏浚河道 54 公里,筑堤 108 公里		1970~1982 年

① 苏北导沂整沭委员会工程部政治部:《新沂河年鉴》(内部资料)第一卷,1951 年,第 18 页。
② 陈吉余:《沂沭河》,上海,新知识出版社,1955 年,第 19 页。

工　　程	简　　况	长度（km）	时　　间
朱稽河、范河治理	上游山水引入小塔山水库、青口河和新沭河，中游将朱稽河和范河改入朱稽副河，下游进行疏浚调尾和建挡潮闸等		1973～1979 年
鲁兰河截入新沭河			1974～1982 年

资料来源：据《山东淮河流域防洪》《沂沭泗防汛资料汇编》《沂沭泗河道志》及《沂沭泗河道志（送审稿）》综合而成。

另外，还实施了其他一些重要工程：

（1）骆马湖及黄墩湖堤防及蓄洪工程，疏浚总六塘河、沂南、沂北等排水河道，兴建皂河节制闸与船闸及盐河南北闸等。

（2）修筑了南四湖湖西大堤，为扩大泄水能力修建了韩庄闸、伊家河闸。

（3）从 1958 年开始，按二级航道治理不牢河，并建成刘山、解台、宿迁、泗阳等四座节制闸和船闸。使苏北运河能通行 500 吨级船队，并为江水北调提供有利条件。

（4）建成骆马湖湖泊工程，扩大中运河、新沂河的排泄能力。宿迁闸建成后，陆续兴建六塘河闸、嶂山闸，完成了骆马湖宿迁控制线，使骆马湖由一滞洪区变成一座相当大型的平原水库。

（5）湖腰扩大工程已完成二级坝至沿河口 9.08 公里长的河槽开挖。

（6）沭南工程治理有蔷薇河、鲁兰河、乌龙河。在蔷薇河入临洪口处，由于新沭河水位顶托宣泄困难，故修建东西两座大抽水站，东站排蔷薇河 985 平方公里来水，抽水流量 300 立米/秒。西站排乌龙河 237 平方公里的涝水，抽排流量 100 立米/秒。

（7）泗河方面：1950 年，废原张桥以下之东、西泗河，改道济宁辛闸入南阳湖。1957 年，废 1955 年建的马桥分洪区，改于郭家营分洪。

以上 7 项工程并未很大程度改变水利单元，故另列。下面试将沂沭河水系变迁过程以图解形式作一复原。

说明：1948～1950 年导沭整沂工程有：① 山东省导沭经沙入海工程（后定名为新沭河）1949 年 4 月开工，其线路是将沭河从大官庄向东开挖流入大沙河，再经临洪口入海，长 66 公里，治理标准为当时的 20 年一遇。② 江苏省导沂整沭第一期工程是开新沂河 140 公里，随后又进行了三期工程，历时四年共完成了新沂河大堤培修加固、嶂山切岭、骆马湖及黄墩湖堤防及蓄洪工程，疏浚总六塘河、沂南、沂北等排水河道，兴建皂河节制闸、船

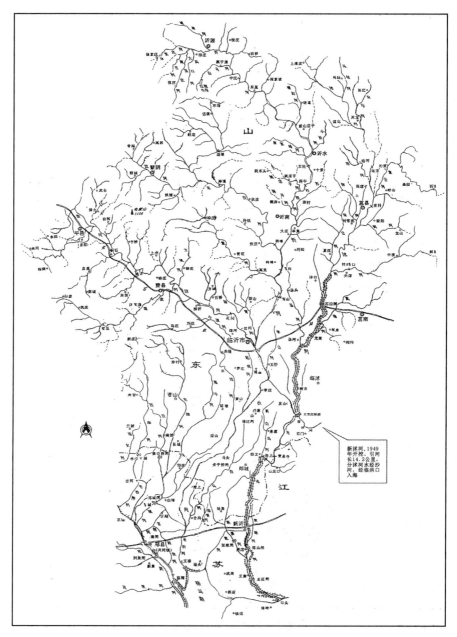

新沭河,1949
年开挖,引河
长14.2公里,
分沭河水经沙
河,经临洪口
入海

图 1-3 1950 年的沂沭河流域概图

闸及盐河南北闸等(见图 1-3)。

　　说明:1950~1957 年:建成江风口分洪闸,李家庄防洪闸。其中分沂入
沭工程全长 19.4 公里,1956 年完成。江苏省在沂沭泗地区治理工程有:沂
河、新沂河、新沭河等整修。邳县、新沂地区的排水工程等。修建了黄墩湖
闸、华沂节制闸、马河涵等涵闸(见图 1-4)。

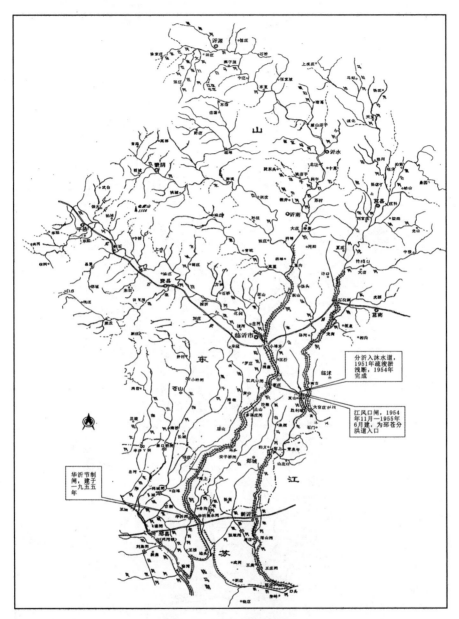

图1-4 1957年流域概图

说明：由于淮委于1958年8月撤销，故1958~1970年的治淮工作由各省负责进行。其中山东省修建了会宝岭、日照、唐村、徐家崖、田庄、小仕阳、陡山、岩马、跋山、岸堤、马河、西苇及青峰岭等十余座大型水库，32座中型水库。江苏省修建了安峰山、小塔山及石梁河三座大型水库及中型水库10座，建成骆马湖湖泊工程，使骆马湖由一滞洪区变成一座相当大型的平原水库（见图1-5）。

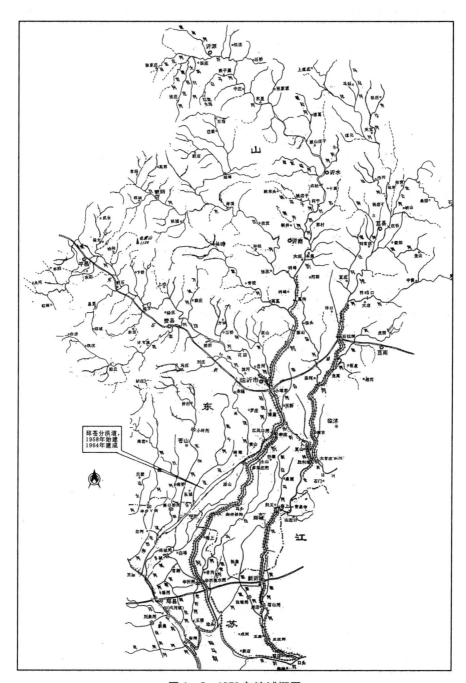

图1-5 1970年流域概图

说明:1971~1980年山东省治理工程有:

(1) 新沭河上游引河段6.4公里的石方开挖,下游新沭河扩大由于1981年起停缓建,尚未全部建成。

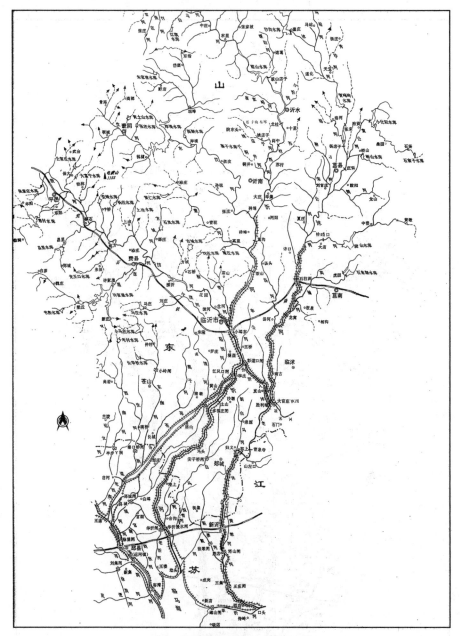

图 1-6　1980 年的沂沭河流域

（2）1974 年建成分沂入沭口的彭道口控制闸，同时扩大了分沂入沭工程。

（3）1978 年建成新沭河大官庄分洪控制闸。

江苏省防洪工程有：

（1）完成了嶂山闸切岭工程及新沂河堤防加高加固工程。

（2）分淮入沂的淮沭新河土方工程全部完成。

除涝工程：在沂沭地区主要是沭北朱稽河和范河的治理：采取上截、中改、下调尾，即将上游山水引入小塔山水库、青口河和新沭河，中游将朱稽河和范河改入朱稽副河，下游进行疏浚调尾和建挡潮闸等，于 1973 年开始，1979 年完成（见图 1-6）。

第三节　湖西诸河概述[①]

湖西地区一般指南四湖及梁济运河以西、黄河故道以北、黄河右堤东南的三角地区，总面积 2.14 万平方公里，地跨鲁、苏、豫、皖四省，其中山东部分 1.51 万平方公里，江苏部分 3076 平方公里，总耕地 1900 万亩。[②]

该区除梁山、嘉祥、金乡有寒武纪、奥陶纪石灰岩残丘出露外，其余均由第四纪堆积层覆盖，为黄泛冲积平原。沿黄河及故道地势略高，中部略低，呈簸箕状。西部最高海拔达 70 米，东部湖滨最低为 33.5 米。微地形复杂，有岗地、坡地和洼地。洼地又分为槽状、碟状和滨湖缓平洼地。多年平均降水量的 70% 集中在夏秋，往往形成冬春干旱，夏秋积涝，称为"湖西涝区"。降水量年际变化很大，旱、涝年分明，并经常出现连旱连涝。

湖西古河道以泗水、济水为主干，南北分流，入泗水的有菏水、泡水、泲水，入济水的有濮水、汶水。古湖泊有大野泽、菏泽、沛泽等。到 1855 年黄河夺清入海后，湖西地区形成了八个较大的水系，由北而南为宋金河、南运河、赵王河、洙水河、万福河、复新河、大沙河及沙河以东诸水。这些河道都是平原坡水河道，由于水系紊乱，出路不畅，河槽窄浅，排水能力极低，洪、涝、旱、碱灾害频繁。1949 年以来，经全面规划，分期治理，调整水系，开挖河道，水系变化较大。

今天的湖西河道大体分作四片，现分述如下：

（一）梁济运河系（见图 1-7）

梁济运河系主要包括宋金河、南运河。宋金河在湖西最北部，古为沮水，自郓城县王老虎村开始向北，流经郓城、梁山一带，至戴庙以西入运河再

---

① 本节主要参考《沂沭泗河道志（送审稿）》第 82~118 页、《沂沭泗河道志》第 71~94 页、《微山湖农业自然资源》第 140~146 页，及《南四湖综合开发规划》第 49~81 页等相关资料而成。

② 王亚东：《微山湖农业自然资源》，北京，中国农业出版社，1991 年，第 21 页。

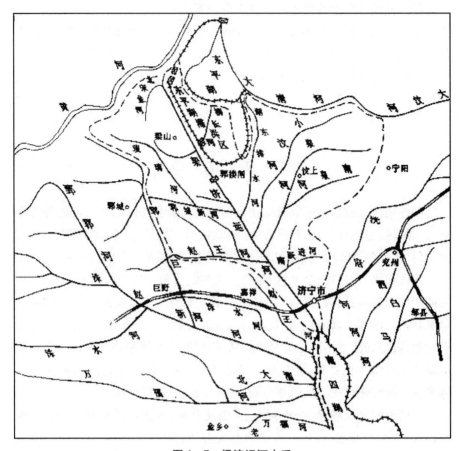

图 1-7　梁济运河水系

入黄河,包括金堤以西原流域面积约 1706 平方公里。随着黄河河床逐渐淤高,出路日益不畅。南运河系元代开挖的济州河,明、清两代继续维护使用。在湖西东北部,自梁山十里堡向东南经东平、汶上、郓城、嘉祥、济宁郊区境于石佛汇入南阳湖。除泉河入蜀山湖调蓄济运外,多数地方不能自然排水。由于大汶河在戴村坝上向南自由分水经小汶河济运,汛期洪水负担很重,经常向两岸漫决,造成这一地区严重灾害,加重了南四湖的洪水负担。

　　1958 年,修建黄河东平湖水库,堵死宋金河出路。同年,为替代老运河开挖梁济运河。1963 年,自黄河南岸至南阳湖,全线挖通成地下河。打开了宋金河、梁山洼及济北地区的排水出路。1959 年,在小汶河上、南城子附近堵坝,结束了汶河向南分洪的历史。在此基础上,调整水系,调整流向,逐步开挖了湖东排水河、泉河、郓城新河等支流,并将赵王河改道入梁济运河。至此,梁济运河流域面积达到 6139 平方公里。

　　1965 年,开挖洙赵新河,截去赵王河 1329 平方公里流域面积。1972

年,开挖洙赵新河支流鄄郓河、郓巨河,又截去1504平方公里流域面积。最后梁济运河流域面积成为3306平方公里。规划中的南水北调东线工程将梁济运河作为向北输水干线。山东省引黄河水补给南四湖水源也通过梁济运河。总之,梁济运河这一湖西北部的骨干河道起着排涝,黄河、东平湖泄洪,南水北调输水,航运和引黄济湖等五方面作用,但当前排涝能力极低,航运和输水作用尚待开发。

（二）洙水、赵王河系（见图1-8）

洙水河上段为古济水一支,下段为明洪武元年（1368年）黄河自菏泽双河集决口溜道,亦称南清河。近代洙水河上源起菏泽佃户屯,流经定陶、巨野、嘉祥境于流官屯入南阳湖。流域面积1780平方公里。沿线地势低洼,河线弯曲,1931年至1932年曾做过疏浚,新中国成立后几经治理和裁弯。

赵王河由古澭水演变而来,宋代曾作过运道,因此得名。近代赵王河源起菏泽市安陵集东北,流经郓城、巨野、嘉祥一带,于济宁王贵屯北入南阳湖。支流多来自东明县境,均为黄泛溜道,河槽宽浅,系统紊乱。流域面积约3550平方公里。1935年,黄河董庄决口,赵王河中段自安兴集至马村全部淤废。形成头大、腰断、尾细的特点。1952年初步治理,重新开挖,1959年下游改道入梁济运河。1964年又作了一次较大的治理。1965~1966年,经规划,从郓城县郑营截赵王河向东南开新河,于巨野毛张庄截洙水河,于

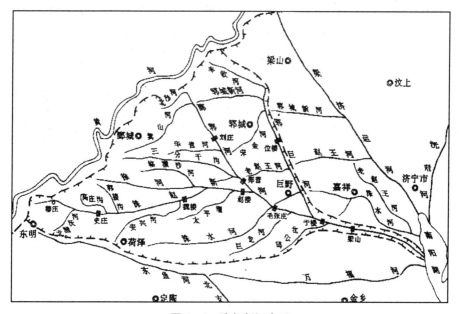

图1-8　洙赵新河水系

嘉祥纸坊镇南穿过山丘缺口至微山县侯楼村入南阳湖,称洙赵新河,共计流域面积2442平方公里。1971年至1972年,又扩大治理,开挖由西北向东南的两条支流郓运河和郓巨河,截排梁济运河流域面积1504平方公里及洙水河流域面积186平方公里。1972~1973年,大体循赵王河支流七里河线路将洙赵新河向上延伸开挖至东明县穆庄。至此,洙赵新河全长140.7公里,流域面积达4206平方公里,赵王河入梁济运河流域面积仅剩381平方公里,洙水河成一低水河道,流域面积仅剩571平方公里。

（三）万福、东鱼河系（见图1-9）

万福河从古菏水演变而来。传汉武帝塞黄河瓠子决口后,歌曰:"宣防塞兮万福来",河由此而得名。不过此说恐不足信,考道光《城武县志》中,县北30里有万福村,辖五庄,河贯其境[①],因村而名或更可信。宋代以来,万福河多次成为黄河入泗注淮的溜道,明代称柳林河。曲折东流经成武、巨野两县边界,金乡城北,至鱼台县吴坑入南阳湖。干流发源于定陶县北仿山洼,东流经成武、巨野边界又经金乡至鱼台县吴坑村北入南阳湖。在金乡西北还有南、北大溜两条分洪道分洪入湖。万福河支流主要有南渠河、西沟、大沙河、东沟、白马河等。二级支流更多,分布于曹县、定陶、成武、单县、金乡、鱼台。大沙河上游来自河南兰考县二坝砦,为黄河弘治故道。万福河原流域面积6430平方公里,支流多,河槽宽纵坡陡,下游汇集于人工河道,比较平缓窄小。1932年曾对万福河及支流西沟、东沟、大沙河作过疏浚,但标

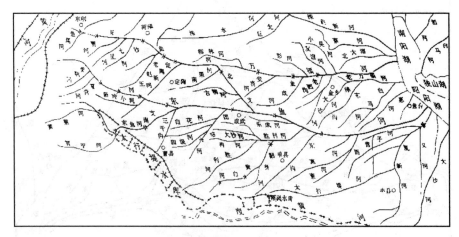

图1-9　东鱼、万福河水系

---

① （清）袁章华修,刘士瀛纂:《（道光）城武县志》,见《中国地方志集成·山东府县志辑82》,南京,凤凰出版社,2004年,第428页。

准很低。1953 年开始疏浚干流,1956 年按淮河水利委员会编制的《万福河除涝规划》开挖了新万福河、安济河、定陶新河。1958 年将干流上延至吕陵店,以后又上延至东明县王二砦。1963 年大水以后,为扩大湖西南半部 900万亩土地排水出路,同时减轻南阳的洪水负担,以利于滨湖排涝,山东省曾提出开挖湖西新河方案,截上级湖流域面积 7379 平方公里直接入下级湖。经有关单位协商,水电部批准,开挖了东鱼河。该河自东明县刘楼村开始,在万福河以南 17 至 25 公里位置向东至鱼台县西姚村入昭阳湖,后为调整支流水系又相继开挖了东鱼河南支、团结河、胜利河、东沟、惠河等支流,又将万福河上游段 1041 平方公里面积自成武县大薛庄向东南改入东鱼河,成为东鱼河北支。至此,东鱼河成了湖西最大一条河道,流域面积为 5923 平方公里。其中包括截原赵王河流域 1130 平方公里,洙水河流域 96 平方公里,惠河流域 283 平方公里,其余 4414 平方公里均为原万福河流域面积。新万福河上端自大薛庄开始,向东经原南大溜入湖,流域面积为 1283 平方公里。老万福河上端自大沙河入口以下堵闭,成了金乡及鱼台北部低水河道,流域面积 563 平方公里。

（四）江苏境湖西诸河（见图 1 - 10）

江苏徐州市境内的湖西地区,西、北与鲁省交界,东南抵万寨河、不牢

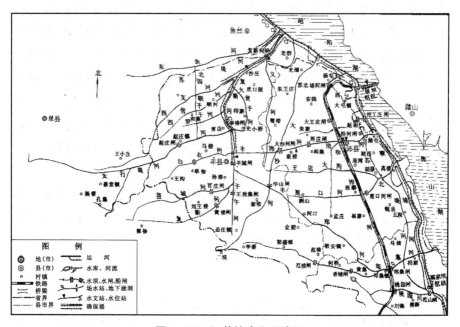

图 1 - 10　江苏境内湖西诸河

河,包括丰县、沛县的全部和铜山县部分地区,总面积 3076 平方公里。古代原有东西向的泡水和南北向的泗水。1194 年以后,黄河在该地区长期冲决泛滥,先后形成秦沟大河、浊河、丰沛太行堤及其南侧的顺堤河等河道,并形成堆积厚度达 8 至 10 米的扇形堆垄,自西南向东北倾斜。黄河泛滥和堆垄的形成,特别是 1855 年大沙河形成后,改变了该地区原有的东西向排水系统,形成以大沙河为界的两个排水体系:大沙河以西,由南向北排水入湖的有复新河和姚楼河,在徐州市境内流域面积约 1250 平方公里;大沙河以东有自西向东排水入湖的杨屯河、挖公庄河、沿河、鹿湾河、韩坝河、鹿口河、小四段河、五段河、八段河、戴海河、郑集河、桃源河等河流,流域面积 1800 余平方公里。

1949 年以前,上述入湖诸河河道浅窄,泄洪排涝能力差,经常受灾。1952 年至 1955 年,对入湖的干支河道进行了局部治理。1956 年春,系统整修了郑集河和复新河。

1957 年,南四湖洪水为害,水利纠纷四起,加速了湖西地区的水利建设的进程。这年冬季开始,按照高低分排的原则,重新安排该地区的排水系统。继续扩大复新河、郑集河等干支河道的排水能力;新开挖了东西向的丰徐河、丰沛河和南北向的沛徐河、苏北堤河、顺堤河。同时提出规划,要求沛徐河以西 37.0 米高程以上的高地来水直接排水入湖。不得侵入东部洼地;沛徐河与苏北堤河之间的涝水,通过苏北堤河分段相机经沿河、鹿口河、郑集河排水入湖。湖水位高于 34.0 米时,辅以机械排水,苏北堤河与顺堤河之间的涝水,由顺堤河自排,在蔺家坝①闸下入大运河,在顺堤河与各入湖港河相交处建地下涵洞呈立体交叉。顺堤河开挖时,为减少立交,封闭了挖公庄河、鹿湾河、韩坝河、小四段河、五段河、八段河、戴海河等入湖港河,并通过沛徐河、苏北堤河的两级拦截,将其并入鹿口河、沿河、郑集河;郑集河以南的桃源河入湖口门封闭,下段调尾直接排水入大运河。

1958 年以后,上述规划陆续付诸实施,先后开挖、疏浚了各入湖港河和沛徐河、苏北堤河、顺堤河等河道。由于顺堤河的开挖,滨湖地区的洪涝灾害得到有效治理,不少纠纷迎刃而解。

---

① 微山湖尾闾之一。《淮系年表》康熙五十八年条:创筑蔺家山坝截流堵水。注曰:蔺家坝在徐州城北三十里张孤山东麓,接近微山湖口。乾隆八年筑柴坝,初仅数十丈,咸同时增筑至二百四十丈。武同举:《淮系年表》卷三,第 28 页。

第四节　湖西水利单元变迁及水利纠纷

湖西地区地势平坦,除梁山县、嘉祥县和金乡县西部有少部分寒武纪、奥陶纪石灰岩地层出露成孤山残丘外,其余均为黄泛冲积平原。地势西高东低,地面高程在63.0~33.5米,地面坡度1/4000~1/20000,由西向东逐渐变缓。受历史上黄河泛滥影响,许多遗留的古泛道和现河道把湖西分割成岗、坡、洼相间的复杂地形,造成大面积排水不畅,特别是农田内分布众多面积大小不等的封闭洼地,每到汛期,涝渍灾害极为普遍。滨湖地带地势更为低洼,坡面排水不畅,汛期湖河水位常常高出地面,受其顶托,涝水一般不能自排入湖入河,洪涝灾害尤为严重[1],水利纠纷此起彼伏。

新中国成立后,山东、江苏两省对湖西平原地区进行河道治理,先后疏浚了赵王河、万福河、洙水河等主要排水河道,但多系局部治理,标准较低。从20世纪60年代中期开始,按照统一规划,采取了高水高排、低水低排、洪涝分治、截源并流等治理措施,对湖西水系进行了大规模的调整,先后开挖了洙赵新河、东鱼河两条骨干排水河道及其支流,留出原有入湖各河排当地涝水,妥善解决了洪与涝,上、下游之间的矛盾。整治了梁济运河、万福河及其主要支流和下游滨湖地区中小河道,兴建了一批控制性建筑物,不仅使上游防洪排涝能力大大提高,同时也避免了洪水对中、下游地区的侵袭,提高了下游河道除涝标准,使湖西水利纠纷绝大多数得到妥善解决。

一、梁济运河

梁济运河起源于黄河南岸,东南流入南阳湖,全长90公里,系1959年至1960年新开挖的河道。原以航运为主,为京杭运河的一段,称京杭大运河。1963年春,为了东平湖水库新库区排水种麦和给被水库堵死的宋金河开辟出路,扩大治理,鉴于大运河尚未全线打通,该河只是梁山至济宁间一段,故改称"梁济运河"。1967年,又按六级航道疏浚并建入黄船闸及郭楼枢纽,但因泥沙淤积及通航水位过高等原因,只通航数年即停止。

梁济运河流经原北五湖一带,系南四湖流域中部谷地段,接纳两侧梁山、东平、汶上、郓城、嘉祥、济宁市郊区、中区七个县(区)来水,有一级支流20条,其中流域面积100平方公里以上的9条。

---

[1]　刘思兰、胡振珠、夏明庆:《山东省湖西平原地区科学治水的实践与探索》,《山东水利》2006年第8期。

梁济运河的主要支流东有湖东排水沟、小汶河、泉河、南跃进河等,西有宋金河、郓城新河、赵王河等。

梁济运河及支流的主要纠纷有:

(1)嘉祥县与梁山县因堵扒三岔燕尾河头的纠纷。1963年嘉祥修复郓城新河南堤及疏浚三岔燕尾河时,挖压梁山土地,"双方专、县、社于6月17日在梁宝寺二次协商,已达成协议,对郓城新河复堤所挖土地由菏泽专区负责赔偿,疏浚三岔燕尾河挖压土地及青苗一律由嘉祥负责赔偿"①。

(2)济宁、嘉祥边界三韩排水沟纠纷。三韩是一片万亩大洼,常年积涝,上下游纠纷不断。1948年,地方政府曾组织民众将北部各洼加以疏通,从三韩到白嘴开挖一条六公里的排水沟,将诸洼之水引到三韩洼排入老赵王河,至白嘴入嘉祥界时遇到阻挠,未能挖通。1952年3月,省会同济、嘉二县达成协议,开三韩排水沟入赵王河。1957年大水,堤防决口十余处,致上游受灾,纠纷日烈。是年冬,济专组织复堤施工,但因双方争执,无法完成,后经1963年、1965年及1971年三次协议,最终解决。②

(3)金堤东河郓城、梁山纠纷。1957年大汛,7月26日,梁山县侯道沟、杨庄、野猪淖等村群众将唐庙村后金线岭上小闸堵塞,并持枪设岗,日夜防守,断绝了金堤东河的排水出路,导致纠纷。虽经菏泽地区领导多次调处,未获结果。1963年汛期大雨,梁山县群众复将前述小闸拆除,打坝堵塞金堤东河,郓城县唐庙、黄垓、曹垓、王春亭等村群众前往扒堤,发生激烈斗殴。

(4)金线岭堤南河郓梁排水纠纷。1962年汛期,郓城北部王府村、岳庄村群众欲破金线岭堤南之水入堤北土塘,向东入宋金河西支,梁山县丁庄、五里庙等村群众拦阻,发生械斗。

1964年,鄄郓梁排水工程完成后,减少了排水线路的曲折迂回,扩大了河道的排涝标准,上述二纠纷得以解决。③

(5)宋金河郓梁纠纷。1959年盲目引黄期间,郓城于宋金河中游赵垓村西筑坝一条,使宋金河成为水库,停止引黄后未能及时拆除。1962年大汛,赵垓以上一片汪洋,郓城杨庄集公社李旺楼村民不顾菏泽地区的一再劝阻,于8月1日私自扒堤泄水,致梁山大受损失。1964年,开挖郓城新河下

---

① 刘学方:《山东省边界水利问题》(内部资料),第151页。

② 济宁市水利史志编纂委员会:《济宁市郊区水利志》(内部资料),济宁市新闻出版局,1992年,第177页。

③ 郓城县水利志编纂委员会:《郓城县水利志》(内部资料),1992年,第183页。

段,筑坝将宋金河水截入该河,从而解决了该矛盾。①

二、洙赵新河

洙赵新河是将原洙水河、赵王河截源并流,调整水系而新开挖的骨干河道。

洙水、赵王河均属古代济水分支,为黄泛溜道,时湮时现,变迁频繁。北魏郦道元《水经注》称:"济水屈从定陶县东北,又东至乘氏县(今巨野县西南)西分为二,南为菏水,北为济渎。"济渎即为洙水河的前身,后代又称南清河。赵王河古为瓠水,宋代曾开挖通航,因皇帝姓赵,故名赵王河。洙水、赵河王两流域,流域范围西北至黄河,东北到梁济运河,南邻东鱼河和万福河。洙赵新河干流自东向西横跨东明、菏泽、郓城、巨野、嘉祥及济宁市郊区,于微山县侯楼入南阳湖,全长 140.7 公里,共有 100 平方公里以上一、二级支流各 7 条,50 至 100 平方公里支流 3 条,其中以徐河、洙水河为大。

徐河系菏泽市和鄄城县的边境河道,源起菏泽市西北黄河堤外李庄集,东行于鲍楼纳韩楼沟,于王集纳救命沟,又经大徐庄、二徐庄,于胡集东孙庄和临濮沙河会流。临濮沙河为 1935 年黄河董庄决口主流溜道,两岸沙丘连绵。徐河经临濮沙河继续东行,至郓城境五道街北汇入洙赵新河,全长 42.6 公里,流域面积 294 平方公里。

洙水河上段源起菏泽东郊苍坊村,东行 6 公里至张什店,东行 2.8 公里至坡刘庄闸。自坡刘庄闸继续向东穿插于菏泽、定陶边界,行 21.2 公里经常楼入巨野县境,并折向东北行 25 公里于毛张庄西入洙赵新河。常楼以下为 1960 年至 1963 年裁弯取直新线,原河绕向东南经龙堌洼。洙水河全长 55.0 公里,自上至下接纳支流有厂店沟、段楼沟、卢村沟、沙土集沟、观集沟、郝庄沟、毕海沟等,共有流域面积 450 平方公里。

洙赵新河流域主要纠纷有:

(1)鄄郓边界排水纠纷。1952~1957 年,郓城在"分割积存、就地渗透"的治水原则下,大搞沟洫畦田工程,打乱了水的自然流势。1960 年汛期,鄄城东北部涝水下泄,于郓城张集公社侯垓等处受到沟洫畦田的阻滞。鄄城意欲疏导排水,发生了郓城群众绑架鄄城县干部的事件。虽然菏泽专署专员亲临,被绑干部随即被送回,但纠纷依旧。直至 1964 年鄄郓梁排水工程治理后,该矛盾方缓解。1972 年治理鄄郓河后,方彻底解决。

(2)按 1959 年菏泽地区引黄灌溉计划,郓城西南部为刘庄灌区之一

---

① 郓城县水利志编纂委员会:《郓城县水利志》(内部资料),1992 年,第 184 页。

部,郓城于鄄郓边界修有南北向三分干一支渠,截断自然流势。1962 年秋,鄄城沥水在杨寺、范屯一带为该渠阻挡,鄄城杜潭、马庙、王庄、邵庄、于庄、张固堆等村群众集结起来前往扒堤,郓城方面杨寺、侯庄、史庄、龚庄、范屯等村阻止,酿成械斗。1964 年,华营河(属郓巨河)扩大治理后,此纠纷解决。[①]

三、万福河、老万福河

万福河由古菏水演变而来,全长 121 公里,流域面积 6430 平方公里。由于支流分布面广,水系紊乱,排泄不畅,洪涝灾害严重。1929 年,山东省建设厅应鱼台、金乡两县呈请,于次年派员测量,民国廿年(1931 年)订出计划,由定陶、巨野、金乡、鱼台、成武、单县等县之建设科按亩征工,分段疏浚。工程于当年 11 月 1 日动工,次年 7 月 5 日完成。[②] 新中国成立后多次治理。1967 年开挖东鱼河截去上游面积后,万福河河流长度仅 77 公里,流域面积尚有 1283 平方公里。老万福河长 33 公里,流域面积 563 平方公里,主要流域单元及水利纠纷有:

金成河:1955~1958 年,金乡县马庙乡与菏泽成武县因边沿沟洫成武县方面扒口放水导致纠纷[③],报省地防汛指挥部调解,1955 年 7 月 25 日曾一度达成协议,但遇大雨矛盾依旧。1966 年,平地开挖新河,以为界河。[④] 上起成武县北苗楼向东经王草庙至刘菜园,河继续东行至张楼转东北穿行在成、金边界,至张庄入万福河,全长 32.5 公里,流域面积 133 平方公里,纠纷始解。

新西沟:原新冲小河下段,源于定陶马集,穿成武金乡入万福河,全长约 38 公里。1955 年 7 月上旬大雨,堤防 35 处决口,酿成成武、金乡两县纠纷。1957 年曾疏浚。1970 年,东鱼河北支开挖,于成武王庙村截断新冲小河,上段遂叫南坡河,下段沿旧名,1973~1974 年,在万福河流域边界河道治理中,将原河道裁弯取直,定名新西沟。[⑤]

该水利单元以金乡、成武小白河纠纷较为激烈,1949~1956 年几乎年年械斗,众达千余。此外,新西沟另一支流王城寺河的纠纷亦很是激烈,该河为金乡六七区与成武三、四区的界河,1949~1956 年几乎年年有纠纷。1955年汛期,成武干部带领群众千余人将王城寺河平毁三华里多,金乡被淹,引

①　郓城县水利志编纂委员会:《郓城县水利志》(内部资料),1992 年 6 月,第 185 页。

②　微山县交通局:《微山县交通志》(内部资料),1992 年,第 268 页。

③　济宁专区防汛指挥部:《关于 1958 年汛期水利纠纷的总结报告》,济宁市档案馆藏。

④　成武县水利局:《成武县水利志》,济南,济南出版社,1990 年,第 25 页。

⑤　成武县水利局:《成武县水利志》,济南,济南出版社,1990 年,第 77 页。

起械斗,伤6人。1956年,成武扒堤九处并联合十几个庄的群众不许金乡堵复,矛盾激化。[①]

友谊河:为解决金乡、巨野两县排水矛盾于1973年开挖的新河。起源于巨野章缝集北毕花园,沿吴河故道向东,至金山屯西脱离吴河折向南开新线,经羊山西于伊集西截高洼沟至金乡镇湘子庙闸下入万福河。友谊河全长29.5公里,流域面积94平方公里。该河支流小吴河在1956年曾发生金乡羊山乡与巨野因巨野扒口放水产生的纠纷。

胜利河(大沙河):为成武南部骨干排水河道,系由上游原鸣凤河和下游大沙河组成,为万福河最大支流,原流域面积2840平方公里。1956年以后,上游流域面积多次被分割截走。1967年中游于单县刘珂楼北截入东鱼河干流,改称胜利河,东鱼河以北仍称大沙河。由单县小朱庄开始,在单金公路西侧与公路平行向北至宗庄入金乡境,经鸡黍集东、孔楼西、王杰村西于刘堂东北入万福河,全长24.2公里,流域面积228平方公里。该河流域跨曹、单、金、成四县,纠纷不断。1953年,水利部部长傅作义莅成武视察,形成治理计划。20世纪70年代以后,基本无纠纷。

老万福河:老万福河原为万福河干流,1956年开挖南大溜与之分流,1964年自大沙河入口以下王杰村北堵坝后则成为金乡、鱼台低水河道。老万福河自堵坝开始蜿蜒东行2.2公里至郭楼北接济金运河(原计划通到济宁),再行3.3公里至道沟桥纳涞河,再行9公里至鱼台县罗屯北纳东沟,再5公里至清河涯接鱼清河,再东行8.6公里至常李寨纳白马河,再东行4.9公里至吴坑入南阳湖,全长33公里,流域面积563平方公里。现河底高程达30.5米,引湖灌溉面积42万亩。通航标准为100吨,客货船可从湖内经老万福河、济金运河直抵金乡城东。

黄庄沟:乐成河支流,原系一坡洼,西起成武孙张庄,于黄官庄入单县,每遇大雨,洼水辄东流入单县,于是下堵上扒,纠纷不断。1964年经协商治理,矛盾解决。

主要纠纷事件:1957年汛期,金乡沿界筑坝,北自万福河南岸张阁村起,南至大沙河北岸,长达54华里,高2米以上,截断自然流势,造成成武东部白浮图等三公社涝灾。成武则挖沟11条通向金乡境,蓄排关系紧张。[②]1962年6月,济宁、菏泽两专署达成协议。7月在省厅干预下对协议工程逐

① 《金乡县防汛指挥部要求解决两县水利纠纷紧急请示报告》,1956年7月13日,济宁市档案馆藏。
② 成武县水利局:《成武县水利志》,济南,济南出版社,1990年,第158页。

项验收,纠纷遂息。

四、东鱼河

东鱼河为一平地新开河道。1963 年,湖西大涝后开始规划。原意在于截湖西大面积来水直入下级湖,既为上游涝水打开出路,又减免了下游洪灾并可降低南阳湖水位,以利滨湖排涝。因关系鲁、苏两省三个地区九个县,南支又关系到河南省两个县,情况复杂,经上下游左右岸各有关方面反复调研、协商,几易其线,最后由水电部批准设计,于 1967 年至 1970 年施工完成。规划设计阶段曾用过"湖西大改道截水工程"、"湖西新河"等名,施工初改称"红卫河"。1985 年,因西起东明、东至鱼台故,改名为"东鱼河"。

该河干流自东明刘楼至鱼台入湖口,全长 173.4 公里,入湖口流域面积 5923 平方公里。治理标准干支流均为三年一遇排涝,二十年一遇防洪。共有流域面积 100 平方公里以上的一、二级支流 20 条,至 1984 年已治理 13 条,其中主要支流有东鱼河南支、东鱼河北支、团结河、惠河等。

（1）东鱼河南支:东鱼河南支上起曹县白茅集西纸坊村。上段支流有:黄蔡河,出自河南兰考县三义寨引黄闸下,河长 42 公里,流域面积 484 平方公里;南赵王河,长 25 公里,流域面积 102 平方公里,并用作自阎潭引黄闸向太行堤水库输水;贺李河,来自黄河故道滩地贺村集一带,流域面积 238 平方公里。

（2）东鱼河北支:东鱼河北支西起东明县王二砦,向东偏南经东明城、陆圈,南行 21.2 公里,进入菏泽市境。东明境汇入鱼窝河,建有袁旗营、刘士宽二座闸。在菏泽市境经吕陵店南、解元集北、菏泽城南转向东南又转向东偏南共行 27.6 公里,至吴登庙进入定陶县。北支在菏泽境先后有贾河、南七里河、沙河、刁屯河、金迪河等支流汇入,建有杨店、马庄两座节制闸。菏泽地区东鱼河管理处即驻在马庄,并设有水文站。

北支在定陶境继续东南行,接纳店子河、定陶新河,经定陶城西北、薛庄南,再折向东南汇南渠河,于楚楼南进入成武县境。北支在定陶境长 24.9 公里,建有裴河闸。入成武境后穿已废党楼水库,纳南坡河、安济河中段,于王双楼东入东鱼河。

北支在成武境长 22.3 公里,建有楚楼闸。薛庄以上 71.8 公里原为万福河中上游及向上延长段。薛庄至王双楼长 24.2 公里,为 1970 年新开挖改道段。改道后共长 96 公里,统称东鱼河北支。薛庄向东万福河原道仅建一引水涵洞,该河在薛庄截万福河处和双楼入干流口,流域面积分别为 1041 平方公里和 1443 平方公里。

（3）惠河：惠河原为一独立入南阳湖河道，流域范围主要在单县东北部及鱼台中部，也有金乡和丰县的一部分。东鱼河开挖后，上游段成为东鱼河支流。上源起自单县孙溜乡马庄，东北行经杨集北、张集东南，于前赵口进入金乡县境。单县境长 36.4 公里，在金乡境接纳了蔡河，惠河自蔡河入口以下北行 2.5 公里，于金乡核桃园东北汇入东鱼河，流域面积 283 平方公里。

东鱼河干流较长，支流众多，流域面积大，水利纠纷较多，其中跨省纠纷有：

民权与曹县：二县边界线长 43.8 公里，涉及跨省河道主要有贺李河、杨河及支流小堤河、安堂沟。

贺李河，"起源于兰考县的贺村直到民权县的李馆，再西北行至曹县的吕寨，而流入容泄区。由于水流不畅，下游不能很快排出，因此常常在汛期时发生水灾，成为上下游群众发生争端的原因"。1959 年 7 月初，兰考、民权与山东曹县的三方代表在菏泽专区代表王献瑞、开封专区代表魏世勋的见证下，共同进行了协调，最后达成协议，将贺李河改道由民权的李馆直接退入位湾水库，贺李河以西的民权地面水允许排入贺李河，大堤以东的水不得排入贺李河，大堤以西的水也不得排入杨河。①

杨河源于民权县新庄北，民权境内长 31.5 公里，流域面积 469.2 平方公里，东北向于秦庄入曹县境，主要纠纷有：1956 年、1957 年曹县于河道内筑 5 道阻水堤引起的纠纷；1957 年夏曹柳公路桥阻水问题。小堤河、安堂沟为杨河的两条支流。小堤河全长 37.8 公里，流域面积 254 平方公里，除民权、曹县以外，尚含兰考 10 多平方公里。安堂沟位于杨河左岸，源于民权县顺和乡大合村，南向于张新庄东北入曹县，行 1 公里后达豫鲁边界，于大郑庄西南入杨河，二河都有蓄排纠纷，尤以民权李馆村与曹县赵连居及刘同潭村的纠纷较为激烈。② 1968 年杨河治理后矛盾缓和。

另外，兰考与曹县两县边界线长 30.8 公里，主要跨界河流有东鱼河支流信庄沟、吴河沟、黄蔡河及其支流四明河。

黄蔡河是兰考中部和北部的主要排水河道，其在兰考境内长 37 公里，流域面积 510 平方公里，经苏庄村北入曹县境汇东鱼河，南侧有吴河沟横穿省界，主要纠纷有：1955 年春兰考八区朱店与曹县十区王厂的打坝、挖沟

---

① 《山东省曹县与河南省民权、兰考三县关于贺李河退水问题协议书》（内部资料），见山东省曹县水利志编纂组《曹县水利志》，1989 年，第 165 页。
② 苏广智：《淮河流域省际边界水事概况》，合肥，安徽科学技术出版社，1998 年，第 119~121 页。

纠纷。①

　　1958年,正值大跃进时期大搞引黄灌溉,黄蔡河为引黄渠道堵截、占用,中间被打坝修闸作为蓄水区,闸下被作为太行堤水库群,加之省界修筑圩堤,造成河床淤积,涝水无法排除,盐碱灾害严重。1962年引黄灌溉停止后,渠道、水库作废,曹县对其境内的赵王河进行了治理,并在太行堤水库中开挖排水沟,河南也于1969年对兰考境内黄蔡河进行治理。1979年以后再次开始引黄灌溉,大量泥沙淤积于河道,排水不畅,内涝频繁,边界水利纠纷迭起。

　　1956年7月7日,水利部派许应钟到郑州召集两省、专、县代表协商,于10月23日签订了《水利土地纠纷协议书》,同意民权县顺河乡与曹县青山集乡交换土地。②

　　至于县际纠纷则不可胜数,如单县郭集公社与曹县苏集黄白河纠纷、曹单涞河(翻身河)纠纷、单(县)成(武)黄庄沟纠纷、翻身沟纠纷等。

　　东鱼河的开挖解决了不少水利纠纷。开挖之前,曹县、单县、成武三县之水主要通过胜利河东沟、小苏河、白马河、丁楼沟、曹马东沟、蔡惠河入金乡境。1958年,金乡于金单边境筑起40华里边堤及其他阻水工程,次年汛期边堤单县一侧形成长40华里、宽6~20华里的横流,顺边堤东流漫入惠河,迫使蔡惠河水倒漾,在单县黄堆集北为扒口导致单金双方持械鸣枪,几欲械斗,经省水利厅介入调解,达成协议,但双方均未很好贯彻,次年纠纷又起。1961年,省水利厅再次召集济、菏两专及金、单两县协商,基本解决了矛盾,但仍时有小的摩擦。1967年,东鱼河开挖,单、曹、成武三县之水被截入东鱼河,金乡反为上游,纠纷不复存在。③

五、复新河

　　丰沛一带古有泡水,"上承睢水于下邑县界,东北注一水,上承睢水于杼秋县界北流,世又谓之瓠卢沟,水积为渚,渚水东北流,二渠双引,左合洨水,俗谓之二泡也"④,汇入泗水。自嘉靖间"河流荡决,水道遂淤",水势片漫东下,止"故迹尚存"。⑤ 咸丰元年(1851年),黄河决于蟠龙集,形成大沙河,

---

① 苏广智:《淮河流域省际边界水事概况》,合肥,安徽科学技术出版社,1998年,第121页。
② 《山东曹县、河南民权县交界处王厂、朱店水利、土地纠纷协议书》(内部资料),见山东省曹县水利志编纂组《曹县水利志》,1989年,第168页。
③ 单县水利志编纂组:《单县水利志》(内部资料),1994年,第152页。
④ (北魏)郦道元注,杨守敬、熊会贞疏:《水经注疏》卷二十五《泗水、沂水、洙水》,南京,江苏古籍出版社,1989年。
⑤ (清)吴世熊等修,刘庠等纂:《(同治)徐州府志》,《中国地方志集成·江苏府志辑61》,南京,凤凰出版社,2008年,第377页。

泡水东流受阻。同治《徐州府志》载:"丰县川之流通者曰泡河。自华家河淤塞,单砀堤北之水由丰南境东北至孟堤口,东北出遥堤,又东北,距城七里,谓之七里河,又北经城东,折而西,至城北,今为枯渎,水涝至,由此导源北注,出太行堤,又北,至鞏家窑,分为二,一为西河,经大源砦西,砦北有堤,咸丰间科尔沁王僧格林沁剿'贼',筑以为障,谓之'边堤',河出堤入鱼台界,北达南阳湖;一为新挑支河。同治八年,泡流全由西河北注,鱼台患水,与丰民争。"①"乃引别渠东注,仍北入鱼台昭阳湖,水势遂分。"②民国年间,丰县境内有南北向干河一道,"在治南曰玉带河,在治北曰新河。新河尾分二道,一直北入鱼台之南阳湖,名西支河,一东北入鱼台县之昭阳湖,名东支河,其中有横截丰沛,与鱼台毗界之边沟"。民国十七年(1928年),丰县县长王公玙大挑玉带河,鱼台民人"乃于丰鱼交界东西支河中,筑土坝拦截来水……水争愈烈"③。

原平行于泡水的东西向河流如太行堤河等,因受大沙河阻断,成为新泡河的支流。民国治理时玉带河、新河、东(西)支河始统称复兴河,1958年更名为复新河。

今复新河发源于安徽省砀山县玄帝庙西,沿废黄河北侧东流至周寨东入丰县境,大体以西南、东北向纵贯丰县全境,下游经山东鱼台县注入昭阳湖。干河全长75公里,其中:砀山境内长13公里,丰县53.9公里,鱼台8.1公里,流域跨砀山、丰县、单县、沛县和鱼台县,共有支流14条,流域面积1812平方公里。

复新河流域历史上受黄河泛滥影响,地势西南高、东北低,大部为黄泛倾斜平原。地面坡度1/3500至1/15000,地面高程45米至34米。流域内洪、涝、旱、渍、碱灾害频繁,1949年以来经治理,已有较大改善。但如遇较大旱涝年份,仍会出现严重的灾害。1956年至1958年,按照淮委编制的《复新河流域除涝规划》,以旧规划五年一遇标准进行治理,堵塞十字河口以下的西支河,疏浚东支河为下游排水干线,挖至底宽70米至80米,底高32.0米至31.5米,继续从十字河口向上游全线疏浚,经丰城至朱窑子午河口。1970年,对李楼至苏鲁省界的干河进行了清淤,将河底浚挖到31.5米。1971年,兴建了李楼节制闸,在闸下直接引用上级湖水,闸上利用干河河槽拦蓄地面径流,发展灌溉。1973年,在国务院治淮规划小组办公室主持下,

---

① (清)吴世熊等修,刘庠等纂:《(同治)徐州府志》,《中国地方志集成·江苏府志辑61》,南京,凤凰出版社,2008年,第376页。

② 武同举:《淮系年表》卷三,第7页。

③ 《江苏建设厅卷》,见武同举《江苏水利全书》卷二二,第2、3页。

经苏、鲁、皖三省协商,对复新河干支河道按五年一遇排涝、二十年一遇防洪标准进行全线治理。淮办在江苏部分总体设计的初审意见中,确定复新河流域面积为1812平方公里。其中:砀山境内170平方公里,单县境内421平方公里,鱼台境内38平方公里,丰县境内1098平方公里,沛县境内85平方公里。规划工程于1974~1982年实施完成,有效地发挥了排、蓄、引、抽的综合效能,促进了工农业生产的发展。

复新河横贯省界,支流众多,历来水事矛盾频繁发生。1949~1954年,砀山尚属江苏,水事矛盾尚不尖锐。1954年,砀山划归安徽,复新河水事矛盾凸显,主要有:

(1)太行堤河丰、单纠纷:太行堤为明代刘大夏所创筑,自武陟詹家店起直抵丰沛,全长一千余里,用于御黄水北出,原来只有堤防存在,以后南来洪水沿右侧取土塘东流,形成了自然河流,名为顺堤河。在复新河形成前,顺堤河直接下泄微山湖内,清咸丰年间顺堤河改入复新河,并成为复新河的最大支流,以后太行堤与顺堤河统称太行堤河。

今日之太行堤河,源于山东省单县黄河故道北岸之黄岗集西断堤头,西南、东北流,右侧先后接纳孟刘河、二堤河(蒋河)、杨河等支流,于陈王溜附近过省界东入丰县境,在单县境长31.0公里,边界处流域面积377平方公里。太行堤河又东北经蒋河村南、赵庄南过赵庄闸。又东北经郭堤口南、于孙套楼东南入复新河。太行堤河全长54.5公里,流域面积472平方公里。其中砀山县的流域面积有36平方公里。

黄河北徙以后,"丰境之水不能向南宣泄,乃开东西两支河经鱼台境分流入昭阳、南阳二湖,鱼人以受患甚烈,乃修补边堤,防水北侵,双方因此聚讼,经年杀伤迭见"[1]。早在同治三年(1864年)以前,鱼、丰两县就存在水利纠纷,并常发生械斗,"轻者铁锨、棍棒,重者钢枪、火炮。从群众自发拼斗,到有组织、有领导的指挥对打,性命不顾,贻害无穷"[2]。

丰县于城北徐堤口破太行堤创挑河道(西支河)顺水入湖,而微湖南端蔺家坝因筑坝拦水济漕,致南阳、昭阳二湖之水不能畅泄,湖水倒漾。丰县欲导水入湖,单县则筑坝封闭,由此引起多次械斗,导致伤亡。后经鲁、苏两省督抚协调,规定"丰(县)不挑河,鱼(台)不筑堤,任水自流"[3],权作了断,

---

[1] 《呈为呈覆遵令会勘丰县官民挑掘太行堤挑浚西支河情形并拟具办法仰祈鉴核施行事》,《山东建设行政周报》1929年第1期,第37页。

[2] 《呈为呈覆遵令会勘丰县官民挑掘太行堤挑浚西支河情形并拟具办法仰祈鉴核施行事》,《山东建设行政周报》1929年第1期,第108页。

[3] 山东省鱼台县地方志编纂委员会编:《鱼台县志》,济南,山东人民出版社,1997年,第223页。

然"数十年来丰县全境及鱼南各处均受水患"①。

民国十七年(1928年)七月,丰县县长王公玓大挑玉带河,"鱼台人大反对,乃于丰、鱼交界东西支河中,筑土坝拦截来水,涝水骤至,冲坏土坝,丰、鱼均有水患,水争愈烈",鲁省建设厅派员会同苏省委员张崇基、丰县县长王公玓、鱼台县长代表尹藜忱及两县民众代表十余人,于1929年1月3日在丰县"临河之火烧楼齐集会勘"。据苏委张崇基云:"丰人挖河非以邻为壑之意,水之来源极小,绝不至为患鱼台,并称系蓄水不在泄水。"而据鱼台民众称:"砀山单县丰县等三县之水悉由丰县经鱼台入南阳湖,湖不能容,势必漫溢,鱼境成为泽国。"据技士详细探询,确实如此,"丰境向来水流趋势由西而东注入微山湖,自经黄河北氾,丰县南境东境淤高,西来坡水不能顺流入湖,丰县城北十里有太行堤,原系黄河外堤,堤南与黄河之间淤高,丰境之水复不能宣泄,乃开西东支两支河,经鱼台境分流入昭阳南阳二湖,曾经挑开一次,鱼台受患甚烈,于是就旧有边堤加以修补,遏水北氾,据讼经年,杀伤迭见。同治年间,经苏鲁两省督抚派员澈【彻】查,定丰不挑河,鱼不筑堤,听其自然,此种办法丰县全境及鱼南均受水患,为害尚浅,但太行堤掘通,丰砀单等县之水悉注鱼境,以三县之受水面积总在数万方里之广断定,水之来源非小,水患独归鱼台一县矣"。

会议认为:"在根本办法未实行前,设经大雨,难免寻(循)旧河痕迹(即未挑之旧河)贯注鱼境,或丰人私自挑开,鱼人不能终日监视。以为无确实保障,不能承认新挑河道,如不平毁,鱼人唯有修筑边堤,遏水北侵,并可助丰蓄水等情。查丰人已挖成之河势,难再令其平毁,鱼民愿筑边堤,即系堵水北流,丰人亦断难承认,此工一开,定必发生冲突,丰民为去害,鱼人为防患,就目前,解决断无良法。"

为了根本疏浚下游,两县均受其利,会议决定:"治本工程河线:① 山东境自丰县新开河口起,经南阳湖昭阳湖之旧运河故道抵江苏境止;② 接山东境内所挑之运河故道至微山运河今道入口处止。"

此次纠纷的责任认定并非难事,"丰县官民私掘太行堤挑挖西支河,事前并未通知鱼台,先起丰、鱼交界处挑挖计长八里,鱼人即起反对,呈请该县政府转请丰县县政府制止,并共同商筹办法,于十七年七月间经两县县长及地方民众代表齐集丰境之黄店开一次会议,议决(以)已挑成之河道作为试办,俟后如果续行动工须先行通知鱼人,否则鱼人修筑边堤。当时虽未签订合同,而丰

① 《呈为呈覆遵令会勘丰县官民挑掘太行堤挑浚西支河情形并拟具办法仰祈鉴核施行事》,《山东建设行政周报》1929年第1期,第38页。

县县长愿以人格担保,此事遂暂告了结。俟后丰县县长遽失前约,私自动工,继续挑挖全段工程,二十余日之内即赶速完竣,鱼人即呈请本县县政府转咨丰县县长质问,并未答复。鱼人为救己计,拟筑边堤遏水。业经地方各机关及各区区长会议议决施行,并通行丰县县长,即日动工,并未得其复函,鱼台县长以事关重大,将来难免发生械斗,遂呈请省政府转咨江苏省政府派员会勘,以期用完善解决此挑河纠纷"。因此,"丰县挑河完全系自动,为法律上所不许,若由两县共同筹划进行,实为正当举动,亦不致发生此等纠纷也"①。

旋经导淮委员会及鲁、苏两省建设厅会勘商议,决定两县分别挑浚东西支河,"丰、沛、鱼台三县挑浚边沟,并由丰县帮助鱼台挑鱼境西支河十二里",此议经行政院核准,于1931年至1933年次第兴工,不料"沛县人民以沛、鱼交界之边沟引水为患,且以挑河之土修培边堤,阻遏沛水,均于沛不利,请废边堤",导致工程拖延数年也未开工。

民国二十四年(1935年)春夏间,沛县挑浚大沙河,"鱼人聚众反对",适值黄河于鄄城董庄决口,"灌入沛县,遂无暇顾及大沙河矣"②。

民国三十七年(1948年)夏,王公玙再率丰县民众开挖西支河上游以泄水入湖,再度引起二县纠纷。次年三月,鲁、苏两省派员协商,鲁省提出:丰县泄水入湖,苏省须疏挖蔺家坝口门作为补偿,否则丰县不得泄水入湖。苏省认为:疏挖蔺家坝势必造成湖水大量下泄入运,恐祸及运河沿线。协商失败。九月,鲁省府主席陈调元呈文国民政府行政院,行政院交淮委办理。然丰单时为战区,淮委束手无策,只得批复:"俟本会实地调查,通盘计划,再行主持办理……现仍饬丰、鱼两县长仍令暂维现状。"③

支流利民河上游,单县高韦庄公社与曹县西李集公社交界之处,因排水上挖下堵,纠纷不断,1959年6月协议解决。④

(2)蒋河(二堤河)单、砀纠纷:蒋河为太行堤河支流,源自安徽砀山,坡水下泄单县,导致纠纷不断。1958年,砀山马良集村民扒开单县姜马庄乡埝、鼓楼乡埝及定砀公路路基,引起纠纷。1959年,又将六干渠一支渠缺口扩大,纠纷再起,至1974年协商,将马良集客水自文庄西南向北至侯新庄再向东北挖沟截入刘楼沟,纠纷始了。⑤

① 《呈为呈覆遵令会勘丰县官民挑掘太行堤挑浚西支河情形并拟具办法仰祈鉴核施行事》,《山东建设行政周报》1929年第1期,第38页。
② 《江苏建设厅卷》,见武同举《江苏水利全书》卷二二,第2、3页。
③ 山东省鱼台县地方志编纂委员会编:《鱼台县志》,济南,山东人民出版社,1997年,第224页。
④ 单县水利志编纂组:《单县水利志》(内部资料),1994年,第152页。
⑤ 单县水利志编纂组:《单县水利志》(内部资料),1994年,第151页。

（3）苏北堤河丰金纠纷：复新河以西的苏北堤河,亦称苏鲁边河,是苏、鲁两省的边界河道,为苏鲁另一处矛盾集中点。该河原为苏北防洪大堤连成的大沟,1959 年开挖成苏北堤河,源于丰县西北边界陈楼,沿苏鲁边界东北流,右会四联干河,又东北经张口、王海、黄店,于肖桥以东穿复新河、小沂河于县境东南汇东边河,向北流入昭阳湖,流域面积 156 平方公里。鱼境内全长 30.9 公里,总流域面积 86 平方公里。据《鱼台县志》记载,清同治三年(1864 年),丰人决太行堤(今苏鲁边河堤),顺水入(微山)湖,挑浚而成。① 由于址于边界,丰、鱼两县土地交错,水事纠纷不断,北岸鱼境有丰县村庄,南岸丰境有鱼台的土地。民国十八年(1929 年),丰、金械斗,金乡安庄死一人,伤若干。

鱼境丰县的郭庄、袁庄破堤取土,长达百米,堤成平地,遇暴雨大水,必淹鱼境。鱼台每年汛期电呈淮办(淮河水利委员会)及苏、鲁防指,要求修复,但依然如故,矛盾犹存。②

1958 年和 1959 年,金乡、鱼台、丰县因浚治苏北堤河发生纠纷。1959 年 3 月,丰、鱼两县代表在鱼台谷亭镇达成协议,但在具体施工过程中因挖占麦田和拆迁房屋再次发生矛盾。丰县将边河南侧一些河段展宽,特别是边河以南的一段惠河,在两县争执尚未达成协议前,丰县日夜突击,将境内惠河扩宽至 30 米,大大超过下游鱼台境内河宽。金乡虑及境内河道泄洪不及,遂将惠河、西支河口封闭,致使整个边河工地打架、辱骂、打砸工具,甚至绑架事件不断发生,后经鲁苏两省及济宁、徐州两专署出面调解,方使矛盾缓解。1963 年 11 月,金、鱼两县治理惠河,挖至金、丰边界段时,与丰县发生矛盾。首羡公社少数群众于 11 月 16 日夜间到金乡县工地,烧毁一机棚,砸坏抽水机械。11 月 23 日早上又发生鸣枪打伤金乡县工地一民工事件,以致事态扩大。中共中央指示水利部、中央监委,会同两省水利厅、徐州专署、济宁专署及有关县县委书记、县长,在鱼城镇调处,最后中央办公厅下达处理意见:烧毁工棚、砸坏机器和伤人事件由江苏负责处理,惠河治理仍按原设计由鲁省施工,苏鲁边河北堤由江苏交山东负责岁修防汛等,并建议江苏将堤北原属丰县之袁庄、周庄、郭庄三村划归山东(实际未划),纠纷至此基本解决。③

（4）义河丰沛、丰鱼纠纷：义河是大沙河形成时北出四支之一,现有河

---

① 鱼台县水利志编纂办公室:《鱼台水利志》(内部资料),济宁市新闻出版局,第 39 页。
② 鱼台县水利志编纂办公室:《鱼台水利志》(内部资料),济宁市新闻出版局,第 49 页。
③ 《中共中央办公厅关于处理丰县与金乡、单县边界水利问题商谈纪要》,1964 年 3 月 27 日,徐州市档案馆藏。

道起自沛县朱屈庄,由南向北流经丰沛边界,在丰县孙庄处入鱼台,旋入复新河干流。全长 27 公里,流域面积 124 平方公里。1955 年 12 月,丰县、鱼台因义河治理产生分歧。1956 年 7 月 5 日,丰县欢口打坝,沛县被淹,引起纠纷。

（5）苗城河、白衣河丰砀纠纷:苗城河全长 29 公里,源自砀山县果园场,于汪庄越省界入丰县,在陈集入复新河。白衣河其源有二,一自砀山县刘暗楼东,一自孙老家西,二源于丰县王沟附近汇合,东北行至丰县县城东北入复新河,全长 30 公里。如 1954 年,砀山县第六、七区与丰县第十二区因复新河上游排水问题发生矛盾。8 月 22 日,丰砀两县代表在徐州专区治淮指挥部协商达成协议;1957 年,降雨超频率,7 月份 18 天降雨 445 毫米,复新河上游地区沟洫标准小,废黄河滩地北大堤决口,因而洪涝成灾,引起丰、砀两县水利纠纷,并发生了械斗事件。为此,淮委协同两省、地、县对该地区水利状况进行查勘,于 7 月 16 日在砀山县朱兰店进行协商,并达成协议。砀山县高寨乡利用抗日战争时期遗留下来的 4 条战沟,经 1955 年疏浚,排水经丰县宋楼乡送入复新河。因复新河中上游尚未治理,水流迟缓,下游河床顶托,漫溢成灾,宋楼乡由塘窝到欧庄打起一道东西土坝,使上游高寨乡来水受阻,因此形成水利纠纷。[①] 按淮委主持共同研究拟定的沟洫布置方案,1958 年春及 1959 年冬,丰、砀两县分别组织实施,但施工时再次发生纠纷。为便于施工,两县有关乡又进一步商榷,签订了协议书。1958 年 1 月 27 日~2 月 4 日,双方县乡社及专区在砀山继续进行关于刘王楼乡及孟楼乡水利纠纷的协商,但仍未根本解决。1959 年,因边界水利矛盾缠讼不休,影响农业生产和人民群众利益,为此,两省政府各派副省长两名协商解决边界水事问题。安徽省姚克、张祚荫,江苏省管文蔚、刘锡庚经过反复研究、商讨,于 7 月 27 日签订了《江苏省、安徽省关于解决边界地区水利纠纷的协议》。1964 年 1 月,中共江苏省委书记许家屯与安徽省委第一书记李葆华在合肥商讨苏皖边界水利问题,并经两省省委研究同意以《安徽、江苏省委关于苏皖边界问题处理意见的报告》报送中央与华东局。《报告》提出的处理边界水利问题的原则为:"上下游应统一治理,统筹兼顾,下游必须给上游排水出路,上游也要照顾下游,工程要从下做起,上下游要相适应。"同时商定:"统一进行濉河、安河、复新河、废黄河规划,重点解决濉河,安河的排水出路。"对濉河、沱河、安河、复新河的治理也商讨了意见。两省决定设立边界水利规划领导小组,江苏省由省委书记处书记许家屯负责,安

---

① 丰县水利局:《丰县水利志》,南京,江苏人民出版社,2009 年,第 371~376 页。

徽省由省委常委、副省长王光宇负责,要求立即组织力量进行规划工作,既抓当前水利问题,又抓长远的河道治理,以利发展农业生产,减少边界矛盾。经过各级的努力,1979年冬至1983年春,丰、砀边界的复新河上段及支流苗城河治理工程得到全面实施。该工程总投资额为295.70万元,其中:淮委投资200万元,省补助95.7万元,分三年实施。1979年冬季,由丰县自筹经费开挖了苗城河菅庄以下河段。1980年汛前完成了复新河丰、砀边界至孙洼段半边成河筑北堤,计土方43万立方米,同时完成河道桥梁等建筑物工程,实际投资76.5万元。1981年冬及1982年春,王城复新河上端(陈楼桥以上)剩余土方及苗城河菅庄至丰、砀边界段半边成河筑北堤,并完成相应建筑物配套工程,投资79.2万元。同时,丰、砀两县按淮委批复标准开挖疏浚丰砀边界12条沟洫。以上工程通过了淮委的验收,基本解决了丰、砀边界地区复新河及苗城河等跨省沟河的水利矛盾。[①]

(6)1956年,丰县宋楼乡农民做圩田,堵死原有排水沟,影响砀山高寨乡排水,虽经徐州专区防汛抗旱指挥部派员会同丰、砀两县负责人实地勘查会商,仍未解决。1957年7月,又发生黄河故道内的打坝纠纷和荣庄附近的挖沟筑坝纠纷,经淮委组织协调,有关专县负责人到实地勘查,分别就两件纠纷于7月13日、16日达成协议。[②]

六、大沙河

大沙河是清咸丰元年(1851年)黄河决口泛道。是年,黄河于丰县二坝以西的砀山蟠龙集决口,决口北出数支至昭阳湖,主溜冲为大沙河。当时清廷正忙于镇压太平军起义,无暇兼顾,四年间屡塞屡决。咸丰五年黄河北徙以后,三义寨至二坝废黄河南北大堤之间来水全部由大沙河排入昭阳湖。

今大沙河源于砀山县黄河故道北岸的高寨,东北流经丰县(29.2公里),由沛县西南入、东北出,沛县境长31公里,经龙堌镇东南,在杨官屯北经程子庙、大孙庄进入昭阳湖,在微山县有2公里。

大沙河上承二坝以上废黄河滩地来水,流域面积1658平方公里,包括区间滩地面积共1706平方公里。但行政区划涉及河南、安徽、江苏、山东四省,开封、商丘、菏泽、徐州、宿县五个地区,兰考、民权、宁陵、商丘、虞城、曹县、单县、丰县、沛县、砀山十个县,因而在统一规划、综合治理方面存在一定困难。尤其是苏皖边界水利纠纷,"持续时间较长,范围涉及面广,包括我们

---

① 丰县水利局:《丰县水利志》,南京,江苏人民出版社,2009年,第375~378页。
② 苏广智:《淮河流域省际边界水事概况》,合肥,安徽科学技术出版社,1998年,第173页。

两省 7 个专区 18 个县,现在水利纠纷有 19 处 59 项。……都是上下游、左右岸的排水问题"①。

1949 年至 80 年代初,大沙河未能得到正式治理,特别是华山至沛县冯集一带,堤防低矮残缺,丰水年汛期往往出现河床涨满、洪水外溢的现象,给大沙河两岸百姓带来灾难,并由此引起丰、沛两县的水利纠纷。

1957 年,汛期普降暴雨,丰、沛边界地区洪涝成灾。沛县冯集南大沙河决口,洪水外溢,引起两县水利纠纷。② 同年,治淮委员会在沂、沭、泗流域规划中曾建议在大沙河上游二坝附近建拦河坝,坝顶高程 50 米,利用废黄河河槽蓄水到 48.2 米,可拦蓄水量 1.4 亿立方米,除灌溉苏、皖两省 30 万亩农田外,并可控制百年一遇洪水下泄量不超过 400 立方米/秒。1957 年大洪水以后,对沛县境内刘邦店以外,按照建坝后行洪 400 立方米/秒挖河结合筑堤的要求进行整治,由丰县出工到沛县境内施工,但刘邦店以上的宽浅河床未做整治,仅重点封闭加固了经常向两岸自然分洪的口门。因此,这次治理上游洪水得不到控制,下游排泄和防御能力极不适应,而进一步治理工作又长期陷入停顿。

1976 年和 1978 年的两次洪水后,大沙河治理再次提上日程。按照百年一遇洪峰流量为 823 立方米/秒,200 年一遇洪峰流量为 990 立方米/秒,经过市县讨论,其治理标准按照 100 年一遇设计,200 年一遇校核。按此规划,徐州市水利局于 1979 年、1986 年两次编制大沙河规划报告,并自 1977 年开始逐步付诸实施,到 1983 年止,先后完成华山控制工程及湖口到龙堌、刘邦店以上到苏、皖省界低标准复堤等工程,大沙河面貌获彻底改观。

七、鹿口河、郑集河

鹿口河为湖西地区排涝、引水灌溉和通航的主要河道之一,位于沿河、郑集河之间,西起丰县大沙河东岸,流经丰、沛两县,下入微山湖,全长 39 公里,流域面积 428 平方公里,入湖口 2.5 公里为沛县、微山界河。鹿口河流域原有韩坝河、鹿口河两条主流,均源于大沙河东岸,韩坝河亦称鹿口河北支,在河口以西黄庄入沛县境,经丁楼、崔堤口、张寨、杨店、大闸子、韩坝注入微山湖;鹿口河(南支)在河口西南滕楼流入沛境,经田楼、刘堤口至胡楼东徐沛公路,因下游淤塞无出路,上游来水在公路西滞留,水位抬高后,始分出一

---

① 《苏、皖省委 1964 年 1 月 23 日报国务院、华东局及水利部〈关于苏皖边界水利问题处理意见的报告〉》,徐州市档案馆藏。
② 丰县水利局:《丰县水利志》,南京,江苏人民出版社,2009 年,第 380 页。

股沿公路西向北汇入韩坝河。另股穿越公路片流东去,至吴阁前归入旧道,经苗洼、辛庄、孟楼、鹿口、于高楼东北流入微山湖。韩坝河、鹿口河,原有7条支流,建国初因年久失修,上中游河床淤浅,下游受湖水顶托,排水不畅,连年受灾严重,尤以中游为甚,日雨60毫米,受灾面积即达1.8万亩,且经常冲毁公路,影响徐沛间交通,引起水利纠纷。

郑集河是湖西地区丰、沛、铜三县结合部的一条主要干河,上游分为南、北两支:南支又称梁寨河,北支又名金陵河,两支自西向东至松林合于干河后,穿越徐沛河、苏北堤河、顺堤河,流入微山湖。干河和南、北支河全长90余公里,流域面积497平方公里。

郑集河流域在微山湖、大沙河、废黄河间。1851年,黄河在蟠龙集决口形成的大沙河两岸无堤防,洪水浸溢。1894年,将流域内原有的食城河淤废,形成东西狭长的洼地多条,自西向东片流入湖,以后几经挑浚,渐成郑集河水系。流域内西高东低,地面高程44米至33米,坡降1/3500~1/10000。水系紊乱,河床淤浅,下游常受湖水顶托,上游坡水难以入河,下游河水不能入湖,历史上洪涝灾害严重。又因水资源缺乏,特别是20世纪80年代以来,连续干旱,仅三麦产量即比周围的灌区每亩少收100~150公斤。

(1)郑集南支河:郑集南支河源于丰(县)黄(口)公路东侧废黄河北堤堤脚,东北流至孙寨,曲向东又曲向东南,至戴庄有梁西河自左岸汇入。梁西河全长约10公里,河底高程38米,底宽10米。北支河上游来水由梁西河截入南支河,南支河又东南至前集,曲向东过梁寨淹子北(梁寨淹子是黄河决口形成的深塘,目前可蓄水约三百万立方米),过梁寨闸。自河源至梁寨闸,河长11公里许,戴庄以下河底高程38米至37.5米,底宽10米,控制水位41.5米。

南支河又东至藤篓,曲东南经油坊东、蒋湾西、笋状西、平楼北有范西河自左岸汇入,又东南至三叉口附近过范楼闸。自梁寨闸至范楼闸,南支河长近10公里,控制水位37.5米,河床断面,梁寨闸至蒋湾段5公里,底高程36.0~35.5米,底宽18米,蒋湾至平楼桥4公里底,高程34.0米,底宽10米,平楼桥至范楼闸近1公里,底高程35.0米,底宽18米,梁西河与范西河可以分流郑集北支上游约76.1平方公里的来水入南支河,但范西河与北支河相交处北支河向东排水口门并未堵闭,上游来水亦可经北支下泄。

南支河由东南至丹楼西南入铜山界,始逐渐向东脱离废黄河堤脚,又东南经包楼、前后香铺间,再东南经高楼南、黄集南,折向东北至松林与郑集北支河汇合。自范楼闸至松林长约 17 公里,松林处流域面积原为 146 平方公里,将北支 76 平方公里截来后,现为 222 平方公里,全长 38 公里。

南支河跨丰县、铜山,1956 年 7 月 16 日曾因铜山县肖庄乡袁集村打坝阻水,致上游丰县梁寨乡、王庵乡被淹,引起纠纷。1957 年 8 月,肖庄与丰县范楼再起纠纷。①

1957 年 7 月,经徐州地区防汛防旱指挥部批准,丰县组织民力开挖排入郑集南支河的沟洫工程,遇到铜山县有关乡干部群众的阻工。7 月 15 日,徐州专署下达了"关于迅速处理丰铜水利纠纷的通知",要求铜山县人委立即派员会同丰县处理这一问题,并要求专区防汛防旱指挥部派员前去督促进行,使问题得到解决。

范楼公社三叉口至翟庄废黄河滩内 13.5 平方公里排水问题,曾于 1957 年汛期达成协议,同意经铜山县袁集开沟引至小楚楼涵洞排入郑集南支河。后因排水沟未开挖,致使 1958 年汛期暴雨后,范楼公社水无出路,农田受灾。1959 年 7 月 8 日,专区派代表召集丰、铜两县范楼、黄集两乡代表协商,并达成协议书。双方代表同意采取如下临时措施:在袁集堤以西一百公尺将废黄河堤挖开,在坝东一百公尺处斜插入郑集南支河。由于高度较大,顺堤河应适当分级,以保护对岸郑集南支河堤防,并在汛期加强防守。开工前,专区水利局派员会同两县代表至实地定线后,丰县动员民力按专区提供标准,于 7 月 15 日前完成。铜山代表应向当地干群说明情况,以免造成其他问题。

1963 年 7 月 18 日,丰铜两县水利局代表就梁寨水库及小楚楼涵洞汛期应发挥滞洪作用问题达成协议。双方同意根据郑集河原技术设计,丰县梁寨水库和铜山县小楚楼涵洞大雨期间官闸滞洪,自协议签订之日起,开始按设计标准执行,以减轻下游负担,待下游洪峰过后再开闸放水。

1966 年,铜山县郑集南支河段年久失修,淤积严重,丰县要求组织民工前往清淤,铜山县不同意施工,造成丰县有关地区排水不畅而内涝。②

(2)郑集北支河:北支河原来源于大沙河畔的六座楼,梁西河开挖以后,上游来水面积截往南支河。目前,北支河源于丰县梁西河东侧单楼,曲折东流经陈老家、杨新庄至金陵西北沿丰、沛边界继续东流,经燕湾南至耿圩西北入沛县境并折向东南,经宗楼南、杜楼东,于梁集以南入铜山境。又东南经王庄南、聂楼南于城里庄折向东,至松林与南支汇合,自单楼至松林,

①　徐州专署水利局:《1957 年农田水利工作总结》,徐州市档案馆藏,全宗号 C21 - 2 - 133。
②　丰县水利局:《丰县水利志》,南京,江苏人民出版社,2009 年,第 395 页。

北支河长约 37 公里,松林处流域面积原为 208 平方公里,现为 132 平方公里。1956~1965 年,丰沛多次纠纷。①

八、其他入湖诸河

湖西其他入湖诸河,山东境内有龙公河、洙水河(北大溜)、惠河即西支河,山东、江苏境内的杨屯河及沿河。这些河道多分布在滨湖缓平洼地,土质黏重,上游客水已都截走,故成为当地排涝和引湖灌溉低水河道。河道多成平底或极缓比降,底高程多在 30.5~31 米区间,有的到 29 米。堤顶高程 38 至 39 米,堤身单薄很难防御大洪水。

(1)洙水河:洙赵新河及支流郓巨河截排上游面积后,洙水河自巨野县城东孙庄开始。沿菏济铁路南侧,东行经夏官屯、获麟集北左岸由上村沟排入并进入嘉祥县境,东行转东南绕过坦佛山北,再转东北过嘉祥县城南,其间先后接纳了薛公岔、牛官屯河、前进河等支流。城南建有嘉祥村闸。嘉祥县将洙赵新河梁山闸拦蓄的引黄灌溉尾水向北输送至洙水河嘉祥村闸上,再向北经前进河、赵王河、牛头河等河送到秦庄闸(1984 年建)及梁济运河的赵王河改道段的杨庄闸(1982 年建)上。洙水河继续东行过魏山北向南行再转东南,经纪桥向东,至棒李左侧纳赵王河,再向东于东北村南入南阳湖。赵王河上游被截后,下游段从嘉祥县马村开始,东南流于凤凰山北左岸接牛头河后,循牛头河原线向东南经新挑河、唐口入洙水河。长 37 公里,流域面积 117 平方公里。洙水河自孙庄至入湖口共长 47 公里,流域面积 571 平方公里。

(2)姚楼河:山东省又称东边河,位于大沙河以西。上游为大沙河口形成的一条漫洼状坡水河,发源于大沙河西岸沛县郭家口,向北流经闵堤口、朱王庄、三河尖,穿苏鲁界河后沿苏、鲁两省边界,继续北流于沛县前姚楼和鱼台东里庄之间,至沙河西进入鱼台境曲向北偏西流,过后姚楼东,于南田村附近注入昭阳湖。全长 33.5 公里,其中沛县境 26.3 公里,边界 2.8 公里,鱼台境 4.4 公里。流域面积 66.5 平方公里。作为鱼台与沛县的界河,纠纷不断。同治三年(1864 年),鱼台为防沛水侵袭,筑堤挖河。该河源于沛县,流经鱼境,注入四湖。② 民国十七年(1928 年),丰、沛、鱼台三县曾挑浚边沟,以避免水利纠纷③,但收效甚微。

① 徐州专署水利局:《关于丰沛两县水利纠纷(致省水利厅)的复函》,徐州市档案馆藏,全宗号 C21-2-134。
② 姚念礼:《沛县水利志(1911~1985)》,徐州,中国矿业大学出版社,1990 年,第 109 页。
③ 姚念礼:《沛县水利志(1911~1985)》,徐州,中国矿业大学出版社,1990 年,第 1 页。

新中国成立初期的姚楼河,河道弯曲,堤防残缺。1952 年、1958 年鱼台县即进行过复堤工程,从 1959 年开始,沛县对姚楼河分期分段进行治理,下游段并与鱼台协商统一规划设计,统一施工,特别是 1967 年和 1969 年的两次治理是在上级领导主持下协商的,治理标准较高,施工步调更加协调。

（3）沿河（丰沛河）：沿河古为泡水下游,由于沛民食盐曾通过泡水运入,亦称盐河。清咸丰初,大沙河形成,沛境泡水与上源断绝,遂形成沿河。源于栖山北,经罗安子、六里井、沛城、李集注入微山湖,长约 32 公里,流域面积 120 平方公里。1959～1960 年,根据河网化规划,延伸沿河成丰沛河,孟坑以下利用沿河旧道,孟坑以上将沿河改道直线向西经阎集、鹿楼穿大沙河接丰县复新河。经水系调整,沿河流域面积增加到 350 平方公里,自大沙河至河口长约 27 公里。1981 年,为解决丰县干旱缺水问题,拓浚沛县邹庄至丰县复新河段沿河和丰沛河。同时,将邹庄跌水改建为节制闸,扩建邹庄南北翻水站,在丰沛河穿大沙河两岸各建节制闸 1 座,形成两级控制、三级水面的布局。① 现为沛县中部、大沙河以东导坡水入湖的骨干河道,兼有引水、蓄水、灌溉、通航等功能,效益显著。

沿河自大沙河林场北向东经鹿楼大沟至朱寨南与龙口河十字交叉,自由分水。又东北过邹庄闸,自大沙河至邹庄闸沿河长约 8.3 公里。沿河又东北至小武堰折向正东,至沛城西郊会徐沛河与之平面交叉,又穿徐沛铁路至沛城节制闸。自邹庄闸至沛城闸长 8.5 公里,控制水位 34.5 米。

沿河又东至金沟,金沟为古运河流经之地,曾建有金沟闸。沿河过金沟曲东北至双楼与苏北堤河交汇,南侧建有双楼闸,北侧为陈楼闸,沿河又东北至李集北折向东,与自北向南的顺堤河立体交叉。沿河又东过微山湖堰、湖西航道入微山湖。自沛城闸至微山湖长 10 公里,堤顶高程 39 米。

由于该河跨丰沛两县,1954 年 8 月,丰县十一区石庄乡虎王集村挖沟向沛县常楼排水,引起纠纷。

（4）北大溜（蔡河）：蔡河源于嘉祥狼山屯,东穿尹山口,向南绕过满硐山,再东行经兴福集南,于刘官屯北与原洙水河同一口门入南阳湖,全长 44公里。北大溜原为万福河分洪道,自金乡方庙开始,向东北再转向东,于前后王楼入湖,长 27.5 公里。1956 年万福河治理时,开挖北大溜堵闭上口,将支流小吴河改入万福河,将蔡河于张官屯改入北大溜。1975 年,又延长蔡河,至此流域面积 332 平方公里。②

① 　姚念礼、项立雪：《沛县水利志》,徐州,中国矿业大学出版社,1986 年,第 83 页。
② 　水利部淮委沂沭泗管理局：《沭泗河道志（送审稿）》（内部资料）,1991 年,第 222 页。

蔡河支流小王河跨济宁喻屯公社瓦房张与嘉祥金屯公社孟营村,1963年汛期,瓦房张由村干部带领群众平地筑埝三道,长750米,引起纠纷。9月5日,孟营村干部在多次交涉和向上级反映未获解决的情况下,组织60余人扒埝,瓦房张立即出动近百人前去制止,双方械斗,孟营4人被打死于小王河内。9月9日,济宁地委组成由地委专员李超然牵头的联合调查组进行处理,及时避免了事态恶化,消除了双方的对立情绪,并对瓦房张村13名肇事者依法进行了惩处。①

其他入湖小河还有:龙拱河,也称龙公河,自嘉祥县李屯村开始,河长12公里,流域面积52平方公里,于济宁任城区(原济宁县)入南阳湖。惠河被东鱼河截断后,仅剩85平方公里的小河,自单县陈马庄开始经鱼城王鲁集楼东入南阳湖,全长26公里。此河虽小,却流经单、丰、金、鱼四县,历来纠纷激烈,其中尤以丰、金之间较为激烈,双方曾于1963年12月经中央水利部李化一主持,于山东金乡县鱼城镇签订了"关于处理丰县与金乡县、单县边界水利问题商谈纪要",但1965年五月下旬,"金乡县动员2000余人新开挖金单边河,自单县槽马集经鲍楼至周庄南入月河流入惠河",扩大流域面积100余平方公里,又于"边界二公里核桃园附近开挖东西河,将白马河、月河等截流入惠河,扩大流域面积100平方公里以上",且"该河在入口处直冲月河东堤二百米弯道险工段",威胁丰县沙河店等四个村庄②,引起纠纷。西支河,复新河治理后截走了上游来水,东鱼河开挖又截去一小段,现从郭楼开始,向北经鱼台县城(谷亭镇)西至百渡口入湖,全长14公里,流域面积96平方公里。杨屯河,原名姚桥河,位于大沙河东,上游分南北二支,南支自灌婴寺由南向北流;北支自大沙河右岸的陈庄东流至刘庄与南支汇流。汇流后又东北过杨官屯湖堰注入昭阳湖,自南支安国至河口长16公里,流域面积69平方公里。

总之,湖西诸河建国前后的变化可以用天壤之别来概括,虽然兴建了无数的水利工程,各河均进行了大规模的治理,有些河流治理的目的即是以解决和减少水利纠纷为目的,但是令人费解的是,水利纠纷并未见明显减少。事实上,湖西水利纠纷远不止以上列举的这些,还有大量的纠纷因程度较轻以及乡镇(公社)一级的纠纷均未列入,其存在的广泛和普遍程度是令人瞠目的。

---

① 《关于瓦房张事件的处理情况的通报》,济宁市人委(63)水堂字第403号,济宁市档案馆藏。
② 丰县人委:《关于山东省金乡县违犯协议增加惠河流域面积的报告》丰人钱(56)字第175号,1965年7月14日,徐州市档案馆藏。

本 章 小 结

由于流域行政区划含苏、鲁、豫、皖 15 地市 79 县、市、区。全流域干支流达五百一十余条，流域面积大于 500 平方公里以上的河流就有 47 条，大于 1000 平方公里的骨干河道达 26 条。省际交界线有苏鲁、苏皖、鲁豫、鲁皖、皖豫五条，县际交界不下二百条，而几乎每条交界处均有或大或小的水利纠纷。

由于微山湖区及邳苍郯新区后文有专门章节进行论述，故本章第三、四节仅就湖西诸河及水利纠纷做了大致介绍，从中不难看出流域水利纠纷的长期性和普遍性。究其原因，黄河长期夺淮使流域水环境紊乱，水利单元界限不清是罪魁祸首。

咸丰五年以后，虽黄河北徙，然长期战乱频仍，国家积贫积弱，尽管有无数仁人志士倡导导淮、治淮，或胎死腹中，或半途而废，未得结果。

中华人民共和国成立以后，经过各级政府和淮委的努力，集中人力物力，通过大量水利工程的修建，完全改变了流域面貌，湖西绝大部分水利纠纷得以平息，因此我们必须看到社会主义制度在这方面的凝聚力和优越性。

第二章　明清以来流域水利
纠纷的历史回顾

第一节　纠纷的原因

中国古代以农为本,对封建国家而言,农业的发展可使人民安居乐业、人丁兴旺,使国库粮仓充盈,可内无粮荒、动乱之虞,外无侵扰之虑。而以农为本,则以水利之事为大。

唐宋以来,"军事政治重心,虽然因为国防和地理的关系,仍旧像秦汉那样留在北方,可是,由于汉末以后北方生产事业的破坏,南方经济资源的开发,经济重心却已迁移到南方去了"[1]。明代以后,经济重心进一步南移,江浙湖广成为天下粮仓,而都城远在北京,漕运成为国家命脉,"保漕"即保国。为了维持河运,明代治河政略并不是为农业生产服务,而是为漕运服务,以便直接地吸取'东南膏脂'。为了维持运道,像治理黄河、淮河水灾等这样事关民瘼的大事,在国家政略上一概变成次要之事。黄河、运河临近泗州明祖陵,常有冲激之虞,故明臣议事时,防治洪水所应考虑的各事项次序为:祖陵水患为第一义,次之运道,又次之民生。[2] 明代治水者反复强调:"祖陵为国家根本,即运道民生,莫与较重。"[3]《淮安府志》道出其中无奈:"淮扬民望筑高家堰而泗人恐淮水南侵,则竟欲决□,议论纷挐,季驯率塞之,泗人深斥其非……自明以来,藉以济漕,借以刷淤,既欲其灌民田又欲其避祖陵,既蓄其势使其敌洪河,又束其势俾之就防制,张皇瞻顾,宜其无上策与?"[4]

---

① 全汉升:《唐宋帝国与运河》,见全汉昇《中国经济史研究》,北京,中华书局,2011 年,第328 页。

② (明)朱国盛:《部复分黄导淮告成疏》,见《南河志》卷四,明天启乙丑年(1625 年)抄本,第 14 页。

③ (明)张贞观奏疏,见(清)傅泽洪等:《行水金鉴》卷六四,北京,商务印书馆万有文库,1936 年,第 940 页。

④ (清)吴昆田等,《(光绪)淮安府志》卷五《水利》,台北,成文出版社,1968 年,第 256 页。

清代治河时虽没有了维护泗州明祖陵这一任务，但维持运道的畅通远远重于保障民生的安全。顺治时，河臣朱之锡①仍奉行明代以来的一贯主张，以"治河先保漕"为原则。他上疏说："凡筹河者必先筹运。今黄河自荥泽至山阳，运河自惠通至清口，前明规制，十存其五，欲一一修治，工繁帑绌，斟酌盈虚，权度缓急。"②由于河强淮弱，为防止河水倒灌及河口高仰，须蓄清水合黄水刷深河槽，同时保证有足够水源接济漕运，"基于这一使命，明后期至清时，河臣们不断加筑高家堰，形成了巨大的人工湖泊洪泽湖"③。与之相应，运河黄河堤防也不断加高增厚，于是，在黄河夺淮的数百年间，沂沭泗流域实际形成了两套水利系统，一套是官方的以保漕为目的建立的漕运体系，一个是民间的以生产生活为目的的防洪灌溉体系。

对于官方体系来说，历史上有"以事治水"和"以道治水"二途。④明代维护祖陵及王坟，属于"道途"，清代以漕艘按时抵通为目的，属于"事途"。无论道途、事途，对于黄河、淮沂诸水及微山、骆马、洪泽湖、高宝、邵伯诸湖，均通过固定的《则例》，按照事先确定好的"水志"，经过四通八达的水道，完成复杂的防洪、泄洪、蓄水、通漕、灌溉、疏浚等工作。然而，官方"止知为漕运之利而未尝计及其害也，岂知利方得，而害已随之乎？"⑤对于普通老百姓而言，中国社会从来都是上有政策，下有对策，况且，天高皇帝远，处江湖之远的平头百姓在国家利益和个人利益面前往往选择利己。因此，官方漕运体系与民间灌溉防洪体系之间的矛盾从来没有停息。

民国以前，流域内主要水利纠纷形式有漕运与农业生产之间的矛盾，包括泄洪、灌溉问题；民间占垦水柜水壑问题；苏鲁两省之间的运道水量矛盾和沂沭河泄洪问题；决口或泄洪引起的苏皖纠纷，以及错综复杂的官、商、民之间的矛盾。这些矛盾归根到底都源于两个体系之间的误解或协调不力。

居于两个体系之间的地方官员，则属于摇摆不定的角色，上峰盯得紧则紧跟上层，下面有油水则偏向民间。嘉靖四十四年（1565年）十一月，朝廷降旨命潘季驯⑥前去总理河道时特别强调："其不遵约束，乖方误事及权豪

---

① 朱之锡（1622~1666），字孟九，浙江义乌人，清顺治三年（1646年）进士，历任弘文院侍读学士、吏部侍郎，顺治十四年以兵部尚书衔出任河道总督。

② 申丙：《黄河通考·历代治河考》，台北，台北中华丛书编审委员会，1960年，第96页。

③ 马俊亚：《集团利益与国运衰变——明清漕粮河运及其社会生态后果》，《南京大学学报（哲学社会版）》2008年第2期。

④ 《宋史》卷九二《河渠志》，北京，中华书局，1985年，第2286页。

⑤ （清）张伯行：《居济一得》卷六，《丛书集成初编》，北京，商务印书馆，1936年，第16页。

⑥ 潘季驯（1521~1595），字时良，号印川，浙江乌程（今吴兴）人，嘉靖进士。自嘉靖末到万历间四任总理河道，著有《两河管见》《宸断大工录》《河防一览》等。

势要之家侵占阻截、违例盗决河防应挐问者,径自拿问,应参奏者,参奏治罪。"①说明地方官"不遵约束,乖方误事"以及地方权贵豪强"侵占阻截、违例盗决"已然引起皇帝及内阁重视,特赋予潘季驯"问拿、参奏"职权,而地方官和权贵豪强所不遵的"约束",显然就是官方漕运体制。潘季驯到任之后,即撰《河防险要》一文,特别强调了几处盗决易发地段,上报朝廷并申饬地方官严加防范,文中列举了越界私种,盗决水柜;担心泄洪减坝影响生产生活而盗掘;黄河泛滥增加土壤肥力,百姓盗决引水肥田等三种水利纠纷。在潘季驯的另一篇文章中将其归结为:"一防盗决守堤之法。堤防盗决最为吃紧,盖盗决有数端:坡水稍积决而泄之,一也;地土硗薄决而淤之,二也;仇家相倾决而灌之,三也;至于伏秋水涨,处处危急,邻堤官老阴伺便处盗而泄之,诸堤皆易保守,四也"②四种情况,即决堤泄水、淤灌肥田、引水灌仇、泄洪保堤。可以明显看出潘氏在撰文时是将官方漕运系统与民间百姓生计完全对立起来的,且将地方官置于民间体系之中的。

在这对矛盾关系之中,地方官很难摆正自身位置。如里下河地区,盖地属洼下,向来苦涝,又地处泄洪区,本为一个共同的水利单元却被分割为若干行政单位,相邻府县之间常因泄洪灌溉问题产生纠纷,在行政区域边缘地区,官府更疏于管理③,"隔府异属,痛痒不关,利害无人主持",地方行政长官身处矛盾漩涡,难免本位主义泛滥,"疏沦决排原无难事,而坐视沦胥,无人肯救者何也? 各州县有司画于封域,未必周知。即或知之,而彼疆此界,观望推诿,不肯担当,殊不知所淹没者,本州岛县之田禾;所漂淌者,本州岛县之庐舍;筑塞漕堤决口所起派者,本州岛县之人夫,利害相关,剥肤切骨,孰大于此?"更难为的是,一面是朝廷的走卒,一面是百姓父母,一面是案牍劳形,一面是治水急务,孰重孰轻,甚难取舍。"又或精神疲于催征,工夫分于狱讼,视此畚插之劳反为不急之务,殊不知湖淤河决,水满岁荒,死亡流窜,十室九空,钱粮从何出? 漕米从何完? 差徭从何供? 赎锾从何纳? 老幼男女粗衣粝食从何来? 国课根本,万民性命,舍此别无活路。"当然,漕运机构也难辞其咎,"至于治水衙门不肯着力,必谓此系下河,不是上河,殊不知下河之水不通,则上河之堤必决。治湖正以治河,表里原是一事;又必谓河帑不敢轻动,日后难于开销,殊不知所淹者下河之民田,所决者上河之漕堤,

①　(明)潘季驯:《河防一览》卷一《敕谕》,台北,广文书局,1969年,第1页。
②　(明)潘季驯:《河防一览》卷四《修守事宜》,台北,广文书局,1969年,第106页。
③　王日根:《明清时期苏北水灾原因初探》,《中国社会经济史研究》1994年第2期。

堤决年年筑塞,筑堤月月起夫,民间每岁起派人夫或百万或数十万"①。

同级官员之间亦时有互相倾轧之举。"建利运闸以放蜀山湖水,开十字河以放南旺湖水,使水尽往南行,此则运河厅任同知之怀私自利也。盖南旺以南为运河厅之境,而南旺以北则渐至捕河厅境,止顾一已不顾他人,止顾一境,不虑全河,运河同知任玑诚有不能辞其责者矣。"②

民间水利的兴修多以惠己为目的,而在惠己的前提下,则难免祸邻。和潘季驯差不多时代的刘天和也总结了三种情况:"一则盐徒盗决以图行舟私贩,一则麤薄地土盗决以图淤肥,一则对河军民盗决以免冲决彼岸。"③可见,早在明代嘉靖、隆庆、万历年间,民间水利系统与朝廷漕运大计之间的矛盾即已相当尖锐。历史上相邻的水利单元之间"争水之案,层见累出,使享其利者子子孙孙恒有性命之忧,缧绁之苦。利未得而害随之,则养人之适以害人也"④。为了发展农业生产,百姓或为引水灌溉,或为排洪泄水,官府或为保漕济运,或为贪图政绩,于是官民之间、邻境之地,常常"顾民田则运道有碍,顾本境则邻邑有妨"⑤,多难两全。对于民间水利系统,地方官本有修守之责,却"因民堰不同官堤,并无保固年限,即奉文劝修,不过稍稍培补,粮船过境,犁沟锄眼,所在皆有,不能随时填垫,雨涝冲刷,日久益深";百姓亦有维护保持之任,但是为争取自身利益最大化,难免私开滥垦,以邻为壑,淮安"筮溪之下为河,半属宝应半属山阳,自黄流淤垫,河心日高,民田积水难出,复懒于挑浚,曲防加堤,争讼不已"⑥,而沿河居民"开挖坑井,以水灌园。即欲查禁,咸称不便";洪水到来之时,地方官和老百姓又各有小算盘,"及伏秋盛涨,附近村庄,日夜防守,而去堤遥远之民,各分畛域,袖手旁观。且本境堤堰决口,本境之被害浅而下游邻境之被害深。本境受本境之水害浅而受本境上游之水害深。如武城上年大堤决口,被淹则恩县居多。夏津燕窝漫口,被淹则武城居多。是以本境之民,视堤堰为无碍。而异地之民,难以

① (清)王永吉:《重浚射阳湖议》,见傅泽洪《行水金鉴》卷一百五十,北京,商务印书馆万有文库,第 2167~2168 页。
② (清)张伯行:《居济一得》卷五,《丛书集成初编》,北京,商务印书馆,1936 年,第 87 页。
③ (明)刘天和:《条议治河事宜》,见《行水金鉴》卷一一四,北京,商务印书馆万有文库,第1673 页。刘天和(1479~1545),字养和,号松石,湖广麻城人,明代医家、水利专家。正德三年(1508 年)进士,累迁右副都御史、兵部左侍郎、南京户部尚书、兵部尚书等。黄河南徙,曾总理河道,浚汴河及山东七十二泉。
④ (清)牛兆濂:《续修蓝田县志》,见《中国地方志集成·陕西府县志集成》,南京,凤凰出版社,2007 年,第461 页。
⑤ (清)徐宗干:《上程大中丞议水利书》,载王延伦《武城县志续编》,见中国水利水电科学研究院水利史研究室《再续行水金鉴》第 1 册,第 108 页。徐为光绪三年武城知县。
⑥ (清)孙云锦修,吴昆田纂(光绪)《淮安府志》,台北,成文出版社,1968 年,第 283 页。

易地相劝。甚有私行刨毁，以邻为壑，恃强圈筑，曲防贻害，形诸争讼，十余年而不结"①。再如北五湖与南四湖，随着明末清初人口压力增大，周边民人蜂拥越堤入湖垦荒，导致"水柜"无水济运，"水壑"难容盛涨，严重影响漕运。再若清代以后建立归海五坝，里下河地区成为洪水走廊，一旦开坝，即冲毁庄稼民舍，人民怨声载道，往往阻挠官府开坝泄洪，矛盾冲突比比皆是。

第二节　漕运与农业生产的矛盾

一、泄洪冲毁民田引发的纠纷

黄河自河南浩浩汤汤奔向徐邳，入徐州境后，河道宽度由 40～50 公里瞬间收束为四公里左右，最窄处仅两公里，河水时刻威胁徐州城及黄河大堤，故早在明隆庆四年(1570 年)，翁大立即指出"比来河患不在山东、河南、丰、沛，而专在徐、邳"②，今人郑肇经先生也在其《中国水利史》中描述徐州黄河河道之狭窄："黄河自荥泽以下河道宽十余里至二三十里不等，下达徐州两岸群山夹峙，中间河道仅宽六十余丈，形如蜂腰，壅而上溃，有明二百余年间，徐州迤上，漫溢时见，徐城屡有冲决，皆由于此，为第一要害之地。"③

清初，自康熙年间靳辅治河，认为"善后利运之图，惟有杀黄以济淮，而杀黄济淮之策无如闸坝善，建置闸坝之地，又无如徐州上下为善"。靳辅上任之初，即"于毛城铺起，筑堤一道，至王家山止，以束徐州以西砀山以东并十八里屯二闸之水，使悉由盐河归睢溪口入灵芝等湖，历归仁堤以汇于洪泽湖，则自砀山以及清河县境七百里，别无淫潦之虞矣"，又于黄河南岸"睢宁龙虎山等处，为减水闸坝共九座，其因山根冈址，凿为天然闸者居其七，既以杀黄，且使所过水各随地势，由睢溪口、灵芝、孟山等湖以入洪泽而助淮"。④如是，徐州城西即南有毛城铺、十八里屯、王家山、彭家山，北有苏山头、峰山天然闸，城东又有睢宁、邳州等处九处泄洪口，称为"减坝"，坝下为"减河"，意即减少正河水量，防止漫溢，"遇淮涨而黄消，则淮自足以敌黄，而闸坝亦

---

① (清)徐宗干：《上程大中丞议水利书》，载王延伦《武城县志续编》，见中国水利水电科学研究院水利史研究室《再续行水金鉴》第 1 册，第 107 页。

② (清)张廷玉：《明史》卷八三《河渠一》，北京，中华书局，1974 年，第 2015 页。

③ 郑肇经：《中国水利史》，北京，商务印书馆，1939 年，第 91 页。

④ (清)靳辅：《治河余论》，见(清)贺长龄《清经世文编》卷九八，台北，文海出版社，近代中国史料第七十四辑，1966 年，第 3487 页。

无可过之水;如遇淮消而黄涨,则九闸坝所过之水分流而并至,即借黄助淮以御黄,而淮之消者亦涨;倘更遇黄淮俱涨,则彼此之势等,有中河以泄黄,周桥六坝以泄淮,亦不至偏强为害矣"①。其余各个河段另有月河、支河、水壑、水柜等附属设施。官府方面则会根据运河各段水量开启或关闭一些支河、月河、减河等,或泄水入水壑,或由水柜引水入运,以调度水流,调节水量。此举虽然可以很大程度上减轻黄河和运河防洪压力,借清敌黄,但平白多出若干水利单元,各种水利纠纷层出不穷。

正常年景,百姓于这些河滩、湖滩、涨滩内占种庄稼不必缴纳租税,可以增加收入。有些河道积年不担泄洪之任,久而久之,占种者甚至视为私田,地方豪强是占种主力。而一旦开闸行洪则颗粒无收。因此,每值官府开闸泄洪之时,民众往往倾力阻挠,希望不开或者晚开,以便有所收获。地方官员或碍于情面,或惮于豪强权势,或因便于征税纳粮,对于开闸坝泄洪一事往往拖延。

嘉庆九年(1804年)冬,"漕船自北还,不得渡……议开天然闸,铜山民数万号泣阻之"。② 天然闸即靳辅于康熙二十四年(1685年)所开泄洪道,位于徐州城西十八里屯,东西两道泄洪沟,在虎山腰汇流,至毛场北入萧县境。闸下初无河,黄水漫流而下,康熙五十一年(1712年)在闸下开河以除水患。经江苏铜山、萧县,入安徽淮北、宿县,入宿称股河,在王家闸口汇入濉河,全长七十余公里。因河道狭窄,一旦泄洪,往往泛滥。乾隆初年徐州道庄亨阳记载了一次泄洪:"去年南岸天然闸暴逼下注,四倍往常,水势过猛,闸下引河狭小,不能容纳,两堰溃决,铜山之西乡、萧县之东北南三乡,胥受其害。此水流入睢溪口,至睢宁又因洪泽湖水满倒漾,不得宣泄,以致淹没。"③此闸于乾隆十六年(1751年)漕督高斌奏请堵闭,已五十多年未开,此次应是漕船回空至清口受阻,官府拟开天然闸引黄河水入洪泽湖下清口济运,闸下铜山居民竟有数万人阻挠开闸,数字或许浮夸,但占据河道种田人数极多已是不争的事实。况时值冬季,小麦刚刚下种,铜山百姓群起抗争也属必然之举。无奈,官府只得启清口御黄坝泄水入运。

类似情形在清代里下河地区更为常见。里下河地区向为洪水走廊,北

---

① (清)张霭生:《河防述言》,《清朝经世文正续编》,扬州,广陵书社,2011年,第404页。

② (清)孙鼎臣:《河防纪略》,《中国大运河历史文献集成》第10册,北京,国家图书馆出版社,2014年,第356页。

③ (清)庄亨阳:《河防说》,见《清经世文编》卷一〇〇,台北,文海出版社,1966年,第3554页。庄亨阳(1686~1746),字元仲,号复斋,靖南(一作南靖)人。康熙五十七年(1718年)进士,曾任徐州府知府、江南按察使分巡淮徐海道。庄为清代著名的清官、学者、治水专家。

有黄河、山东蒙沂诸水下泄,西有洪泽湖高坝,南下虽看起来出路颇多,却往往有江潮顶托,下泄不畅,数百里运堤险情频发。黄河北徙之前数百年,由于黄河河床不断淤高,黄、淮、运河的水位日益抬高,清政府花费很多人力、物力,修建了洪泽湖大堤的石工,大堤不断延长、加高、加固,基本形成了黄淮运三河之水汇聚淮安一带,一路向东经六塘河、云梯关等处入海,一路由运河南趋长江的局面。为调节南下长江的水量,在高邮、宝应一带建有归海五坝,以备运河、洪湖异涨。咸丰元年(1851年),黄淮同时发生大水,洪泽湖南端蒋坝附近大堤决口,洪水经三河流经高宝洼地、芒稻河,在三江营入江,形成了今天入江水道的雏形。

每年六七月间为黄淮汛期,适逢里下河地区水稻收割季节,一遇天降大雨,则洪泽湖水位上涨,导致清口以南水道满溢,威胁高宝、邵伯诸湖及扬州各县,为减轻下游压力,往往打开归海五坝泄洪,任由洪水在里下河地区四处泛滥。对于治河者而言,此举实属无奈。"天下无有利无害之水,泗沂淮之注于江北,里下河最患苦之。"①每年此时,上自天子、漕督,下至闸官、县令无不纠结万分。"盖启坝以全民命,保坝以卫民生,皆以为民。"②大旱或者大水年份,闭闸闭涵洞以蓄水济漕或启闸洞以泄运河水涨的国家意志就与两岸农田急需灌溉或不致被淹浸的民间意识发生了冲突。正如康乾时期宝应学者王懋竑所云:"国家漕江南百万石粟以实京师,淮扬为咽喉之地,最重且巨。而此百十里间,水门数十,提封十余万顷,其灌溉之利无不资于此。于其不宜闭之时而闭之,则皆为石田矣。于其不宜开之时而开之,则皆为巨浸矣。故利害之所系尤急。"③"运河闸洞,民田皆资灌溉。水小则闭以济漕,而民苦旱;水大又启以保提,而民苦潦",为协调各方的矛盾,官府制定了启放规则,使河水上游各坝皆有定志,只有水达定志时才允许启放闸坝。如高邮南关、五里、车逻三坝水志规定"不至三尺不开"④,一旦违规,轻则夺官,重则丢命。乾隆六年(1741年),"值河、湖盛涨,泄水辄浸下河州县民田。上命闭洪泽湖天然坝及三坝,不使水入下河。知州沈光曾以上河滨湖滩地被水,议以济运余水由三坝减泄,并易芒稻河闸为坝,疏宝应、高邮、甘

①　左宗棠奏疏,见朱寿朋撰《光绪东华录》,光绪五十八,光绪十年正月丁未条,上海集成图书公司,1909年,第28册,第8页(左)。

②　《申报》,见《再续行水金鉴·运河卷4》,第1292页。

③　(清)王懋竑:《淮扬道吴君孝阶寿序》,见《白田草堂存稿》卷一五,《四库全书存目丛书》本。王懋竑(1668~1741),字予中,号白田,江苏宝应县人,康熙五十七年(1718年)戊戌科进士,授官安庆府教授。

④　戴邦桢修,冯煦等纂:《(民国)宝应县志》,台北,成文出版社,1970年,第634页。

泉诸湖南注之路。伟劾其扰乱河工,光曾坐夺官"①。不过,漕运毕竟是国家的头等大事,所以为任一方的督抚大员多怕有所闪失,于是虽有定志,也并不严格执行,"值伏秋盛涨,河督为避险计,往往先时启泄,民田受其害"②。有些涵洞也是"未遇异涨,亦行开放,漂没田禾"③,民不堪其扰。

漕官为保全高堰大堤提前泄洪,同样道理,在堵塞决口时有时亦不急于完全堵闭。有清一代,由于大筑洪泽湖高家堰,湖水势如建瓴,里运河水位升高,堤防处处吃紧,险情迭出,河官虽是肥缺,但是身家性命与大堤安危相系,因此保证堤防完好是首选。嘉庆十四年(1809 年)七月,"杨家庙④状元墩决口,尽淹河西之田,河东无恙,其杜塞之功陆续就绪,尚有三、四丈行水,就势酌计,当姑留之,害其一线,以保全局,当事者微见及此,而不坚确"。堵口的官员为保大堤无恙,并未将决口完全堵闭,不料"制台松公⑤甫莅任一看,即命堵闭,遵于七月初七日合龙,河水骤涨,十八日三更后,河东三堡⑥七涵洞南突然崩决,至天明,水势汹涌,渐走渐阔,南注十洞,北注四洞,一片如海,溪河涨满,溃北堤数处,水势不但东南行,又转北行矣。以下南注泾河,北注涧河、皆如海,口门阔三十余丈,受淹者数千顷之田,皆县上腴产也"⑦。从此,堵口工程往往至七八分即行停歇,在保证漕船浮送的要求的同时,留卜口门以泄夏秋盛涨,以免大堤溃决,别生事端,而下游被淹之田,却一年到头束手无策。

嘉庆二十五年(1820 年)五月,东省蒙沂山水涨发。六月,启放高邮车逻坝。七月,启放南关坝。民人陆汉芸、秦大绶等,纠集人众深夜拥入官署,以命相争,阻开南关坝,被孙玉庭判发极边充军,上报朝廷。嘉庆帝于当年十月初五,"谕内阁,孙玉庭等奏:审拟阻开河坝,藉命挟制各犯一折,陆汉芸等因开放南关坝,辄敢纠众贪夜拥入官署,藉命诬赖,实属目无法纪,陆汉芸、秦大绶均著照所拟,从重发极边,足四千里充军,不得援免"。同时问责知县周右、胡棠"相验不实"之过,"交部照例议处"⑧。

---

① 《清史稿》卷三一〇,列传九七《完颜伟传》,北京,中华书局,1976 年,第 10636 页。
② (清)胡裕燕等修,吴昆山等纂:《(光绪)清河县志》卷一七,台北,成文出版社,1983 年,第 465 页。
③ (清)张兆栋、文彬修,丁晏、何绍基纂:《(同治)重修山阳县志》,台北,成文出版社,1968 年,第 55 页。
④ 今淮安市淮安区杨庙乡。
⑤ 制台,清代对总督的别称。时松筠署漕运总督,即制台松公。
⑥ 今淮安市淮安区三堡乡。
⑦ 朱学举:《楚州水利史话》,中国文史出版社 2008 年版,第 186 页。
⑧ 《移会稽察房为孙玉庭奏审拟河工设立闸坝陆芸等因开放南关纠众贪夜逞刀挟制律意阻挠一案请分别办理》,台湾"中央研究院"历史语言研究所藏清朝大内档案,登录号 148403-001。

咸丰五年(1855年)以后,虽然黄河北徙,但由于沂沭洪水灌注,里下河一带防洪压力并未减小。光绪四年(1878年)十月二十日,江苏巡抚沈葆桢上奏,认为运河"西堤御高宝诸湖之水,东堤御运河上游之水,情形同一吃重。然非东堤完固,则沂泗来源骤发,里下河民田已岌岌可危;非西堤加高培厚,重关屹立,则湖河连成一片,西风当令,骇浪横击,东堤亦独立难支"①。在个别地段问题更加严重,如山阳"自漕运废,沿运闸坝不修,水失节宣之用,病一;微山湖淤浅,湖壖放垦,水少停蓄之地,病二;三河坝启放失节,水无容留之时,病三。于是夏秋则任其宣泄,冬春遂苦其浅涸。然本境以北,地植旱谷,与运无关,境南宝应高邮复有湖水抱注,蒙其害者独有山阳。且境内河身日淤,久未挑浚,水小时微特交通阻碍,沾溉无从,距运较远之区且妨汲饮,容量既缩,伏秋盛涨则又虞漫溢"②。

同治七年(1868年),有江苏举人蔡则沄等呈请复高邮志桩旧案至一丈六尺,或处暑后始行开坝。闰四月初六日上谕曾国藩、张之万、丁日昌等,"查明运河水志情形,恭折复陈"。七月二十一日,曾国藩等查考运河水志及李鸿章任上的档案材料后奏称:"立秋节前,高邮志桩长至一丈四尺启放车逻坝,仍每加四寸,递行接启南、中、新坝。如逾立秋,则照一丈二尺八寸,按章递启。"指出现有成案中"并无水志以一丈六尺为度之说"③。不过曾国藩等也并未以势压人,客观地承认了"臣衙门案卷全失,无可稽考。饬据淮扬道钞录成案,出自传述,并非有案可稽"。对于蔡的要求,认为"查各坝迟开一日,则下河受益一日,自是正办。然水势涨落,每年迟早不同。若必待立秋以后,且必限定志桩一丈六尺,始放车逻坝,万一盛涨溃决,则运河之启坝稍迟,下河之受害更大。且志桩尺寸,虽经奏定……"估计蔡氏状纸中指斥漕运衙门"专顾堤工,急于开坝",曾氏辩解道:"臣等总以得守且守,督饬工员,细心体察",这几年都断无急于开坝之事,"查五年奏定章程以后,六年七月十五日始开车逻坝,已在立秋之后。本年水势较小,现在处暑已逾半月,并未开放各坝。如果他年并无异常盛涨,则终岁不必开坝,更为尽善"。曾

①　沈葆桢:《为议修扬属运河东堤,俟有续款可筹兼将西堤择要匀年兴工以重农田而顾根本事》,见中国水利水电科学研究院水利史研究室《再续行水金鉴·运河卷4》,湖北人民出版社2004年版,第1298页。

②　《(民国)续纂山阳县志》卷三《水利》,台北,成文出版社,1968年,第17页。

③　《(道光)续增高邮州志》载:道光十二年(1832年),因河身淤浅,高邮民何丹五等呈请定志启坝,勘核会禀。总以七月中旬为度,七月中旬以后,则遵照道光八年奏定之志,相继启放。至七月中旬以前,则仿照道光八年启坝之志,以运河水涨至一丈四尺,先放车逻一坝,涨至一丈四尺四寸,再将南关中新三坝,以次启放。此一丈六尺之说实不知何来。见:(清)左辉春:《(道光)续增高邮州志》第二册,台北,成文出版社,1974年,第187页。

国藩等人也认为："里下河之居民，以运河两堤为命脉。"尽量避免开坝泄洪，不过他们巧妙地将话题转到河工修守上来，"以为堤工加一分，则里河受一分之益。若徒争开坝之尺寸，较时日之早迟，则放坝之际，浩瀚奔注，立成泽国。虽比溃决之祸稍轻，而其有伤于农田则一也"。这样话锋一转，就顺理成章地向朝廷申请了些国帑，"十余年来，久未兴修，险工林立。本年春间，拨钱十余万串，派员将最险之马棚湾一段修整。九月间，尚拨款续修小罗堡一段。拟于二三年内，将东西两堤全行修筑，务期格外高厚坚实，能使水志过于一丈四尺，尚不开坝，则捍卫有资，保全更大"。对于蔡某的呈请，"臣等愚见，(同治)五年奏定之案，甫经二年，行之无弊，未便遽尔更张。该举人蔡则沄呈请改定志桩尺寸之处，应毋庸议"①。

事实上，类似的争执几乎年年如此，光绪四年七月文彬②奏称："惟下河最早之稻，甫经收割，次第登场，约至二十日方毕。现饬厅汛加堰于堤，竭力守御，俾各坝迟开一日，即下河多一分收成。该处农民鼓舞奋兴，争先刈割，绝无从前纠众守坝恶习。"③可见当时民众"纠众守坝"已成惯例，一旦延迟开坝，则欢欣鼓舞。

每当春天插秧之际，则又值运河缺水季节，往往惜水如金，不使旁泄，造成该地区相邻水利单元之间互相争水，常有盗决堤坝之事发生，此将在后文探讨。

二、灌溉水源问题

由于上自朝廷，下至一线官员，均以"保漕"为要，势必常与或靠出苦力拉纤、盘驳、搬运，或靠交易买卖，或借运河及其支流进行农业生产的沿运百姓从运河讨生活的实际需要相悖。这种百姓生计与朝廷大政之间的重重矛盾，在沂沭泗流域表现尤为明显。盖因运河山东段地势高企，水源向为难题，而"齐鲁之地多泉"，运河全靠泉水接济，故山东运河又称"泉河"，除了自鱼台至徐州二百余里靠微山湖西坡水汇聚外，"余犹全资汶泉也"。明张文渊《泉源志序略》说："惟山东之泉为盛，而且济于用，故志。其支流之济漕渠者有四焉，出于汶上于东平于平阴于肥城于泰安于莱芜于新泰于蒙阴之西宁阳之北者同入于汶，而会归于分水漕渠；出于滋阳于曲阜于泗水于宁阳之南者分播于沂、洸、济、泗而会归于济宁天井漕渠；出于邹于滕于济宁于鱼台于峄之西分播于河于湖而会归于济以南之漕渠；出于沂水与蒙峄之东

---

① 《再续行水金鉴·运河卷4》，第1038页。
② 文彬，字质夫，纳喇氏，内务府满洲正白旗人，咸丰二年(1852年)进士，同治十年(1871年)至光绪五年(1879年)兼任漕运总督。
③ 《再续行水金鉴·运河卷4》，第1292页。

者同入于沂而会归于下邳之漕渠。"为了保证水源,朝廷规定泉水"涓滴归漕","漕河仰给山东诸泉水,贵以时疏浚。近已会同各官,清理旧泉一百七十八处,复开新泉三十一处,俱入河济运"①,不得旁泄。对于百姓而言,往往得不到泉水丰盈之利,因此常常隐匿不报。明代刘天和记载:"近于东平州询访,即得新泉五,第民间病于开渠占地之劳费,匿不肯言尔。"②说出了百姓的无奈。乾隆年间整治运河,"东省泉源四百三十九,无不疏通"③。总之,所有的泉源全部要为漕运服务,至于百姓生产生活,则完全没有考虑。

清初,偷截泉水愈发常见,引起康熙帝的重视。康熙六十年(1721年)六月,谕大学士九卿等:"山东运河,全赖众泉蓄泄微山湖,以济漕运。今山东多开稻田,截湖水上流之泉,以资灌溉,上流既截,湖水自然无所蓄潴,安能济运?"康熙帝认为:"地方官未知水之源流,一任民间截水灌田,以为爱恤百姓。不知漕运实由此而误也。若不许民间偷截泉水,则湖水易足;湖水既足,不难济运矣。往年山东百姓欲开新河,朕恐其下流泛滥,降旨弗许。今巡抚请开彭口新河,此地一面为微山湖,一面为峄县诸山,更从何处开凿耶?"不过康熙并未马上下结论,而是派了治水能臣张鹏翮④到现场勘查,"详谕巡抚,申饬地方官,令其相度泉源,蓄积湖水,俾漕运无误"。朱锲认为,康熙这道上谕的主要内容:一为保护运河及微山湖水源,禁止农民截湖水上流之泉,以资灌溉,来维持漕运,漕运与灌溉之间的矛盾,于此又明白地表现出来;二为照古人成法,控制南旺附近分水口、龙王庙二闸,更根据水势,斟酌启闭,以调节南北水流。以后百余年间,地方官员都遵照他的命令行事。但是由于山东诸湖渐渐淤浅,附近居民或侵占耕种,以致湖水日少,不能接济运河,所以运河浅阻,航运停滞的情形仍时常发生。⑤

传统农业生产,向来靠天吃饭,靠水灌溉,故常有盗挖、盗决河堤,放水溉田、淤田之事发生。明代《问刑条例》专有一款:"凡盗决河防者杖一百,盗决圩岸陂塘者杖八十。若毁害人家,及漂失财物、淹没田禾,计物价重者坐赃论。因而杀伤人者,各减斗杀伤罪一等。若故决河防者,杖一百徒三年。故决圩岸陂塘,减二等。漂失赃重者,准窃盗论免刺。因而杀伤人者,

①　(明)王以旂:《漕河四事疏》,见《皇明经世文编》卷一七四,北京,中华书局,1962年,第1776页。
②　(明)刘天和:《问水集》,见《行水金鉴》卷一一五,北京,商务印书馆万有文库,1936年,第1680页。
③　《清史稿》卷一二七《河渠志》,北京,中华书局,1976年,第3778页。
④　张鹏翮,字运青,号宽宇,四川遂宁人,清代名臣、治河专家,康熙九年(1670年)进士,历任浙江巡抚、河道总督、两江总督、刑部尚书、户部尚书、吏部尚书兼文华殿大学士等职。
⑤　朱锲:《中国运河史料选辑》,北京,中华书局,1962年,第118页。

以故杀伤论。"并专门强调:"凡故决盗决山东南旺湖、沛县昭阳湖、属山湖、安山积水湖、扬州高宝湖、淮安高家堰、柳浦湾及徐邳上下滨河一带各堤岸,并阻绝山东泰山等处泉源,有干漕河禁例,为首之人发附近卫所,系军调发边卫各充军,其闸官人等用草卷阁闸板盗泄水利串同取财犯,该徒罪以上亦照前问遣。"①说明私挖盗掘之事时有发生,必须立法禁止。明武宗正德五年(1510 年),漕运都御史屈直等奏:"扬州、淮安一带河湖,设有涵洞等沟、减水等闸,以便蓄泄,总为漕河计也。近管河官多不得人。沿河种艺军民,雨多则固闭闸洞,不使泄水,天旱则盗水以资灌溉。"建议加强管理,明申法条,"有仍蹈前弊者,田入官,受财者,永成边卫"②。潘季驯到任伊始即谆谆告诫下属及继任河员:"涵洞泄水本是无妨,但须明设石闸以严启闭,若暗开堤址,草木蒙丛,便难觉察。万历八年,奸民私嘱管河主簿将南岸遥堤暗开涵洞数座,十七年伏水暴涨,单家口水从涵洞泄出,势甚汹涌,一鼓而开,遂成大决,此可谓明鉴矣。司河者知之。"③潘氏还撰文强调修守职责,提出应严守磨脐沟减水坝。磨脐沟在徐州东南二十五里许,"每岁黄水暴涨,则从狼矢沟直下至磨脐沟泄出赤龙潭,经鳗蛤诸湖、落马湖出宿迁董陈二沟。嘉靖年间,全河俱从此出,而两洪正河俱为之夺。万历七年已于本沟筑遥堤一道,而地形甚卑,水入囊底,随复冲决"。当时有官员提议筑减水石坝一座,朝廷派郎中畲毅中④亲往勘察,认为不可。潘季驯亲自率中河郎中沈季文⑤前往实地考察,认为"地形较之河口卑数丈,黄河暴涨之时必至逾堤漫流,岂肯循轨入坝,今议于长塔二山新筑堤中建石坝一座,长三十丈,水涨则泄,水退归漕",自此正河之患暂时平息,但坝西的徐州居民农田灌溉大受影响,潘氏认为"恐有盗决之患,须特设一老人,常川看守,庶可久耳"。

对于徐州之房村、牛市口、犁林铺、李家井,灵璧之双沟、曲头集、栲栳湾,睢宁之马家浅、王家口、白浪浅、何字铺,邳州之匙头湾、张林铺、沙坊等处,因为是"扫(埽)湾急溜","屡经冲决,最为要害"之地,"滨河田地,每利于黄河出岸,淤填肥美,奸民往往盗决"。潘氏警告地方官,"盖势既扫溜,止须掘一蚁穴而数十丈立溃矣",因此要"倍严防守","不时巡阅",尤其在夜间要严防死守。⑥

---

① (明)刘惟谦等:《大明律集解附例》光绪戊申重刊本卷三〇,第 2 页(右)。
② 《明武宗实录》,见《行水金鉴》卷一一二,北京,商务印书馆万有文库,1936 年,第 1642 页。
③ (明)潘季驯:《河防一览》卷四,台北,广文书局,1969 年,第 107 页。
④ 畲毅中,字子执,安徽铜陵人,万历二年(1574)进士,辑有《宸断两河大工录》十卷。时任管理河道工部郎中。
⑤ 沈季文,字少卿,万历五年(1577 年)进士,吴江松陵镇人。
⑥ (明)潘季驯:《河防一览》卷三,台北,广文书局,1969 年,第 87 页。

由于得不到稳定的灌溉水源,加之洪水常常泛滥成灾,导致苏北、鲁南一带农业生产持续落后,百姓极度贫困。对此,朝中并非没有有识之士。乾隆七年(1742 年),顾琮发现清江浦以北运河两岸,因束水济运,往往无水灌田,"坐听万顷源泉,未收涓滴之利",导致淮南、淮北农业生产差距巨大,于是奏言:"或疑运河泄水,于济运有妨。不知漕艘道经淮、徐,五月上旬即可过竣。稻田需水,正在夏秋间。若届时始行宣导,是只借闭蓄之水为灌溉之资,于漕运初无所妨。况清江左右所建涵洞,成效彰彰。推此仿行,万无疑虑。"遗憾的是,这样的真知灼见并未被采纳,"议未及行"。①

三十年后的乾隆三十七年(1772 年),乾隆颁布上谕再次申禁:

> 淀泊利在宽深,其旁闲有淤地,不过水小时偶然涸出,水至则当让之于水,方足以畅荡漾而资潴蓄,非若江海沙洲,东坍西涨,听民循例报垦者可比。乃濒水愚民贪淤地之肥润,占垦效尤。所占之地日益增则蓄水之区日益减,每遇潦涨,水无所容,甚至漫溢为患,在闾阎获利有限,而于河务关系非轻,其利害大小,较然可见,是以屡经谕,冀有司实力办理。今地方官奉行不过具文塞责,且不独直隶为然,他省滨临河湖地面类此者谅亦不少,此等占垦升科之地,一望可知,存其已往,杜其将来,无难力为防遏,何漫不经意若此? 通谕各督抚,除已垦者姑免追禁外,嗣后务须明切晓谕,毋许复行占耕,违者治罪,若仍不实心经理,一经发觉惟该督抚是问。②

直到黄河北徙之后,因漕运仍在办理,得不到黄河水源补给,因此对蓄水的要求更加苛严。咸丰十年(1860 年)五月,东河总督黄赞汤③发现蜀山湖于上年四月干涸,"恐该管文武汛,未能先事预筹,设法拦蓄",便问责于巨嘉主簿柴雍熙、运河蜀山湖汛分防应长龄,将二人"摘去顶戴,先示薄惩。责成将湖水收足,再行给还"。至十一月,黄赞汤赴济宁视察,发现蜀山湖水已收至八尺以外,尚为迅速。"即将文武汛顶戴给还。旋因巨嘉主簿柴雍熙料理汛务才力不及,且与地方百姓有涉讼之事。据运河道敬和揭报,即将该主簿咨部勒休亦在案。其分防应长龄,自给还顶戴以来,迄今已阅数月。察看

①　《清史稿》卷三一〇,列传九七《顾琮传》,北京,中华书局,1976 年,第 10638 页。
②　(清) 林则徐:《禁占垦碍水淤地议》,见《近代中国史料丛刊续刊》第 72 辑,台北,文化出版社,1980 年,第 661 页。
③　黄赞汤(1805~1869),字莘农,号征三,江西庐陵县人。曾任福建学政、刑部右侍郎、广东巡抚等职。

该弁办理收水巡防事宜,小心勤慎,颇知愧奋,应请免其查办。"①

相比较而言,淮安府处黄淮运交汇之地,水源接济不是问题,不过虽不缺水,却是另外一种情况,"每农田需水时,虽粮艘过尽,藉口刷河,各洞不启;及雨涝暴至,田中积水,复称泄涨,各洞齐开,苗没于水"②,或者"因运河淤垫,每闭闸蓄水济运,民田求水不得,及夏秋泛涨,则闸版尽启,水势弥漫为患"③。咸丰初,苏、浙两省试办海运成功,因此咸丰帝甚至考虑"水利专在民田"。咸丰七年(1857 年)五月,有人奏报淮扬各属下河水利,"称淮扬一带,近岁田亩歉收",是因为丰工未筑,清淮以下无水之故,申请"将运河各闸坝相时启闭"。咸丰帝明确指出,淮扬歉收的真正原因在于"高宝五坝,耳闸未启。有司既恐启闭经费无出,劣绅土豪复籍买水为名,图饱欲壑,以重赂营谋,竟敢于官河筑坝拦截,使下游涓滴无沾。而下游八闸,概不堵筑,致运河水无停蓄,上游灌溉无资。迩来漕艘既归海运,水利专在民田"④。一定程度上促进了当地农业生产的恢复。

《重修山阳县志》记载了乾隆十一年(1746 年)的一个事件,可算作特例。当时山阳知县金秉祚⑤欲拆去原永利闸三孔石涵洞建民裕闸,"下版三层,蓄水入盐河,余水从版上滚入鱼变河",并常年开放,以灌溉民田,"自此两岸民田千顷,尽改稻田",不料遇到巨大阻力,原来"永利闸开闭,书役、汛兵、闸夫等商人皆有陋规"。⑥ 常年开放后则无利可图,自然极力反对。

三、水柜水壑与民间私垦

明清时期,为保漕运畅通,在苏、鲁两省境内围绕运河修建了大量的水利工程,将沂沭泗流域、黄河、淮河、汶水、湖西诸水等与北五湖、南四湖、骆马湖、洪泽湖连成一片,互相灌注,交相制约,以调节运河水量,确保船只畅行。其中北五湖与南四湖为运道水量调控的关键。潘氏对于水柜

---

① (清)林则徐:《东河奏稿》,见《再续行水金鉴·运河卷3》,第 941 页。

② (清)张兆栋、文彬修,丁晏、何绍基纂:《(同治)重修山阳县志》卷三,台北,成文出版社,1968 年,第 43 页。

③ (清)张兆栋、文彬修,丁晏、何绍基纂:《(同治)重修山阳县志》卷三,台北,成文出版社,1968 年,第 46 页。

④ 《清文宗实录》卷二二五"咸丰七年五月乙丑"条,《清实录》第 43 册,北京,中华书局,1986 年,第 515 页。

⑤ 金秉祚,字琢章,号漳山,湖北钟祥人,乾隆七年至十二年(1742~1747)任山阳知县。金秉祚重视河防,热心公益,纂修县志。历任徐州、颍州知府。见《淮海晚报》2015 年 3 月 22 日"淮安风情"版。

⑥ (清)张兆栋、文彬修,丁晏、何绍基纂:《(同治)重修山阳县志》卷三,台北,成文出版社,1968 年,第 50 页。

水壑极其重视，"运艘全赖于漕渠，而漕渠每资于水柜。五湖者，水之柜也"。首先提出严守北五湖堤岸，勿使越界盗种，"科臣常居敬①洞烛其源，倡为封界子堤之说，盖因此。时旱魃为灾，湖身龟裂，地方之民乘时射利，尽为禾黍之场，故欲筑堤限之。非浚湖以就民，乃限地以蓄水也，良法美意可谓善之善者"②。

北五湖指山东境内的安山湖、马踏湖、南旺湖、蜀山湖和马场湖。马踏湖源于古代大野泽，五代到宋朝是梁山泊的一部分。元明时期，随着大运河的开发利用相继形成，起着蓄水济运、调节运河水量的作用。"马踏湖在汶河堤北，周围三十四里，夏秋水涨汇入北湖出开河闸迆北弘仁桥入运，俱有菱芡鱼鳖、菱秋荒蒲之利，居人赖焉。"③康熙年间，"马踏湖周围三十四里零二百八十步，计地一百四十余顷"④。安山湖，元至元二十六年（1289 年）开挖由安山至临清的会通河，南接济州河，引汶水北达临清御河（今卫运河），把济水截为两段，谓之"引汶绝济"。致使汶水和古济水潴蓄于安山（今梁山县小安山）脚下，故名，萦回百里无定界。明洪武二十四年（1391 年）黄河决原武黑洋山，漫入东平之安山，淤安山湖。⑤永乐九年（1411 年），宋礼重浚运河时创筑安山湖堤，"引济渎入柳长河为湖源，蓄水最盛，并建两闸，出水济运"，明弘治十三年（1500 年）"踏四界周长八十里四分"⑥。万历十六年至十七年，"筑安山湖堤四千三百丈"。南旺湖，据《禹贡锥指》载："湖即巨野泽之东端，萦回百余里。宋时与梁山泺合而为一，亦名张泽泺。"元代开挖济州河时，把南旺湖分成东西两半，运河以西叫西南旺湖，运河以东叫东南旺湖。明初重挖会通河，引大汶河水经小汶河在南旺分水济运，小汶河自东向西穿过南旺东湖入大运河，于是东南旺湖又被一分为二，北为马踏湖，南为蜀山湖，原西南旺湖便称为南旺湖，方圆 50 里。而蜀山湖容纳不下的大汶河水，被引到济宁以西大运河沿线的一片洼地，又形成一个湖泊，因以前这里曾经养马，故名马场湖，方圆 60 里。

---

① 常居敬（1546～？），字惟一，湖北江夏人，万历二年（1574 年）进士。曾为刑科给事中、浙江考试官，后为工科都给事中、太仆寺少卿，因督理漕河有功升右副都御史巡抚浙江。

② （明）潘季驯：《修复湖堤疏》，见《河防一览》卷一一，台北，广文书局，1969 年，第 322 页。

③ （明）粟可仕修，檀芳遽、王命新纂：《（万历）汶上县志》，见《原国立北平图书馆甲库善本丛书》第 330 册，北京，国家图书出版社，2013 年，第 370 页。

④ （清）张伯行：《居济一得》卷四，《丛书集成初编》，北京，商务印书馆，1936 年，第 53 页。

⑤ （明）李东阳：《明会典》卷一九六《河渠一》，扬州，广陵书社，2007 年，第 2647 页。

⑥ （明）刘天和：《问水集》，见《行水金鉴》卷一一五，北京，商务印书馆万有文库，1936 年，第 1680 页。

五湖至嘉靖年间已然"势豪侵没,多献①德邸②,藉其牵制,放水灌田成沃壤,官因循而不问,民隐忍而讳言"③。朝中有人上书嘉靖帝,欲将安山、南旺二湖招佃放垦,河道都御史王廷极力反对:

"今四湖俱在而昭阳湖因先年黄河水淤,平漫如掌,已议召佃,而安山、南旺二湖不知何时被人盗决盗种,认纳籽粒,以致河干水少,民又于安山湖内复置小水柜以免淹漫,遂致运道枯涩,漕挽不通。嘉靖十二三等年加以黄河南徙,两洪溢涩,其时在朝诸臣讲海运则迷失其故道,修胶莱河又徒费而不成,上厪皇上宵肝之忧,救遣兵部侍郎王以旆往视漕河并为经理,以旆至此,访究弊源,建议修复官湖,筑堤岸,建水门闸座,以图永久。素尝盗种决堤之民,尽行问遣驱逐,不许佃种,以启弊端,题奏钦依施行。迄今漕河无阻,然自官湖议复后,而东平汶上之民垂涎湖地,何尝一日忘情哉? 今据各官开报之数,湖中水落,露出高阜地土止四百四十三顷,非不可以召人佃种,但成事不可破,巨方不可开,且小民奸顽日甚,惟欲利已,罔知国法。顷者议复官湖,已尝惩创,恬不知畏,若再奉例召令佃种,办籽粒,则将一家开报数名,占种不计顷亩,遇水发入湖,恐伤禾稼,必尽决堤防以满其望,是所名水柜者,将来为一望禾黍之场耳,而漕河何所赖哉?"

王廷发现,山东其他地方邹、滕、沂、费、泰安等州县,抛荒地土极多"不知几千百万顷,即安山湖外荒地亦不知几千百顷",东平汶上百姓何以舍近求远,舍彼而就此呢? 原来"民田纳粮,养马当差,宁抛荒而不顾。湖地止认纳籽粒,更无别差,期必种而后已",且前来认佃湖地的"未必皆贫困之民也"。联想到之前"东平民曾以安山湖地投献德府,隐占地亩,莫能谁何,后被查出方归于湖,且安山湖旧称延袤百里,今止量七十三里,以此推之,宁望其办纳籽粒,保全湖堤耶?"王氏极力反对招佃湖田之举,认为招佃放垦得不偿失:"每亩照今例五分,止得银六百两有奇,若尽湖中高阜地,止得二千二百两有奇,亦非有大利也。今每年河漕转输四百万石之外,输将于京师者,又不知几千百万焉,则其利孰多孰寡,而京储与边饷孰重孰轻,此不较而知

---

① 即投献,明代一种社会现象。在投献一方,有妄献和自献两种;在纳献一方,有皇族、戚畹、功臣和官绅。妄献系指庶民田地被奸猾之徒妄称为"己业"或"无主闲田"奉献给权豪势要。自献系指庶民为朝廷赋役所困而不得已将自家的田地无偿地奉献给官豪势家,而本身沦为庄佃、佃户或奴仆。见张显清:《明代土地"投献"简论》,《北京师院学报(社会科学版)》1986年第2期。

② 即明德王府邸。明德王,景泰三年(1452年)封荣王,天顺元年(1457年)改封德王,初建藩德州,成化二年(1466年)就藩济南府,嘉靖年间有懿王朱祐榕及恭王朱载壄在位。

③ (明)谢少南:《太子太保兵部尚书襄敏王公以旆行状》,见(明)焦竑《国朝献征录》卷五七,万历四十四年(1616年)曼山馆刻本,第24页。

也。万一湖水告竭,漕河失利,臣恐所得不偿所失,而其为费又不知其几。"对于主持招佃湖田的官员提出的五湖"水入而不能出"之说,王廷亲历各湖查勘予以驳斥。他发现:"湖高于河殆六七尺,春夏水涸,每借各湖之水以济河漕,况各湖原设水车各三百五十辆,若遇盛旱亦令车水以济,奚谓入而不出乎?"随后,王廷又广泛征集民意,认为"湖柜之设不但漕河有利,而庶民亦有赖焉。盖泰山以西,地渐洼下,夏秋水发,俱奔注此中"。最后,王氏拿出朝廷最怕的事情:"宋末嘉祥、钜野、曹、濮、寿张之间遂成巨浸,是以有梁山水泊之乱。今东平去梁山不远,而水既入湖,湖外皆纳粮民田也,若堤防稍废,则水将漫衍淹没,而嘉祥、钜野、曹、濮、寿张之间又成巨浸矣,是所利者止数百家,而所害者将几千百万家及数州县也。事有召衅,法有启奸,不尤可虑乎? 此就其害于下者言之耳。若湖废河干,漕运不通,其所关系尤重且大,又不可不深虑也。"[1]

潘季驯的手下、都给事中常居敬也反对放垦,认为是"近湖射利之徒,觊觎水退,希图耕种"。他深表忧虑地指出:"南旺、安山、蜀山、马场等湖始因岁旱水涸,地属闲旷,当事者召人佃种,征租取息,以补鱼、滕两县之赋,于是诸河之地,平为禾黍之场,甚至奸民壅水自利,私塞斗门,复倡为湖低河高之说,申禁非不严而占悋若故矣。"针对这一现象,常居敬"因旧为新,督筑完固,盗决之弊,禁令当严"。并命下属管河官于每年冬春,"周围巡阅,责令守湖人役投递甘结,庶河防饬而水利无渗泄之患,疆界明而奸民杜侵越之萌矣。"对于"豪民之侵占无已,变沮洳为膏腴,视官湖为已业,日侵月削,久假不归,寸土无遗"的现象极为痛恨。不过对普通百姓还是网开一面,"即今久旱河浅,百计疏浚,如抱漏卮沃焦釜,徬徨无策,皆缘水柜未复之故也。及今则清湖蓄水真若蓄艾,岂非第一义哉? 侵盗奸民本应尽法重究,概夺还官亦不为过,但私相授受,其来已久,展转耕佃,已非一人,且四外高亢之地不便潴蓄,终成旷废"。针对如此乱象,常居敬认为应"将少洼之地三十八里周遭筑堤,封为水柜,既可以免渗漏易竭之患,又可以杜强梁无厌之谋,似亦计之得也。外八里湾似蛇沟二处便于放水,委应建立闸座"。为缓解矛盾,防止饥民乘机起衅,潘季驯和常居敬没有同意下属官员"将盗种湖麦刈半入官,以为工料之需"的提议,而"仍听本主收割"。清理之后竖立石碑一通,"明立文册,严盗决之禁,定巡视之法"[2]。同时,又采取了一系列措施,修建了

---

① (清)阎廷谟:《北河续纪》卷五,顺治九年刻本,第12~16页。
② (明)常居敬:《清复湖地疏》,见(明)潘季驯《河防一览》卷一四,台北,广文书局,1969年,第535~537页。

一些水利工程："先年召种纳课,抵补鱼、滕县粮,今查前项补足,责令退业还官,并低洼地六百四十顷四十二亩九分,俱筑堤蓄水,内有安居斗门三座,合行修复。其各湖占种麦田,法应追夺,但念年荒民贫且成业已久,收成将近,候麦熟之日,令其芟刈,照地退还。以上各湖应修复斗门、闸坝、堤岸,工料人夫等项细数册报外通共该银四千七百一十七两七钱,于兖州府库河道银内动支,修完于湖口竖立大石,明注界址斗门,以杜侵占。"①

康熙四十二年至四十五年(1703~1706),张伯行为山东济宁道时,南旺湖宋家洼一带,"二十余年不施犁锄之地,已渐耕种尽矣";安山湖,"自奸民羡湖地肥美因而盗种,遂为久假不归之计,乘兵饷紧急,名为助饷,而安山湖地遂为纳租之地而不为蓄水之湖"②,遂"尽成民田"。张氏深感盗决私垦问题严重,指出马场湖杨家坝自总河杨方兴③在任时奉旨堵筑蓄水,但是"济宁绅衿士民旋谋马场湖地,肥美尽皆占种,故杨家坝时常盗开,杨家坝一开而西湖之水涸矣",认为"杨家坝必不可开,今议必为严禁,如有盗开者,即以盗决河防论"。不过对于禁令能否贯彻执行,张氏颇有疑问:"然禁止者官,而贿赂之说行,官亦不肯认真矣,非极有操守而不顾情面者,万不能禁也。"④

类似现象不仅治河一线官员,身居朝中的科道官员也有深刻认识。万历十七年(1589年)六月,给事中常居敬奏请"清复湖地以济运道",朝廷御批:"这湖地依拟筑堤,仍画定界限,永远遵守,如有侵占盗决等弊,照前旨着实参治,其各处泉湖蓄水济运的都着一体清查整理。"⑤予以支持。

清初,由于黄河数百年的漫溢导致湖底淤积严重,北五湖基本失去了水量调节的作用。康熙十八年(1679年),靳辅提请将安山湖"委官丈量荒地共九百五十二顷零,名曰丈出"⑥,听民开垦佃种,输租充饷。雍正年间,漕督齐苏勒上书,恳请办理山东诸湖蓄泄以利漕运,指出"兖州、济宁境内,如南旺、马蹋、蜀山、安山、马场、昭阳、独山、微山、稀山等湖,皆运道资以蓄泄,昔人谓之'水柜'。民乘涸占种,湖身渐狭"⑦安山湖等北五湖渐失水柜作用。水壑水柜的任务落在了南四湖。黄河北徙之前的数十年间,水道治理

① (明)常居敬:《清复湖地疏》,见(明)潘季驯《河防一览》卷一四,台北,广文书局,1969年,第535~537页。
② (清)张伯行:《居济一得》卷四,《丛书集成初编》,北京,商务印书馆,1936年,第60页。
③ 杨方兴(?~1665),字浡然,汉军镶白旗人,清初大臣。顺治元年至十三年任河督。
④ (清)张伯行:《居济一得》卷一,《丛书集成初编》,北京,商务印书馆,1936年,第15页。
⑤ (明)潘季驯:《河工告成疏》,见《河防一览》卷一一,台北,广文书局,1969年,第334页。
⑥ (清)张伯行:《居济一得》卷四,《丛书集成初编》,北京,商务印书馆,1936年,第61页。
⑦ 《清史稿》卷三一〇,列传九七《齐苏勒传》,北京,中华书局,1976年,第10620页。齐苏勒(?~1729),字笃之,纳喇氏,满洲正白旗人,清朝治水能臣。

愈发艰难,保漕任务愈发艰巨,闸坝开启渐失法度,水利单元混乱不堪,导致水利矛盾愈发激烈。

微山湖作为水柜,蓄水水位直接影响泇河通航状况。按水志,需蓄水一丈四尺方可保漕无虞,故官府希望多蓄水,而滨湖民人因水位直接影响所耕种湖田的大小,故希望少蓄水,双方在蔺家坝一带时时上演猫捉老鼠的游戏。乾隆二十九年(1764年)九月,东河总督李宏奏:"蔺家山草坝,照旧制暂行堵筑,蓄微山湖水济运,嗣后微山湖淤,不能蓄水,仍循例堵截蔺坝,减轻邳宿水患,而徐沛苦涝,往往私挖蔺坝,以泄湖水。"①蔺家坝位于微山湖西北端,内华山西,张孤山东,为微湖尾闾之一,控制权属江苏,湖水经此下泄入荆山河由荆山桥汇入正河。蔺坝的开闭直接影响微湖水位和沛县、铜山湖田多寡(后文将专题论述),故有私挖蔺坝之举。

道光三年(1823年)六月,山东滕县衍圣公启事官李印辅以微山湖蓄水过深,不能宣泄,致粮地久沉等情,赴都察院具控。又有江苏沛县捐职从九品郝彩,以滨湖村庄被淹,亦赴都察院恳请根除水患,道光帝命东河总督严烺并山东巡抚琦善会同两江督臣办理。严烺、琦善督同运河道觉罗庆善、兖沂道贺长龄履勘,并调集微山湖蓄水旧案,详加考究,认为"今该原告李印辅,呈请减水二尺,以免淹浸。郝彩则请于伊家河、蔺家坝二处建立滚水坝一丈二尺,亦系希图减水二尺之意。如果酌减水志,无误南漕,臣等自当量为变通,何敢稍事拘泥。惟天时之旱涝无定,湖水之赢绌靡常。在雨多水大之年,固属泛滥为患,设遇天气亢旱,亦复短绌堪虞。……李印辅等呈请减水二尺,实属窒碍难行"②。驳回了李印辅和郝彩的请求。

里下河地区私垦现象亦很普遍,山阳县泾河闸"年久失修,遇水崩决,司水者惮于兴造,遂筑土坝一道,人马通行,因循数年,闸基遂废,此处滴水不通,则闸内行水之河身以及接连射阳湖一带原无主管之水泊尽被衙蠹土豪瓜分围占,低下者取鱼斫草,高阜者种麦插禾,官河变作私田,野水化成腴地",当官府拟重新建造新闸,但遇到强大阻力,地主豪强"百计阻挠,牵制官府,不肯造闸,及奉宪檄勒限督催,不得不造,却又贿嘱经承人员将闸门改小,闸底增高,草草了事,泄水无多,当夏秋水涨之日,即彻底全开,尚恐宣泄不足,乃启不数板开不数日,旋筑月坝,坚闭终年,闸虽报完,全无实用。至于子婴双闸,复以委官承行,克减工料,桩短灰少,闸底石不齐缝,不敢全槽

① 《江苏水利全书》卷一六《江北运河五》,第11页。
② 《再续行水金鉴·运河卷1》,第100~101页。

开放,稍有渗漏损伤,随即填泥下埽,岁岁如此,亦仅存有闸之名耳"①。实在是官商勾结,损公肥私的经典案例。

第三节 苏鲁纠纷

一、运道水量调蓄矛盾

运河上的各种闸坝,据万历《明会典》中的统计,共 222 座,其中闸 175 座,坝 46 座,堰 1 座。运河闸坝可分为拦河修建与侧向修建两大类,都有严格的启闭制度,由朝廷专设的闸官和闸夫负责启闭。贾征对运河闸坝的启闭管理的规定总结了四个方面:

① 规定闸门最少积水量,"闸置官,立水则,以时启闭"②。② 规定开放间隔时间或一次过船数。③ 建在与江河交会处的闸坝要根据江河汛期按时启闭,江、河消则启板以通舟,江、河涨则闭板以障流。④ 上下相邻各闸递互启闭,联合运用,"若潮信焉,如启上闸,则闭下闸;启下闸,则闭上闸",此为"节缩之道"③,可防止河水消耗过快。不过"上述闸坝管理制度虽然早在永乐时代就已开始建立,但是到了潘季驯治河时已经破坏殆尽"④。

运河山东段向称"闸河",闸河之闸按其位置和功能可分为两大类:一为建在运河支流及沿运湖泊(水柜水壑)出入口的,用于调节主航道水量,引水济运,亦称"斗门";一为建在运河主航道之上,控制河道水位,以利船舶通航,包括限制船舶载重量及宽度的隘船闸。仅在主航道上的闸数,《元史·河渠志》载:"至元二十六年(1289 年)开河置闸,建三十一座";《明史·河渠志》载"出南旺南北,置闸三十八";至清代"南自江南邳州黄林庄起,北至直隶吴桥桑园镇止",约有闸 50 座。⑤

山东运河之所以闸多,盖因运河山东段水量调节问题始终是困扰漕运的一大难题。山东属于亚热带季风气候,冬春少雨,夏秋雨量集中。每年开春,粮艘自南北上过黄林庄入山东闸河,适逢枯水季节,时常浅涩;而夏秋时

---

① (清)王永吉:《修复泾河旧闸议》,见《行水金鉴》卷一五〇,商务印书馆万有文库,1935年,第 2161 页。
② 《明太宗实录》卷一一六,《原国立北平图书馆甲库善本丛书》第 158 册,第 399 页。
③ (明)万恭:《治水筌蹄》,水利电力出版社,1985 年,第 30 页。
④ 贾征:《潘季驯评传》,南京,南京大学出版社,1996 年,第 268~269 页。
⑤ 《山东运河备览》记有闸 49,《运河全图》记有闸 50,《山东通志》记有闸 48。

节,蒙沂山水涨发,短时间内洪流汇集,又苦于运道狭窄,宣泄不及,导致漫溢。如此,水量调蓄成为重中之重,既要于枯水期保证河道内有足够的水量以资浮送粮艘,又要在汛期保证洪水不会冲毁运堤、泛滥河道,甚至不能在河道内形成激流,因此无论河工技术、洪水调度还是闸坝管理、启闭制度上均需妥为筹划。据《南河成案》记载:"黄水加涨,启放苏家山水线河,由荆山桥出潘家河济运。黄河水小,苏家山不能过水,复于茅家山开引河,引黄河水接入房亭河,下达彭家河济运。"苏家山闸在徐州西北,减黄济运,随时启闭;茅家山在徐州东南长樊大坝王家山之东,就山根石底凿槽,砌石裹头钳口坝,引导黄流,屡次启放,并屡次凿深石礐,以便过水。然而再周密的计划,也会因为一点微小的失误导致全盘皆输。

《江苏水利全书》详细记载了运中河(中运河)闸坝启闭制度:"每年正月,南粮启运,山东韩庄湖口闸启坝,铺水下注,杨庄口门外浦家庄等处,照例筑坝,逼束河泓,赞挽帮船。五月初,粮船尾帮过后,启放盐河钳口闸,分中河水以运盐柴;五六月,蒙沂山水涨发,拆展杨庄头二三坝、双金闸草坝,并将刘老涧石闸及骆马湖尾间各坝,一并拆启,宣泄水势。"武同举按曰:"关于济运之引水蓄水,及平溜减涨各草坝,在正河内有七闸,越河拦河草坝、各处临时束水草坝、宿汛十字河迤下王家沟旧河尾草坝、杨庄运口内头二三钳口草坝,在东岸各水口,有窑湾沂河口竹篓坝改筑之草坝、轮车头裹头之草坝、王家沟闸临运草坝、柳园头闸临运草坝、刘老涧滚坝临运草坝、盐河头双金闸临运钳口草坝,此外又有骆马湖尾间五滚坝,迤西五引渠内各草坝。春夏水涩,于正河内多筑束水草坝蓄水,并酌启窑湾、轮车头、王家沟、柳园头各草坝,引骆马湖水济运,又收束双金闸钳口草坝,以防漏泄;漕舟过后,拆展分水入盐河,接济盐柴运输;伏秋汛涨,酌量启放拆展各草坝、七闸越河及杨庄运口,为行水正路,刘老涧滚坝及骆马湖尾间五坝,分泄最畅,均关紧要。至于窑湾、轮车头、王家沟柳园头等处则视骆马湖与运河水面比较高下为准,如在伏汛以前,行运期间,运河水盛,亦可启放七闸越河草坝、杨庄钳口三草坝,以平溜势。凡启放拆展各草坝,俟水落后接筑收束,或堵闸以为常,盖自乾隆以来,久已沿为惯例。咸丰黄河北徙,中运无险;同光漕额无多,各草坝操纵情形,书不详载,但刘老涧草坝水大启放,水落堵闭,盐河双金闸钳口坝亦关重要,至今无变。"①可见微山、骆马诸湖及(故)黄河、沂沭河、运河、盐河、六塘河连为一体,互相灌注,而微山湖、骆马湖蓄水量的多少往往与次年漕运顺利与否息息相关。

---

① 《江苏水利全书》卷一七《江北运河六》,第1页。

　　伽河开通后,邳州以北运河水量调节多赖微山湖调蓄,盖因运河山东段地势高,江苏段地势低。然黄河自西而来,夺泗多年以后,至明末清初时河道已高于两岸数丈,故微山湖水量不足时,往往在徐州以西引水北注微湖,再由韩庄闸出伊家河下泄伽河济运。不过,此举会减少正河水量,减缓水流,导致河沙淤积并影响中运河航运,并有可能造成徐州西北乡洪灾。如遇微湖水涨,伊家河宣泄不及,则启蔺家坝闸出不牢河,一支经荆山桥汇入黄河,一支由邳州直河口入运,由于不牢河防洪等级不高,一旦泄洪,常常泛滥,故名"不牢"。因此,无论微湖水短缺还是盈余,都对江苏造成威胁,东南河督、河官、苏鲁两省督抚及地方官为此常争执不休。

　　乾隆三十九年(1774 年)二月,漕督嘉谟①奏称运河"水势尚未充足",吁请东省"调剂得宜,以资挹注",朝廷即传谕吴嗣爵②、姚立德③,"即速彼此札商筹办,并委妥干大员,往来察视"。姚立德很是无辜地上表说:"南旺湖(原书作河)于正月二十八日开坝,微山湖于二月初十日开放接济,并据委员禀报,江南运河于二月十二三等日水势加长,至浅之处亦有三尺余寸,足敷行运。"三月初五日,乾隆得姚报,责怪嘉谟"所奏未免过早,漕船重运北上,固应傥行无滞,然亦止须遵照旧定章程,如期挽运,毋庸急遽若此……何必过事催促?"不过,乾隆也不是糊涂君主,他敏锐地发现了问题:姚立德和吴嗣爵的奏章互有出入,姚说微湖水志"与前两年相较,尚属有赢无绌",而吴嗣爵则称微湖上年存水较少。命姚立德"再行查明复奏"。三月初十日,姚立德回复说:"臣与吴嗣爵所言微山湖水互异之处,查微山湖水志于乾隆二十三年十一月,经南河张师载等奏定,以湖口闸水深一丈为度,三十年春水深九尺五寸,三十一年水深九尺九寸,三十八年水深一丈一尺二寸,今年开闸时,探量闸口,水深一丈三分,臣前次所奏'与前两年相较有赢无绌',系指三十年暨三十一年,湖河水小并未阻运而言,其吴嗣爵所奏……系指三十八而言。"强词夺理一番,乾隆并未深究,姚立德好歹算是保住了顶戴。十五日,乾隆发现,嘉谟、姚立德、吴嗣爵"三人覆奏之折,仍然各执一词,以图自占地步,而于河漕交涉,清理未能融洽",要求三人"承办漕运一事,务须寅恭合力,妥为经理,勿稍存畛域之见"④。经乾隆亲自协调,本年漕运"料理已属妥协"。

---

① 嘉谟,镶蓝旗人,乾隆三十七年至四十一年正月任漕运总督。
② 吴嗣爵(1707~1779),字树屏,浙江钱塘人,时任江南河道总督。
③ 姚立德(? ~1783),字次功,浙江仁和人,时任山东按察使,署河东河道总督。
④ 《运河道册》,见《续行水金鉴》卷九七《运河水章牍二五》,北京,商务印书馆,1937 年,第2189~2194 页。

不过事情到此并未完结。时至八月，姚立德以"今春粮艘渡黄后，因东省泄下之水不充，舟行稍滞，究系昨岁各湖水柜蓄水未足所致"，其中微山湖"地居西岸，别无来源，专藉曹单金乡坡水潴蓄，雨多则裕，雨少则绌"，水志原定存水一丈一尺，"现在仅存七尺八寸"，奏请"江南徐州以上或有减黄入湖，可资助运"，建议在苏家山滚坝下开河一道入湖济运。两江总督高晋则建议在潘家屯开河，一来可利用原有河形，二来距微湖更近。乾隆据此批复：如该处引河可开通，目前即能引流分润，挹注微湖，于明春漕运有裨益，自属甚便。然亦不过一时调剂之权宜，如果今冬开河，却无水入湖，等到次年桃汛水发，始得开放，则"施工急而其效甚缓"，况且本年"偶因秋雨短少"才致微湖缺水，"或明春雨水调匀，泉源涌盛"，岂不空费国帑，加之一旦开河，即有"冲突之虞"①，驳回了开河之议。

嘉庆十八年（1813年）正月，"河东总河李亨特议开苏家山闸，引黄河水入微山湖潴蓄济运，又议开水线河，引黄水济邳运，江督百龄、总河黎世序以为碍难举行，遂罢"②。当年山东春旱持续，李亨特"以微山湖水少，宜留济八闸以上运河，不肯启开"，造成邳宿运河浅涩，百龄等无奈，只好一面引芦口坝沂河支流至沙家口、徐家塘入运，保证了河定闸至惠泽闸一段水量，"惠泽闸下于骆马湖挑沟引水由柳园头入运"；一面紧急上奏："河定闸以上至黄林庄必山东开启下注"，李亨特不得已"引独山湖由八闸注邳宿，漕行始通。亨特因言：微山湖关系漕运，江南山东彼此相需，亦当上下交济"③。意即，年初我请你们引黄入湖济运，你们不同意，现在水量不够反而倒打一耙，实在不算"上下交济"。

嘉庆二十一年（1816年）六月，江苏方面奏称"微湖水大，并将坐落江境之伊家河坝拆除，以资畅泄。旋东河议请启放蔺家山坝"。伊家河、蔺家坝为微湖两个泄水口，伊家河水入泇河，多在山东境内，蔺家坝水由坝下不牢河下注在荆山桥汇入正河，全在江苏境内。苏省藉口"查勘荆山桥河道，淤成平陆，未便启放"，水无可泄必至泛滥，伤及百姓田亩，以反对开蔺家坝。当时东河频频上奏朝廷，嘉庆遣吴璥为钦差大臣查勘湖河情形，吴璥奏请微山湖收水以一丈四尺为度，上谕："旧章具备，无庸另议。"所谓旧章，即乾隆三十年（1765年）所定④，微湖收水一丈二尺。但时间过了几十年，微湖淤垫几近九尺，此时仍按旧章，南河黎世序认为显然不敷济运所需水量，阻止开

---

① 《纯皇帝圣训》，见《续行水金鉴》卷九七，北京，商务印书馆，1937年，第2203页。
② 《江苏水利全书》卷一六《江北运河五》，第21页。
③ 同②。
④ 《清通志》卷九六《食货略一六》，杭州，浙江古籍出版社，2000年，第7305页。

蔺家坝,认为应蓄水至一丈六尺,东河严烺坚持一丈五尺,而实际上,每年收水在一丈四尺强。① 双方分歧虽然区区一尺之差,于东省意味着湖滨多出数百上千顷湖田,万石余粮,而少收一尺,于苏省则意味着万斛余水下注,防洪压力大增,难免伤及苏省民田,故苏鲁各抱己见,互不相让。类似情形在六年之后的道光二年(1822 年)再次出现。是年,东省奏请:由于湖底淤垫愈甚,"微山湖水势积长,难于容纳,启放蔺家山坝,以泄湖涨,明春堵闭,是后遇微湖盛涨,即启蔺家山草坝"②。

次年五月,山东巡抚琦善再上《筹办东省水利折》,称:"蔺家山坝为宣泄微山湖盛涨而设,向由江省经管启闭。现在金乡、鱼台二县,挑浚河道,与湖滨切近。请于微湖盛涨之时,准东省一面知会,一面先行委员启放。"借口金乡、鱼台在湖边挑浚河道,请求将蔺家坝控制权由苏省转授东省。事关两省民生,道光不敢轻易定夺,遂下旨命孙玉庭、黎世序查明,孙、黎奏称:"今山东抚臣请于微湖盛涨之时,由东省委员启放,以免咨商办理,耽延时日,盖为随时宣泄涨水,以免民地被淹起见。"明确指出了东省企图:"查微山湖虽关东、南两省济运,而蓄泄机宜,则责成东河,是以向来蔺家山坝启闭,必听东河知会,遵照办理。动用钱粮,江境先行垫办,仍由东河解还归款。是坝之启闭,本由东省主政也。……若启放口门过宽,全湖倾注,两岸民田,即恐有淹漫之患",意即你琦善想得美,我江苏本来就是年年垫钱帮你干活,你不领情也罢,还要控制蔺坝。这蔺家坝一旦到你手里,我江苏百姓的"漫淹之患"恐怕随之而来了。不过对皇上,孙、黎两人表态:"东、南两省运道民生,皆系接壤,原当无分畛域,随时相机办理。但亦须如上年办法,酌定口门宽长,俾下游河身,足以容纳,民田无漫淹之虞,方为妥善。"随后道光降旨:"着琦善遵照此旨,嗣后如遇微湖盛涨,东省一面咨会(南河),即委员启放蔺家山坝。"③二省如何"酌定口门宽长",未见史料明载。

微湖另一尾闾韩庄闸下接泇河,经台儿庄于黄林庄入苏境。该尾闾水量控制事关漕运畅通与否,至为紧要,两省矛盾也相当尖锐。据麟庆《云荫堂奏稿》④载:道光十九年(1839 年)十月,"邳宿运河,宿汛以上,别无来源,向藉东省微山湖,灌注济运,从前每因漕行浅涩,互相诿咎。嗣嘉庆十六年

① 《江苏水利全书》卷一七《江北运河六》,第 21 页。
② 《江苏水利全书》卷一八《江北运河七》,第 2 页。
③ (清)琦善:《筹办东省水利折》,《清宣宗实录》卷五二"道光三年五月己巳"条,《清实录》第 33 册,北京,中华书局,1986 年,第 926~927 页。
④ 麟庆在官期间的奏疏集,保存了其道光六年至二十一年(1826~1841)间所上奏折 300 余件。麟庆(1791~1846),完颜氏,金朝皇族后裔,字伯馀、振祥等,号见亭,自道光十四年总督南河,十九年兼署两江总督并两淮盐政。

(1811年),东南两省督河诸臣,会同勘议,饬属在交界之台庄闸錾凿红油记,微山湖放水,以常平红油记为准,如水势不及红油记,漕船浅阻,责在东境;如水势已平红油记,漕船仍有浅阻,责在南河。经奏明有案。兹山东拆修台庄闸,诚恐不照定志,率意高下,饬由两省道厅会勘,校准尺寸,照旧錾凿红油记,以昭信守"。两省之间严重的不信任感溢于言表:你山东方面想修台庄闸,我江苏必须派人看着。次年二月,闸工修竣,麟庆又奏:"验得东岸下分水闸墙,新錾红油记,横长一尺二寸五分,宽四寸,海漫石高红油记六尺四寸,核与旧志相符。"①——请皇上明鉴,在我们的监督之下,山东方面表现还算老实。此奏折可算是两省纠纷的写照。

黄河北徙之初,漕运依旧办理,但运河失去黄河补给,水源问题更加凸显。咸丰九年(1859年),南河河道总督庚长因南北运河来源告竭,上书奏请上谕山东迅即开坝放水。咸丰帝谕军机大臣:"据称江苏运河,以东省河水及微山湖来源,见因来源告竭,舟楫阻滞,于饷道商贩,厘捐税项,诸多窒碍。且两岸民田灌溉攸资,自应量为疏泄。新任河督黄赞汤到任需时,瑛棨暂行兼署,相距较远,著崇恩②就近督饬该管道厅,察看实在情形,斟酌办理。务使开坝之后,于江苏境内,实有裨益。而于东河蓄水设防各事宜,仍无妨碍,方为妥善。"③不想山东方面不予理睬:"兹据该抚(崇恩)奏,微山湖存水微弱,较定志尚短五尺六寸。且江境河源告竭,系十字河淤塞及长河未挑之故。若湖口开坝一泻无余,于江苏省无济,而东省必致舟楫不通,殊多妨碍等语。自系实在情形,所有湖口大坝,仍著暂缓开放。俟湖口收符定志,再行启坝宣济。"④如此互相推诿,连咸丰皇帝的话也不起作用,足见矛盾之深。

即便一省之内,不同河段之间分属不同的官员管辖,亦难以和睦相处。康熙时有人上疏有"后世不师古人,怀私自利,高筑滚水坝,蜀山之水无出路,堵塞忙生闸;南旺之水无所泄"等语,济宁道张伯行不以为然,认为"查滚水坝虽高筑而利运闸已建,蜀山湖之水未尝无出路也;忙生闸虽经堵塞而十字河已经开通,南旺之水未尝无所泄也。但堵何家石坝、王堂诸口使水涓滴不向北流,而又建利运闸以放蜀山湖水,开十字河以放南阳湖水,使水尽往

---

① 《江苏水利全书》卷一八,第19页。
② 崇恩,觉罗氏,字仰之,号香南居士。满洲正红旗人(一作正蓝旗),满清皇室。时任山东巡抚。
③ 《清文宗实录》卷二八〇"咸丰九年四月丙午"条,《清实录》第44册,北京,中华书局,1987年,第109页。
④ 《清文宗实录》卷二八六"咸丰九年六月壬戌"条,《清实录》第44册,北京,中华书局,1987年,第196~197页。

南行,此则运河厅同知之怀私自利也"①。

二、沂沭河山洪引发的矛盾

沂沭泗流域水利单元可以分为三大部分:微山湖以西简称湖西,微湖及以东至沂蒙山为泗水流域,沂蒙山以南为沂沭河流域。沂沭河发源于泰沂山脉,两河相距约20公里,从沂蒙山区并行南流,至苏北入海,因河床陡峻,源短流急,汛期集中且流量大,汇水快,中下游极易成灾,为洪水易发区,加之恰为苏鲁省界,矛盾纷繁复杂。黄河夺泗入淮以后,"沂河遂由入泗变为向西南入黄。沭河向南入淮的排水出路也日渐缩小,还不断受到黄河决口、分洪的干扰和破坏,迫使沂、沭另找排水出路,沂沭河水系发生了剧烈的变迁"②。尤其是万历二十四年(1596年),总河杨一魁改潘季驯"筑堤束水"的办法为分黄导淮,企图分黄水横穿沂沭河下游地区夺灌河口入海,这件事成为沂沭河水利史上的一大浩劫,使沂沭河下游水系遭到极大破坏,硕项湖、桑墟湖淤成平陆。万历三十二年(1604年),泇河开挖成功,一时"供舫使舟,无不由此出入"③,解决了长期困扰运道的徐吕二洪问题。然而,此举也使水系更加紊乱,"沂水、武河诸水通道被切断,改变了河流的自然流向,河水无法入黄,遂滞积成骆马湖,将周围的周、柳等小湖合成一片。沂水被迫改道汇入骆马湖,彭河、丞河、沂河等被纳入到运河水系"④。光绪年间成书的《峄县志》称:"泇河既开,运道东徙,于是并东西二支横截入漕,堤闸繁多而启闭之事殷,前障后防而川源之派乱矣。"⑤地处下游的邳州更是深为水患困扰,"泇运既开,齐鲁诸水挟以东南,营、武、泇、沂一时断截。堤堳繁多而启闭之务殷,东障西塞而川脉乱矣"⑥。

东省洪水自沂沭南下,邳州首当其冲。"邳州,古下邳也。地形最卑,南濒黄河,时受水患。西北金乡、鱼台十数邑之水,汇入微山湖,湖不能容,则又南溢而入邳。自明迄今,称泽国者二百年矣。……运河受济兖之委,西受彭河之流,而沂州郯城诸山泉,半赴骆马湖,又半散漫趋徐塘口入运。夫以

① (清)张伯行:《居济一得》卷五,《丛书集成初编》,北京,商务印书馆,1936年,第87页。
② 淮河水利委员会:《淮河水利简史》,北京,水利电力出版社,1990年,第279页。
③ (明)曹时聘《泇河善后事宜疏》,见:陈子龙:《明经世文编》卷四三二,北京,中华书局,1962年,第4723页。
④ 李德楠:《沂沭河与运河关系的历史考察——以禹王台的兴废为视角》,《中国水利水电科学研究院学报》2014年第6期。
⑤ (清)王振录:《(光绪)峄县志》卷五《山川》,《中国地方志集成·山东府县志辑9》,第82页。
⑥ 《(咸丰)邳州志》卷四《山川》,台北,成文出版社,1970年,第71页。

一线运河,而纳三面之水,伏秋异涨,势不(疑为"必")至于普溢而溃决不止也。"①靳辅对此颇感棘手,经过多番勘察,遂于康熙十九年(1680年)开宿迁皂河40里,上接泇河,建拦马河减水坝6座,泄黄河、骆马湖涨水经沭阳入六塘河,由灌河口入海。沭水则辗转向东分散入海,沂、沭水系逐渐与淮河分离,自成水系。康熙二十七年(1688年)又开挖中运河,增加了骆马湖南泄的出路。不过沂河也因下游淤塞,骆马湖水位抬高,非至盛涨不能直接入湖,邳州、宿迁一带水患并未减轻。

乾隆年间,山东方面拟"修沂河沭河子堰涵洞,筑芦口碎石坝,建坝于邳之轮车头"。乾隆认为"淮海屡祲,由山东沂郯不能容",上述做法"是以海沭为壑",命高斌②、刘统勋③前往会勘治理,调解矛盾。高、刘采取"落低东平戴村二坝,减运河之涨,则济宁董家口河入白马河济运;疏筑兰山④、郯城河道堤堰,开柳青河、墨河,建兰山江风口石工"⑤的办法,较为稳妥地保证了山东之运道顺利,一定程度减轻了淮海地区水患,但是却又产生了新的矛盾。《(咸丰)邳州志》载:芦口乱石坝"挑水七分入湖,三分出徐塘口。芦口迤下支流乱石坝一(乾隆八年筑),挑水出沙家口,二口并恣畅流,而其东派入湖之水,南至臧家口西三里筑竹络坝一,每漕艘经过,启以济运,至冬坚闭蓄水,水无所泄,则庙防、隅头左右或种不入地,其后乃筑坝于臧家口,水不内侵,而沂东骆马湖埂地蓄水遂益多,宿人苦之。盖东西之民以启闭为利害相争,繇此始也"⑥。邳州、宿迁之间又产生分歧。

同治十二年(1873年)冬,黄河大决直隶东明石庄户,漫牛头河、南阳湖,顺漕运新渠南下,马公堤、漕运新渠堤等尽冲毁。南阳、独山、昭阳、微山四湖连成一片,徐州、海州大半被淹,威胁淮扬。南河总督李宗羲呼吁:照得黄水全溜,势将南趋,为患不堪设想。两淮盐场均处下游,岌岌可危,亟须设法疏泄。又被水各州县人民,流离载道,现饬淮扬道分别遣留,并饬徐海道查勘抚恤。仍须以工代赈,籍拯灾黎。⑦

① (清)靳辅:《治河余论》,见《清经世文编》卷九八,台北,文海出版社,1966年,第3490页。
② 高斌(1683~1755),满洲镶黄旗人,字右文,号东轩。清朝政治人物,曾任吏部尚书、河道总督,为治河名臣。
③ 刘统勋(1698~1773),字延清,号尔钝,山东诸城(今山东高密)人。雍正二年(1724年)进士,历任刑部、工部、吏部尚书、内阁大学士及军机大臣等要职。在吏治、军事、治河等方面均有显著政绩。
④ 即岚山,时属沂州府日照县。
⑤ (清)孙鼎臣:《河防纪略》卷二,《中国大运河历史文献集成》第10册,国家图书馆出版社2014年版,第343页。考此事应在乾隆十三年(1748年)。
⑥ 《(咸丰)邳州志》卷四《山川》,台北,成文出版社,1970年,第80页。
⑦ 《再续行水金鉴·运河卷4》,第1169~1170页。

当时徐海、淮扬道等请求接挑旧黄河,并将顺清河口门合龙,排解洪水。李宗羲"与直隶、山东各督抚,会议奏办。此时山东是否筹堵决口,江省无从代谋。而目睹饥溺情形,不得不于无可措手之中,为补救万一之计。且灾黎遍野,待哺嗷嗷,以工代赈,一举两益。查黄水愈趋愈南,自宜先保淮扬完善之区"①。遂行兴工。

以工代赈是朝廷国库短绌时常见的赈济手段,既可救济灾黎于水火,又可兴办工程以防灾减灾,可谓一举两得。但事实上,工赈实际操作起来亦会产生矛盾,据《(民国)沭阳县志稿》载,六塘河在道光二十二年(1842 年),"黄决萧工,堤堰崩坏,卑田壅成高阜,瘠土变成沃壤。邑人耿尚义等向督察院呈请修复岗堤,并谓两河只有两堤,中间为泄水孔道,滩内海(州)、安(东)、沭(阳)土民群起抗诉,酿成奏案。谕着督抚勘查。乃于道光二十六年十二月,札委淮扬海道颜惠庆、江防同知王梦龄、淮安府知府福棨海、海州直隶州知州陈在文,都同清河县知县范传勖、桃源知县姚维诚、沭阳知县方传书、山阳知县陈兆鹍会勘讯结秉详"。几位官员会勘过后,上报督抚并转朝廷,朝廷拨款兴工,但是据《(咸丰)清河县志》载,该项修河款下拨以后,"沭阳民专欲补筑北堤,清(河)人议兼修南堤防倒灌,而中滩(同"滩")居民再以为两河四堰,旧有定制,相持久不决,卒筑两堤,间补中堰,其款归于清(河)、桃(源)、安(东)、沭(阳)四县摊征,而清、桃多至五六万,沭阳止二万,盖以行地远近,为摊征分数,其实筑堤之益,南北惟均,而沭阳尤重"②。言下之意,清河摊征较多,沭阳摊征较少,占了个大便宜。

骆马湖为沂沭洪水汇聚之所,尾闾为六塘河,一旦开坝,海沭一带必将受害。乾隆三十二年(1767 年)五月,江南河道总督李宏奏:"骆马湖尾闾各坝,因下游麦未收割,不便遽开,因将柳园头王家沟轮车头各闸坝,泄水入运。"六塘河为骆马湖尾闾,是沂沭洪水下泄入海的出路之一;另一路经芦口、徐塘口入黄运正流,清代中运河开凿以后,即由骆马湖口门分汇中运河下泄,经清口会黄淮入海。受沂沭河洪水影响,六塘河也常常受灾。

光绪三十二年(1906 年),"北六塘河决口,水灌上滩,又扁担沟横堰冲决,下滩水灾严重,冬,赣榆绅士许鼎霖募集工赈,修北河塘北堤南六塘南堤,并间断修补内堤。冬雨,六塘中滩、下滩民筹修扁担沟横堰,上滩民力阻,连年互控不休"③。

①　(清)李宗羲:《饬两淮及食岸各商贩按引筹备河工札》,见《开县李尚书政书》,台北,成文出版社,1968 年,第 447 页。李宗羲(1818~1884),号雨亭,重庆市开县汉丰镇人。
②　《江苏水利全书》卷二三,第 12 页。
③　武同举:《淮系年表全编》表一四,第 15 页,1928 年 6 月刊行。

所谓"上滩"、"下滩",为咸丰五年河徙后,高家堰以西黄河以南的湖面涸出成为"新湖滩"。清河县令吴棠①根据湖水干涸的先后情况划定区域,招引外地大户前来认领开垦,谓之"招领"。咸丰五年(1855年)最先招领的湖滩统称为"上滩"(也称高田),咸丰九年(1859年)再次招领的湖滩统称为"下滩"(也称低田)。吴棠在升任漕运总督后曾上奏:"湖滩地亩,本系黄流漫灌而成。高田则沙薄居多,低田则湖水易漫;无河渠灌输之利,无堤圩畔岸之防。春来雨泽偶迟,旱灾立见;夏秋湖水盛涨,淹漫尤多,他境虽极丰年,湖租仅得中稔。"②赣榆六塘河情况应与之类似。该案中下滩筑横堤阻水,但因距水较近,自己灌溉不受影响,而上滩灌溉则大受影响,故阻之。

三、作为矛盾焦点的微山湖

泇河开凿以后,需借微山湖水补给,而微湖因在运河以西,除了湖西坡水下注别无他源,一旦湖西降水量不足,则需引黄河水入湖出韩庄闸济运。康乾时期,靳辅于黄河"徐州北岸大谷山去处并州城对岸子房山去处连建二坝,所排之水排入微山、吕孟等湖而下,亦使沙停湖内,听清水由韩庄插归运河出骆马湖复入黄河"③,而"北岸石林口一带,自李道华家楼起至苏家山止④,计九十里,向称高阜无堤之所。四年(乾隆四年,1739年)以后,亦变而为低洼,伏秋汛发,黄水皆从此漫溢北流入微山湖,一由韩庄闸出运河,一由荆山口出运河,河不能容,两岸常被淹没,然害犹未甚也。去岁(应为乾隆七年,1742年)石林口一决,黄水北注,直坏沛县之缕水堤,逼微山昭阳湖之水不得南流,横冲运道。自夏镇以下,韩庄闸以上,微山湖与运河合而为一,旁无纤道,漕艘难行,沛县全邑汪洋,城隍几于不保,铜山河北四乡,皆成巨浸。丰县境铜沛者,亦被波及。其由荆山口入运一支,则横贯骆马湖,破六塘河,汛滥四出,邳州宿迁,半受其毒,仍复北淹金鱼滕峄之乡,东浸桃沭安海之境。害又不独徐州一郡矣"⑤。微山湖成为苏、鲁矛盾的焦点。

---

① 吴棠(1813~1876),字仲宣,安徽盱眙人,晚清封疆大吏。历任桃源县令、清河县令。咸丰十年因抗捻有功,升徐海道员,次年以江宁布政使代理漕督,同治二年实授,后任闽浙总督、四川总督等。

② (清)吴棠:《望三益斋存稿》卷二。

③ (清)靳辅:《再陈第一疏未尽事宜疏略》,见《江南通志》卷五一《河渠志·黄河三》,文渊阁四库全书本,第16页。

④ 李道华家楼在徐州城东七里,骆驼山东,土山寺西。考本句有误,《江南通志》载:徐州大坝汛自李道华家楼至邳州界计一百九十八里,自李道华家楼而下九十里无堤,自大谷山至苏家山堤长四百四十丈。

⑤ (清)庄亨阳:《河防说》,见《清经世文编》卷一〇〇,台北,文海出版社,1966年,第3554~3555页。

事实上,早在明代潘季驯治河时,即对徐州上游砀山、丰沛一带堤防颇为留意,屡次上书陈情并著书立说,告诫后来治河者:"砀山旧缕堤,原因傍堤取土,以致堤根成河,每上流刘霄等口漫溢则直灌堤河,壅激冲撞,缕堤坐此不支。今弃此堤于不用,而另帮近年所筑月堤,已为得策。又虑缕堤决则月堤亦危,且砀山居丰沛上游,砀堤乃丰沛外户,外户失守则堂奥随之,故复彷黄河顺水坝之意,于单砀接界处筑斜长大坝一道,长千余丈,使上流漫溢之水循坝径归大河,不得迫缕堤以危月堤,试有成效,宜加意此坝,冬春拨夫帮培,伏秋倍夫防守,此保全砀丰沛一带堤防关键也。"①之所以要保全砀丰沛,盖因黄水由此北决后,直接威胁运道。当时微山诸湖尚未连成一片,运道大抵相当于今湖西航道,即由鱼台、沛县境内穿境山闸于茶城(今垞城)、小浮桥入黄河,再借黄行运至清口,黄河一旦漫溢则漕运阻断。

咸丰河徙之后,苏、鲁两省官员为黄河应该南复故道还是维持北流争执多年。"然在东民,身被其灾,痛心疾首,目盼河之南徙,犹之江南之民,万口一声,日冀河之北流"②。同治年间,赵廷恺亲历济宁水灾,"河决丰北,江南地也,而害先及于山东。丰之北界,滕兖地也,丰沿堤而西界单曹地也。黄水入微山湖经郯城而东趋邳宿,郯为沂地。微湖之水,涨溢运河,金乡、鱼台、嘉祥皆被患。鱼台尤为泽国。此济宁州地"③。所言即此情形。

同治十二年(1873年)秋,河决东明县石庄户。次年三月初二,两江总督李宗羲、江苏巡抚张树声④、漕运总督恩锡⑤奏请筹堵,以免贻患江北。"为黄水挤清下注,遵旨预筹防范,并请饬下山东抚臣,力堵缺口,以顾大局,而弭隐患事。查江境运河与东境运河相接,如果黄水下注,由巨野、嘉祥、金乡、鱼台境内,迤逦而南,直达南阳、昭阳、微山等湖。湖底久已淤垫,一经普漫,仍以中运河为消路。运堤残缺五六十处,随处可以横流。无论修补甚难,即使一律培补,而欲以浅窄之运河,容泛滥之黄水,不待智者而知其立行溃决矣。水之来也,铺地而行,何处地形稍低,即向何处灌注,千罅万隙,防不胜防。加以蒙沂山水涨发之时,拍岸盈堤,本已岌岌可危,若再有黄流南

① (明)潘季驯:《河防险要》,见《河防一览》卷三,台北广文书局1969年版,第85页。

② (清)李宗羲:《沥陈黄水情形疏》,见葛士浚《皇朝经世文续编》卷九〇,台北,文海出版社,1973年,第2304页。

③ (清)赵廷恺:《复夏干园先生兖沂济赈灾》,见饶玉成《皇朝经世文编续集》,光绪八年(1882年)刊,卷四三第1页。赵廷恺,字存之,江西安福人。咸丰二年(1852年)进士,官刑部主事。有《十三翎阁诗草》《安福县志》等存世。

④ 张树声(1824~1884),字振轩,安徽合肥人,廪生出身,清末淮军将领。历任道台、按察使、布政使、巡抚、总督、通商事务大臣等职。

⑤ 恩锡(约1817~1876),字竹樵,苏完瓜尔佳氏。曾任山东沂州知府、安徽按察使、漕运总督等职。

趋,势骤力猛,更属无从措手。此黄水一入江境,毫无关拦之实在情形也。然于无可如何之中,筹救补偏之策。查运河自邳州之唐宋山起,下至清河之双金闸止,其中并无巨川大泽,可以容纳洪流。下至杨庄,其东则有旧黄河身,可以加宽挑浚,以引黄水之去路。其南则有顺清河可以设法堵闭,以为淮扬之屏蔽。至徐州境内,只有坚筑兰家山坝(应为蔺家山坝,即蔺家坝),可以保护铜山境内之一隅。其余劝谕居民,修筑民堰,自卫田庐,均属冀倖万一之举。此江北各属略可备御之大概情形也。……至【蔺】(兰)家山坝,尚在水中,亦拟即日购料兴筑。以上数事,就前情形而论,明知工费未免虚糜,而办理不宜再缓。就江北全局而论,不特徐海无可经营,即淮扬亦无把握。"①恳请朝廷降旨山东,将黄河决口堵毕。

三月初九日,同治帝下旨着山东巡抚文彬②筹办堵口。文彬当即讨价还价,回奏道:"复查东明石庄户口门难以施工,拟于赵王河等处筑堤修堰。"同治帝无奈,于三月初九日"谕令李宗羲等,于江北下游,预筹防范,择要修守"。意即文彬堵口有难度,你们江苏先做好防洪工作。李宗羲奏称防洪工作难度很大,"上年侯家林以南王老户等处,又复溃决。其分流入运者,挤清下注。江境铜、沛一带,湖田被淹。若罢堵口之议,下游更难防范。请饬山东巡抚,筹堵缺口"。内阁只好在山东方面让一步,同意文彬"如石庄户口门,实难施工,即先将王老户等处民堰缺口,竭力筹堵",又吩咐李宗羲等"所筹江北各属备御情形,即着督饬派出各员,认真办理,不可有名无实,徒托空言,原折着钞给文彬阅看"③。一边是赋税重地江苏苦苦哀求皇上着山东堵口,一面是文彬借口石庄户难以施工,同治只好退一步,让文彬筹堵王老户庄等处民堰缺口,并安慰李宗羲:你的折子我替你转交文彬。

据十三年四月乙酉上谕:"兹据文彬摺:黄流溃决情形,实由上游漫溢,东省先当其冲,江境因而受害等语。是直(隶)境与东省交界地方,应办河工,正未可缓,江北一带,自应修补运堤,使漫水得归旧河,不至横溢为患,李宗羲当酌量缓急,豫筹备御,以卫民生。按:或言江督李宗羲预防黄流灌入里运河,派员于杨庄及顺清河两处,酌做裹头,以备溜至堵闭截水入旧黄河。"④其中将鲁、苏矛盾暴露无遗,内阁叫文彬堵塞决口,文彬却向皇上诉

①　《黄运两河修防章程》,见《再续行水金鉴·运河卷4》,第1176~1178页。

②　文彬(1825~1880),字质夫,纳喇氏,内务府满洲正白旗人。咸丰二年(1852年)进士,同治十年(1872年)署山东巡抚,补漕运总督。

③　《清穆宗实录》卷三六四"同治十三年三月辛亥"条,《清实录》第51册,北京,中华书局,1987年,第812页。

④　《清穆宗实录》卷三六五"同治十三年夏四月乙酉"条,《清实录》第51册,北京,中华书局,1987年,第830页。

苦：决口地方是直隶山东交界处，堵口也不是我一家的事，而且我山东受灾已经相当严重了。至于堵口，你李宗羲也等我做好前期准备工作再说。

同日，同治下旨给李鸿章和李宗羲："兹据（文彬）奏称，黄流溃决情形，实由上游漫溢，东省先当其冲，江境因而受害等语。是直境与东省交界地方，应办河工，正未可缓。……其直东接壤处所，应如何妥筹堵御，俾得保护本境，即以捍卫下游之处？"不是我大清皇帝督促不力，实在是这次决口地处两省交界，这事我也头回遇到，倒是如何是好？"上年李鸿章曾有于直隶河务先办尾闾各工之请，现在办理情形若何？……江北一带，自应修补运堤，使漫水得归旧河，不至横溢为患。李宗羲当酌量缓急，预筹备御，以卫生民。文彬于应行防范之处，仍当细心酌度，实力布置，毋得徒托空言。原折著钞给李鸿章、李宗羲看。将此由四百里各谕令知之。"①李宗羲抱怨道："小民各计身家，亦属天理人情之正，至如臣与山东抚臣等同受国恩，同膺疆寄，必当筹天下之全局，权利害之轻重，断不敢区分辖地，以邻为壑。"我李宗羲不敢以邻为壑，至于文彬是不是祸害邻省，请皇上圣裁。"如果淮徐之故道可复，东省之水患永除，此受其害，彼得其利，尚属利害互见之事。今则东省之决口不堵，江省无措手之处，徐海淮扬之害固无穷期。即就山东一省言之，南之曹济各属，久为泽国，北之齐河利津一带，亦皆岌岌不可终日，大损于江省而毫无益于东省"②，意思是：文彬拒绝堵口，实属损人不利己。

是年八月，李宗羲、恩锡奏："据道员程国熙等禀称，七月中旬以后，黄水愈益南趋，均由石庄户、王老户等处分溜而来。微山、昭阳等湖，较去年水大三尺余寸。时逾寒露，仍属有长无消等语。又据徐州道府州县叠次禀报，民堰冲决，田畴庐舍，到处淹浸。海州、沭阳、宿迁一路，受害甚重，呼吁之声，耳不忍了。署山东抚臣文彬，四月间覆奏折内有修筑运堤之议，此亦补偏救弊之一策。然东省黄流散漫，接连南阳诸湖，浩瀚异常。其宽阔处竟有百里之遥，极窄亦三四十里。若邳、宿、桃、清之运河，宽者不过数十丈，湖口坝距杨庄旧黄河远至四百余里，以数十丈平浅之运河，受数十里奔腾之黄流，欲其顺行四百余里，绝无漫溢，虽金城千里，亦不足恃，况一线单薄之运堤乎。至由兰仪、考城下抵淮徐之旧黄河身，计程千有余里，积沙高出两堤三四丈五六丈不等。老淤坚结，遥望如山。即费千余万帑金，能否开通，殊难逆料。是故道既不可复，而欲从南阳诸湖，使之由运入海，专恃运堤以为拦截保护

<hr />

① 《清穆宗实录》卷三六五"同治十三年夏四月乙酉"条，《清实录》第 51 册，北京，中华书局，1987 年，第 830 页。

② （清）李宗羲：《沥陈黄水情形疏》，见（清）葛士浚《皇朝经世文续编》卷九〇《工政三·河防中》台北，文海出版社，1973 年，第 2305 页。

之计,窃恐必无是理。"①对山东方面堵口不力颇有微词,明确指出,文彬不急于堵口的真实目的是逼黄河南复故道,此举实属劳民伤财。

第四节　苏鲁豫皖接壤地带纠纷

黄河南流夺淮时期,徐州一带诚为治黄关键所在。究其缘由,盖因黄河在徐州以上河道宽广,及至州城脚下,受地势影响,河道急缩。据乾隆年间名臣陈世倌②奏折:"臣于乾隆八年,曾带领郎中明安图,用仪器测量徐州城外黄河,面宽一百二十五丈,今闻现在河面仅宽四十八丈,夫以数千里奔腾浩瀚之黄水,而束于四十八丈之河面,势必尽赴此无堤之处贯注微山湖,而微山湖现在淤平,即疏浚通流,亦断不能尽复全湖之宽广,则微山湖之水已无所容。又加以黄河之水,年年减下,与运河仅隔一缕之堤,又势必漫入运河。而运道坏,黄河绝运而过,山东河湖之水,不能顺流而下,必致倒流,而鱼台、金乡、济宁、曹、单、滕、峄诸州县,民田尽被淹侵,则山东之民生,亦因此受其病。诚今日所当熟筹而急为之计者。"③其所论之事,即明清时期徐州一带黄河大致情形,其上书之时,应为乾隆二十一年(1756年),短短十三年,河道由一百二十五丈骤减至四十八丈,变化如此之大,导致黄河常常在徐州一带决口。北决则经东明、菏泽、金乡、鱼台、丰、沛入微湖,南泛则经归德、萧、砀、灵、睢入洪泽湖。北决往往引起鲁、苏纠纷,南泛则引起皖、苏交恶。

清代在苏北、皖北、鲁南等地区兴建了许多工程,但这些工程以保运为首要目标。虽然这些水利工程一定程度刺激了这里的经济④,但是这个地区的水灾连年频发,经济落后是不争的事实。顺治至雍正的92年中,仅在江苏的淮北地区,中运河的河道变迁达10次,沂水河道变迁6次,睢水河道变迁2次,沭水河道变迁1次,黄河减水道变迁达6次。乾隆时代,黄河河道向北迁徙,"北溢者八,南溢者十二"⑤。

①　《黄运两河修防章程》,见《再续行水金鉴·运河卷4》,第1187页。

②　陈世倌(1680~1758),字秉之,号莲宇,浙江海宁人。清朝政治人物。时任文渊阁大学士、礼部尚书。

③　(清)陈世倌:《筹河工全局利病疏》,见《清经世文编》卷一〇〇,台北,文海出版社,1966年,第3539页。

④　Susan Naquin and Evelyn S. Rawski,Chinese Society in the Eighteenth Century, New Haven and London:Yale University Press, 1987, p.24.

⑤　武同举:《江苏淮北水道变迁史》,见《两轩賸语》,第13页。

康熙十六年(1677 年),安徽巡抚靳辅受命任总督河道并提督军务,康熙命山东、河南各巡抚悉听其节制,并允许其"便宜行事,不从中制"大权。靳辅在其幕僚杭州人陈潢的协助之下,"经营十载,算无遗策"①。靳辅治河的指导思想是:"浚淤筑堤塞决,束水攻沙,藉清敌黄"。康熙十七年(1678 年),靳辅在徐州以上萧砀一带建五座减水闸坝:"先于砀山县南岸建坝一座,以减豫东二省骤来之水,砀山坝内疏泄不及者,随于萧县南岸,又建一坝以减之……以上萧、砀、徐三州县地方所建五坝,内南岸两坝所减之水,导归睢河,从姬村、永堌等湖而下,使沙停湖内,听清水由白洋河复入黄河;北岸州城以上二坝所排之水,排入微山、吕孟等湖而下,亦使沙停湖内,听清水由韩庄闸归运河,出骆马湖复入黄河,花山一坝所减之水,引令从新大决口内而下,亦使沙停口内,听清水由猫儿窝归运河,亦出骆马湖复入黄河。"②

至民国初年武同举编写《江苏水利全书》时,总结黄河大势,盛赞靳辅开创的"引黄济清"成就,称:"靳辅建毛城铺减水大坝、王家山天然减水闸、峰山四减水闸,减黄入睢,又建归仁堤五堡减水坝……张鹏翮建归仁、安仁、利仁三闸,俱减睢黄水入洪泽湖,乾隆中,睢道渐淤,改于乌鸦岭西,由泗州谢家沟入洪泽湖,自是睢河正干全入安徽境,其余波由宿迁归仁集出安河,经桃源县入金锁镇,入泗州安河洼,归于洪泽湖,迄今形势无变。"③后世治河专家也评价:"故靳文襄泄黄之有余,以济淮之不足,化无用为有用,功莫大焉。今试泄黄水十之二,使入毛城铺归湖,以出清口计,正河减二分,清口增二分,则合处差四分。试泄十之三,使由毛城铺归湖以出清口,则合处计差六分矣。黄大则清亦大,黄小则清亦小,名为以清刷黄。"但是也指出了其危害:"自乾隆三年,毛城铺闭,水势无所分。去年,南岸天然闸暴逼下注,四倍往常,水势过猛,闸下引河狭小,不能容纳,两堰溃决。铜山之西乡、萧县之东北南三乡,胥受其害。此水流入睢溪口至睢宁,又因洪泽湖水满倒漾,不得宣泄,以致淹没。"④即一旦泄洪,铜、萧以下,大受其害,水入洪泽湖后,洪湖水涨,又导致沿湖农田受灾。

上述减坝于漕运有利,于地方则无疑加重防洪任务,于流经地区的百姓则不啻是灾难。因此,自毛城铺减坝开凿以来,反对之声即不绝于耳。靳辅无奈抱怨:"今使上流河身,其广数里,而下流河身,或为山冈郡邑所逼限,其

① 武同举:《旧黄河史略》,《江苏水利全书》卷一一《淮七》,第 20 页。

② 《靳辅疏略》,见《江苏水利全书》卷一〇,第 22 页。

③ 武同举:《江苏水利全书》卷一一《淮七》,第 33、34 页。

④ (清)庄亨阳:《河防说》,见《清经世文编》卷一〇〇,台北,文海出版社,1966 年,第 3554 页。

广也仅得其半,更或仅得其十之一二,势必滂薄奔驶,怒极而思逞,加以伏秋暴涨,非时霪雨,其不至于败坏城郭,漂荡室庐,溺人民而潲田亩者几希矣。今于黄河两岸,及运河上下高堰一带……建置闸坝涵洞,共若干座,务令随地分泄,上既有以杀之于未溢之先,下复有以消之于将溢之际,故自建闸坝以来,各堤得以保固而无冲决也。乃不知河道者,与怀怨而寻衅者,啧有烦言。"①看来,靳辅当时已经明显受到"不知河道者"、"怀怨而寻衅者"的诋毁和攻击。"不知河道者"是真不知抑或假不知焉?下面一个案例或许有所启发。

乾隆二年(1737 年)四月,漕督高斌②因毛城铺减河年久失修,河道淤塞,提出疏浚。淮扬京员夏之芳③等连名陈奏,以为不便。高斌辩称:"毛城铺减水坝,原因徐州一带两岸山势夹束,河水屡屡为患,是以前河臣靳辅于康熙十七年题明建设,减下之水,使归洪湖,以助清刷黄。六十年来,上下河道民生均受其益。现今毛城铺浚河,乃因毛城铺坝以下旧有之河身淤阻,量加挑浚,使水有所归,并非开凿毛城铺之坝也。"原来,夏之芳等在奏章中"妄行添入开毛城铺之一语",使乾隆生疑,屡次批示高斌务必再三斟酌,不可固执己见,淮扬百姓一时也因夏之芳倡议于京,"遂浮论百出而莫可止遏"。乾隆以此事关系重大,是以复降谕旨:"令总河会同该督抚,悉心筹画,不可固执己见,亦不可曲徇人言,务期于运道民生,万全无弊。"

高斌、赵宏恩经过仔细考察,专程赴京进呈河图,面奏情事:"(毛城铺)乃旧有之河,并非昔无而今始开通。况减下之水,纡回曲折六百余里,经由扬瞳等五湖为之停蓄,一入湖边,即已澄清,从无挟沙入洪湖之患,亦无洪湖不能容纳之虞,又岂如夏之芳等所言危高堰而妨淮扬之民生运道乎?"乾隆披阅河图,发现毛城铺口门外,近年以来刷深支河十余道,目前高斌已采取措施将毛城铺上游泄黄近溜支河全行堵闭,惟留郭家口支河一道,与下游倒勾水之定国寺支河一道,相机分泄,因此毛城铺所泄之水,较之从前已减去大半。高斌又设立徐州水志,规定至七尺方开。④ 乾隆认为:"岂从前多泄之水不为淮扬之害,而此后少泄之水转为淮扬之患乎? 况今高斌等议于毛城铺口门中间,筑乱石滚坝,俾无冲深夺溜之虞,则引河之水势,自不至奔湍

---

① (清)靳辅:《治河余论》,见《清经世文编》卷九八,台北,文海出版社,1966 年,第 3494 页。

② 高斌(1683~1755),满洲镶黄旗人,高佳氏,字右文,号东轩。清朝政治人物,治河名臣。历任吏部尚书、河道总督、文渊阁大学士等。乾隆二十年卒于任上,谥文定。

③ 夏之芳,生卒年不详,字荔园,号筠庄,高邮州人,雍正元年(1723 年)进士,清朝首位巡台御史。

④ 《清史稿》卷三一〇,列传九七《高斌传》,北京,中华书局,1976 年,第 10625 页。

迅疾。从来洪湖之水，蓄以济运刷黄，水少则淮弱黄强，水多则高堰可虑，数年以来，湖水微弱，黄水每致倒灌入运，今清口现议疏浚宽深，则清水畅流无阻，正虑清水畅泄，有伤全湖元气。今益以毛城铺泄下之水，则足以助清刷黄，而清水不患其弱，且高家堰一堤，圣祖世宗屡发帑金修筑坚固，足为淮扬保障。而天然一坝，又经总理事务王大臣会同九卿定议，非遇异涨，不得轻开，则淮扬州县之水患，自由此可免。"乾隆帝又令高斌、赵宏恩会同总理事务王大臣与夏之芳等进行廷议，廷议中夏氏闪烁其词，语焉不详。乾隆批评夏之芳："身未亲历其地，徒以惑于浮言，复固执偏见……其原无定见可知矣。"

不过，令乾隆帝未曾想到的是，他对夏之芳的批评会招来臣下的挑战。"忽据御史甄之璜、钟衡，抗疏陈奏。甄之璜奏称：毛城铺开河，淮扬百万之众，忧虑惶恐，因致直隶地方雨泽愆期"。好在乾隆并不糊涂，质问二人："夫淮扬与直隶相隔数千里，直隶之亢旱，与毛城铺引河何涉？而乃为此支离诞妄之语，钟衡条奏二摺皆系毫无裨益之事，将毛城铺一案牵引叙入，尤属巧诈，河防重务，必须明白指陈，尤须详细斟酌，固不可偏执己见，又岂可曲徇人言？……今甄之璜、钟衡并未亲历河工，确知河务，且非淮扬本籍，乃毅然奏请停止，明系受人指使，为先入之言，挟党营私，岂为公论？从来地方重务，每妄生议论，动有阻挠，乃明季相沿之陋习，此风断不可长。"

乾隆敏锐地注意到，毛城铺开河之争，实为淮扬籍官员为本地利益，背后指使甄、钟二人上奏，阻挠河工，于是果断将甄之璜、钟衡革职，交部严审。对于夏之芳等，"既以冒昧之识阻挠河务于前，又以巧诈之私希冀掩过于后，此并非寻常奏对不实者比，著交部严察议奏"。最后乾隆果断拍板："毛城铺断自朕见，事属应行，著照九卿原议，令总督庆复会同高斌，确估定议具奏。并将现在办理情形有利无害之处，晓谕淮扬士民知之。"此例①可见，"不知河道者"未必真的不知，其实是有地方势力作为幕后推手。

但毛城铺等减坝泄洪"引黄济清"对下游的影响也不可小觑，以致高斌于乾隆十六年上《敬陈河湖蓄泄机宜折》，认为天然闸下游"萧宿诸邑本属地形低下，山水汇潴之区，再加黄水漫放，淹没民田，愈为受害。乾隆十三、四年将天然闸口门坚堵未放，附近得免黄水汗漫之患，已有效验，应将天然闸永行堵闭，方与民有益"，更为严重的是黄河泥沙淤垫，"孟山以下，归仁堤以上，淤垫尤甚，盖因雍正二年睢宁朱家海决口，三载始塞，虹、泗、睢、宿连

① （清）刘王瑗：《（乾隆）砀山县志》卷二《河渠志》，台北，成文出版社，1974 年，第194~202 页。

界处诸湖俱饱"①。又如乾隆五十年（1785年）大旱，虹县境内有断流河身，泗州境内则有豁露沙渚，"曩沉之田，间有淤涸，佃民竞利起讼，州牧郑交泰请通加查丈，限年升科。五十一年秋大水，淤处复沉"②。

再如江苏省萧县③，三面环山，其南面则一片旷地。同治八年（1869年）冬，萧县知县顾景濂向江苏巡抚奏请勘估洪河、濉河，指出萧县下游的"泗州濒临洪湖，因道光年间黄河南岸冲决，湖心淤垫高仰，每逢汛涨屡有倒灌之虞，泗民惧开濉河，呈请乞免"，顾氏奏请"仍由江皖两省委员，会同复勘详办"。顾景濂认为："减、洪、濉三河分隶江、皖、豫三省境内，名虽别派分支，实则相为表里，一脉流通。疏浚之法，由下而上易为力，自上而下难为功，永（城）距减河之上源，宿（县）在洪河之下游，萧（县）则居永宿之间。宿议挑而永不挑，则利于下无害于上，萧亦未尝无利；宿未挑而永先挑，则利于上必害于下，萧更因之受害；况泗又居濉河下游，去路阻遏，水无所归。泗民不愿宿、灵（璧）遽挑濉河与萧民不愿永、砀（山）先挑减河同一情形也"。他认为："愚以为兴举大役原应置身利害之外而通筹全局，尤当设身利害之中。似此河道工程，攸关三省农田水利，宜先注意于濉河下游，力为其难而不必亟亟于上源求效，致有以邻为壑之嫌，俟濉水去路通畅再行溯流而上，节节施工，庶探本清源一劳永逸，百年之利赖有兹，三省之讼端胥息。"④

顾文详细叙述了永、萧、宿三县及减、洪、濉三河的关系，指出了虽为同一水利单元但行政区划分属之间的矛盾。同样，清末成书的、将安徽大政要事囊收一册以资抚皖者参考的《皖政辑要》，对此三河跨豫、苏、皖三省难以治理也颇表无奈：

> 查皖北洪河、睢河地势卑下，居豫省减水河之下游。若不随时挑浚，则上游水难宣泄，淹没田庐，毗连居民往往因此酿成大讼。光绪二十年四月，皖抚沈秉成准江督刘坤一咨，据江藩司详称：窃照豫、江两省通连水道沟渠，前会饬萧、砀二县设法疏浚。兹据萧县申称，卑县毗连豫省之减水河道并该河尾段之洪河，年久淤垫，应俟安徽洪、睢两河议挑，始可兴办上游工程。又据砀山县申称，卑县与豫省毗连之减水河道，逐段勘明，河身节节淤垫，亟应一律挑浚。因下游之洪河、睢河未能

---

① （清）贡震：《（乾隆）灵璧县志略》，《中国地方志集成·安徽府县志辑30》，第101页。
② （清）方瑞兰：《（光绪）泗虹合志》卷五《田赋》，《中国地方志集成·安徽府县志辑30》，第431页。
③ 萧县原属江苏徐州辖境，1954年12月，萧县、砀山二县划归安徽省。
④ （清）顾景濂：《续萧县志》卷五《河渠》，第179~181页。

兴挑,是以中止。现淤垫各处,一遇大雨时,行水无去路,每致纷争涉讼,大为民累。然皖省下游不挑,则上游萧、砀等处仍无由切实兴办。详祈鉴核,转详请咨明皖抚速饬凤、泗二属,赶紧勘估兴挑,以便上游会勘禀办,等因。①

曾任两江总督的张之洞也指出该处每每想要浚河兴工,下游泗州则不愿上游挑浚故道,而以洪湖未浚相推诿,"实由下游灵泗北境故道壅仰,高等平地,居民业多耕植,兼有坟墓"②,因此水利事业举步维艰。

黄河北徙后,流域水环境大变"砀山、萧、铜山、睢宁、宿迁各县挑河工程,以时兴举,萧、铜导水入睢,安徽处下游,颇有争议"③。龙河起于萧县城东,岱河起于西北,为宣泄龙岱二河山洪,该县人民亟思将该两河挖通,引水入滩,以除水患,自前清乾嘉以来,即要掘引成河,放水下行,故每次开挖,下游宿(县)灵(璧)等县必群起抵制,结果均禁止挑挖:

查宿州上与萧县毗连,萧邑龙、岱二河下注宿境宋家湾,水势浩大。幸宋家庄有天生土垄一道,隔绝二湖河之水不能南趋。从前萧民屡议开挖,经宿州下游人民极力阻挠而罢。盖宿州境内有南股、中股、北股三河,中股又名睢河,三河者皆黄河分流也。南股消永夏之水,中股消洪、减之水,北股上接王家闸十八里屯。又有西流河、北股河自艾山西分支西行八九里,由西流闸入睢,诸河汇归宿、灵、泗而入洪泽湖。其宋家庄土垄横梗于西流河之上,隔绝萧境龙、岱二河之水。自黄河北徙,宿、灵、泗河道节节淤塞,水无归宿。每逢大雨时,行睢溪、时村等集汇为巨浸,十岁九灾,不能再受萧县之水。是以,道光十年、光绪九年,该县议挖龙、岱,均经阻止。况萧开龙、岱,则永亦必开减河。今不阻萧,后复何辞以阻永?万一萧、永之水合注而东,恐宿、灵、五、泗无不水之年,亦无不水之地,下游各属受害滋大。④

灵璧县知县郭继泰禀称:该县自黄河夺泗合淮而下流之,睢、沱、浍诸河水无所容放,灵璧之地不为沼者,鲜矣!治灵者不能使水不溢,但求水易消,而开浚沟渠实为急务。查与泗州毗连之王家桥、清水桥、连山洼各口,均分泄上游之水以达泗境蒋家河。十八年九月间,连遭大雨,河水泛溢。泗民

① (清)冯煦主修,陈师礼纂:《皖政辑要》卷九七《水利》,合肥,黄山书社,2005年,第890、891页。
② (清)张之洞:《为拨款疏浚江皖豫三省河道以兴水利而除民患事(光绪二十一年十二月二十八日)》,见《再续行水金鉴·淮河卷》,第462页。
③ 武同举:《旧黄河史略》,见《江苏水利全书》卷一一《淮七》,第21页。
④ (清)冯煦主修,陈师礼纂:《皖政辑要》卷九七《水利》,合肥,黄山书社,2005年,第892、893页。

大恐,私将水口堵塞。灵民因积水不下注,群起向争,几酿大事,官莫能禁。因会同泗州文牧前往查勘,泗境内向有袁家古堰一道,以御北水,每遇坍塌,两邑补修。谕令仍照旧章,灵、泗民人各半修筑。而王家桥等处水口,亦谕令泗民循旧开通,不准再堵。计全堰一千六百六十丈,两邑公修,工已告成。又称,灵璧西关外有支河一道,开自乾隆年间,系分泄上游凤河之水,以达下游之大路沟、小路沟等处。现已淤塞,每年水涨,城南居民欲开,城北居民抗阻,无岁不竞。因亲履勘,见该处有石基一块,询诸耆民,称开河时建有石闸,以防城南之水。盖支河系为分泄凤河之水,以杀上游罗家沟水势。惟遇北水涨时来源甚旺,恐支河宣泄不及,殃及城南,故建此闸,因水势大小以为启闭。年久闸废,水遂为患。因谕民挑河后仍建此闸,以杜争端。又南北两乡之洪沟、新河、马家沟等处,岁久淤塞,为害田畴,亦谕令按田派夫挑挖深通,一律工竣。①

巡抚冯煦奏称:(光绪)三十三年,查前年皖北水灾,以宿州、灵璧、泗州、五河四州县为最重。其地介黄淮之间,北与江苏之徐州,西与河南之归德毗连,本为睢水流域。……夏秋大雨时行,上游水来极旺,顶托漫溢,十岁五灾,蠲赈兼施,糜款巨万。臣愚以为,欲淡沉灾,仍以治睢为亟。前此历任疆臣,屡有复睢之议,以邻省绅民互相争执,或谓洪湖高仰,难于容纳;或谓睢水既治,苏豫接浚,上游来源加增,为害弥烈。且因工巨款绌,未敢大举。……中股上承萧县龙、岱二湖之水,萧民屡议开河,导水南趋。南股上承永城县巴沟河之水,永人亦曾平滩筑堤,束水东下,而宿民辄思设法以御之,争端之开匪伊朝夕。其实,萧、永地势均高于宿,萧、永即不事导束,该境之水无不下注宿境,迤逦以入于洪湖。臣于上年秋后湖水极涸时,选派熟悉河工员绅前往测量,并委员复加履勘。据呈图说,计旧河底高湖面一丈四尺余,滩面又递高六七尺不等,与臣夙昔研究情形尚相吻合。现已筹定办法:上游以不治为治,下游以开通为治,中游以节宣为治。查睢河之在宿境及灵璧浍塘沟以上者,河身尚属深通,若再议加深,转失建瓴之势。宿之患水,不患萧、永之来源多,而患灵、泗之去路塞。果能下游通畅,则苏、豫之水皆得行所无事,而宿民免为壑之忧。此上游之情形也。灵璧浍塘沟新河口所以挑深二尺者,借吸溜就下之力,顺正股东趋之势也。但该处冲口之宽,视新河口且数倍,无以节之,仍恐大溜夺向南趋。拟于马厂地方筑碎石滚水坝一道,中留槽桶以通舟楫。水涨未及二尺,新河已经畅泄;涨逾二尺,水势即猛,则由坝上滚过。数道并泄,随涨随消,一切中满壅滞之患不治自除。此

①　(清)冯煦主修,陈师礼纂:《皖政辑要》卷九七《水利》,合肥,黄山书社,2005年,第890页。

中游之关键也。要而论之,皖北地势西北高而东南下,虽洪湖淤垫容量日狭,诚属将来之虑。然灵、泗境内诸水,夏秋盛涨,无不奔注于湖。任其散漫而归湖,则灵、泗为殃,而于洪湖容量并无所减。顺其轨道而归湖,则灵、泗受益,而于洪湖容量亦无所加。此又统筹上下游全局,治睢无碍洪湖之实在情形也。伏思皖北自睢道湮塞后,百年昏垫,创巨痛深,只以防邻有戒心,致屡阻复睢之议,忍辛茹苦,情实可矜。现在,洪湖容量既经测明,灵境以上不事疏浚,绅民疑虑冰释,均尚乐于从事。所需经费即于义赈余款内尽数拨用,不敷设法筹垫,务底于成。臣与督臣往复函商,意见相同。惟候届秋汛春作方兴,不及赶办。且饬勘时系霜清水涸,所考水量系据各处水痕及绅耆指述,兹事体大不厌详求。①

可惜不二年,大清即亡,冯煦所议各条并未及兴办。及至民国,纠纷依旧。

《萧县水利志》记载了民国时期萧、宿两县龙、岱河纠纷情形:民国八年,萧人又窃挖天然土垄北首一段,经下游各县交涉,由两省省长派员,会同萧县官绅在蚌埠会议,协议在导淮未实行之前,不准妄动,并将已挖者填平。民国十五年(1926年),萧人违反前议,又行偷挖,复经下游人民筑堤抵止。时孙传芳驻兵江苏,号称浙闽苏皖赣五省联军总司令,电召萧、宿两县官绅赴徐州会议,遂于十五年六月十八日,在徐州总司令部议决四条:"(一)两县即速同时停工,即萧县停止开后龙河,宿县停止在县境筑堤。(二)萧人开河如浸入宿境,应将宿境内之河工,即行填平;宿人筑堤如入萧境,应将萧境内之堤工,即行铲平。(三)萧宿两县境界,以粮串红契为凭。(四)自此次彼此停工以后,应呈请联帅,统筹全局,开浚濉河,以解纠纷。在未开浚濉河前,两方不得再有开挖河道或筑堤等事。"②在时驻徐州的五省联军第一军司令陈仪③、徐海道道尹高尔登④的见证下,两县代表当场签字,并分呈两省各官署备案。

民国十八年(1929年),萧县又欲挑挖双窨以上一段,复经交涉后由萧、宿两县县长,召集萧、宿、灵、泗等县士绅在宿县会议,结果俟秋后组织团体,切实计划,不得再事妄动。嗣后因事搁置,并未组织团体。民国二十一年三

---

① (清)冯煦主修,陈师礼纂:《皖政辑要》卷九七《水利》,合肥,黄山书社,2005年,第896页。

② 萧县水利志编辑组:《萧县水利志》(内部资料),第98页。

③ 陈仪(1883~1950),字公洽,号退素,浙江绍兴人。日本陆军大学毕业,中华民国陆军二级上将。

④ 高尔登(1885~?),字子白,浙江杭县人。早年曾留学日本陆军士官学校,为光复会、同盟会会员。归国后,曾任云南督练公所兵备处总办、云南陆军讲武堂总办。辛亥革命后曾任浙江都督府财政司司长、徐海道道尹、浙江银行总经理、广东军政府卫戍总司令部参谋长等职。1919年7月24日,授陆军中将衔。

月,"萧人又召集五六千人,强行开挖,龙、岱两河下游各县亦骤集数千人,并和筑堤,并填平河道,各不相让,势必争斗。两省政府恐酿成惨剧,一面饬令双方停工,一方请导淮委员会派员履勘濉河,作根本解决办法,遂由省政务及导淮委员会各派专员前往会勘。旋于十二月,又由两省政府及导淮委员会,共同派员组织测量队,将龙、岱及濉河精密测量,为将来浚治该河之标准,因测量经费之磋商,至二十二年九月,始行妥协,方开始实地测量。至二十三年二月,测量完毕,经时五月,耗费七千余元,苏、皖两省各出二千三百元,余由导淮委员会垫支"①。

即使是在一县之内,因水利单元不同,用水诉求各异,矛盾同样激烈。如萧县沈集通往刘庄的排水沟殃沟,"民国时期,曾因排水纠纷打死刘庄一人,长期枢而不葬,直至一九五四年才埋葬。一九五〇年又因水利纠纷,发生械斗,又打死一人,故名殃沟"②。

第五节 "奸民"与涉商矛盾

一、所谓"奸民"

古之所谓"奸民"者,乱法犯禁、不务正业之人也。《管子·五制》曰:"贤人进而奸民退。"荀悦《汉纪·武帝纪一》:"国有四民,各修其业;不由四民之业者,谓之奸民。"对于朝廷以及河臣来说,凡盗决盗挖堤防,私开私垦滩涂,堵塞河道闸坝泄洪口门者,皆为奸民。

乾隆年间,两江总督陈大文③等奏:"安东县民人李元礼等因黄水漫滩,淹没田庐,纠众盗决大堤进水……以图自便。郭林高教令决堤,僧人木堂极力怂恿,纠人助挖",经陈大文审理查明,将李元礼、郭林高二犯判发近边充军,僧人木堂量减一等问罪,拟判满徒。④ 案卷报至御前,乾隆认为:"大堤以内,均系民田庐舍,该犯等以河滩自有之田亩被淹,辄敢决堤进水,设或堵闭稍迟,水势一经流入,则堤内田庐,岂不尽被淹毁,以邻为壑,损人利己,其

---

① 萧县水利志编辑组:《萧县水利志》(内部资料),第99页。
② 萧县水利志编辑组:《萧县水利志》(内部资料),第105页。
③ 陈大文(?~1815),字简亭,号研斋,河南杞县人,原籍浙江会稽。乾隆三十七年(1772年)进士,时任两江总督。
④ 满徒:徙其人于数百里外之州县,罚作苦工一二年不等,至多以三年为限谓之满徒。见(清)李鹏年等编《六部成语》。

居心实属忮忍。况现当大汛经临,堤工吃紧之时,非寻常盗决可比。陈大文等所拟罪名尚轻。李元礼、郭林高、僧木堂三犯,着刑部另行核拟具奏,其为从之僧道学等七犯,即照所议完结。"刑部得旨,岂敢怠慢,倒霉的李元礼、郭林高被枷号两月,之后"发极边烟瘴充军"。由于该案具有典型意义,刑部因此"酌改盗决堤防罪名各条,纂入则例"①。(附件一)

道光十二年(1832年)八月,桃源民陈端,谋淤地亩,偷挖于家湾黄河南堤,掣动大溜,水入洪湖,引起湖水暴涨,尽开吴城七堡御黄坝,泄湖水入黄。七堡以下正河,日渐刷深,时称"桃南之变"。史载:"今陈端等聚众执持器械,捆缚巡兵,挖堤放水,以致决口宽大,糜帑害民,迥非寻常盗决河防可比。"②据审理该案的江苏巡抚林则徐称:当时的桃源监生陈端、陈光南、刘开成及生员陈堂等驾船携带鸟枪器械,拦截行人,捆缚巡兵,盗决桃南厅于家湾龙窝汛十三堡河堤,促使全黄入湖,滔滔下注,湖东各州县更不止如前次之被淹。③《(光绪)清河县志》记载为"泗阳奸民所为"。《淮阴风土记》记载:"先是泗阳有陈端者,一老书生耳,以田在河岸,逼于大湖,乃作奇想,以道光十二年八月聚众夜开于家湾黄河南堤,欲借河淤以美其田。讵大溜一动,不可遏止,水由龙窝直下南新集,经砂礓嘴后,沙质随流东泻,所过成深沟。"造成的严重后果是:"吴城乡图上数甲尽沦于水,古之吴城、腰铺等镇,遂不可求。"这样就加大了洪泽湖区的水患。陈端罪在不赦,"身陷刑戮,号为奸民"。

类似李元礼、陈端这样祸害乡里的"奸民"毕竟是少数,多数"奸民"所作所为往往是为生活所迫,不得已而为之,却被扣上"奸民"、"刁民"的帽子。他们或者河道筑坝。在高邮,道光年间"堤上之民方其旱,水来自上源者障之不使入河;岁大水堤下之愚民冒死以塞其管恐其害稼"④。在淮安,有"刁民遇旱年则筑坝以蓄己水,既令己田充足,并可偷卖得钱;遇水年则放水以淹邻田,抑或纠凶堵坝,不许他人宣泄"⑤;或者占垦河道。"自黄流入运,溪渐填淤。宥城、太仓二浦,奸民又盗溪为田,争尺寸之利,北溪几成平陆"⑥;或者以邻为壑。阜宁第十区任桥乡建有老虎坝以阻挡上游山阳来

① "嘉庆九年8月28日刑部档,会稽察房本部议覆两江总督陈大文等奏",台湾"中央研究院"历史语言研究所藏。
② (清)祝庆祺:《刑案汇览三编:刑案汇览》,北京,北京古籍出版社,2004年,第2253页。
③ (清)林则徐:《林则徐书简》,福州,福建人民出版社,1985年,第22页。
④ (清)杨宜仑:《(嘉庆)高邮州志》,《中国方志丛书·江苏府县志集(46)》,南京,江苏古籍出版社,1991年,第124页。
⑤ (清)李程儒:《江苏山阳收租全案》,见《清史资料(第二辑)》,北京,中华书局,1981年。
⑥ (清)张兆栋、文彬修,丁晏、何绍基纂:《(同治)重修山阳县志》卷三《水利》,台北,成文出版社,1968年,第47页。

水,这样遇大水之年,山阳的积水排泄经常发生困难,光绪十三年(1887年)适逢"秋潦",山阳大单庄一带"奸民"率众强行挖开阜宁县境大郭庄任家桥缺口。① 成书于咸丰八年(1858年)的《河防纪略》记载:明末,"洪泽湖高堰之防亦疏,闸不时闭,淮流常泻诸塘,废涝无所潴,泗州苦水居民伺间决防,以邻为壑"②。

由于河流具有天然的防御作用,因此,调节河水水量以防御"盗匪",是苏鲁一带百姓经常采用的办法。而"匪情"与朝廷调蓄水量的规定显然不会同一节奏,因此,民众放水御敌与朝廷蓄水济运之间,矛盾重重,难以调和。至于私开闸坝者是"奸民"还是"良民",亦实难分辨。

咸丰年间,捻军势炽,席卷苏、鲁,但在微山湖一带行动受限,盖因该湖水面宽广,捻军如由江南丰砀等处入山东峄滕境内,必须绕湖行走。"若湖水放干,转便贼踪。"而山东省微山湖口大坝,屡被民人聚众挖开御捻。如咸丰九年(1859年),"十二月内,该处闸'皖捻出巢北窜',先有滕、峄二县各庄民聚众二三千人,屡次各单闸圈坝拆启,并将湖口大坝挖开四丈余尺,放水入运,拍案盈堤。幸有昭阳、南阳二湖之水递达,不致虚耗。当因该坝系民人盗挖,非汛涨冲刷残塌者可比,未便责令河员修筑。经运河道节次严札峄县赔修,并经迦河同知朱懋澜亲督该县趱办。臣(东河总督黄赞汤)复札饬滕县知县林士琦、峄县知县邹崇孟查拿拆坝为首之人重惩,以儆将来"。

十二月二十六日,湖口大坝刚刚修筑完竣,正拟报请运河道派员验收,不料咸丰十年(1860年)正月十八、九日,"峄县各庄民闻'捻匪复有出巢'之信,又聚数千人扒挖微湖大坝。文武汛上前劝阻,不由分说,开枪迎击。河兵无多,何能弹压数千强悍之民。即驻扎该处之官兵,亦拦止不住,立时拆启六丈余尺,过水甚急,渐刷渐宽,将湖口两闸之板,全行鼓断",此举必然导致湖水不堪济运。为此,二月二十九日,黄赞汤奏请另立章程,将双闸下板拦蓄,以节湖潴。"因朱姬、马令、三里各单闸,被民人拆去圈坝,以遏逆氛。臣以该湖口大坝,易启难堵,势若建瓴,一经长放,立见泄干,应行严守。曾经运河道敬和筹议,请将拆去圈坝,暂缓补筑,加下严板,随时启闭。一有警报,即启各单闸之板,宣水下注峄汛运河,尽可灌溉拦御。而单闸既在上游,地势又非建瓴,湖潴可期搏节,且'贼'退即闭板拦蓄,人力易施,无须多费钱粮,极为周妥。"考虑到微山湖秋汛收水不能不筑湖口坝抬蓄,而当时正是冬

---

① 庞友兰、周龙章:《(民国)阜宁县新志》卷九《水工志》,《中国地方志集成·江苏府县志辑60》,第211页。

② (清)孙鼎臣:《河防纪略》卷一,《中国大运河历史文献集成》第10册,北京,国家图书馆出版社,2014年,第5页。

春水小源微季节,须将湖口双闸加下全板,严闭湖水。黄赞汤根据运河道的建议,"拟另立章程,饬令峄县协济板块,将湖口双闸加足满板严守。平时不准妄启一板,如遇'贼'至,则启板放水入运,以资堵御。'贼'退即加板拦蓄,以重湖潴。其峄汛八闸之水,拟将上游三里单闸,随时宣放,源源下注,并将侯迁、万年二闸,下板擎托,亦不致断流。至朱姬、马令二单闸,泄水过畅,圈坝既缓补筑,应责成滕县速备板块严闭。并据峄县知县邹崇孟禀称,韩庄至台庄计程八十余里,为东省门户。'贼匪'骤至,若非运河水旺,虽马队官兵练勇节节堵御严密,早经窜过北岸。现已遵照捐备杨木板块,麻绳牮杆,俟'逆匪'远扬即迅将湖口闸下板堵蓄等情。似此节宣有制,既顺舆情,以备御'贼',而湖潴亦可免太耗。臣仍严饬运河道及厅县汛闸,实力办理。如有不法之民,再行强启闸板,即严拿为首之人,按律惩办"。私挖官堤乃弥天大罪,何况纠众持枪对抗官军,但事关剿捻御敌,因此,如何处置实在让黄赞汤颇费思量:"臣思民人抢挖口坝,若果因'贼'至,一时情急,放水入运拦御,尚有可原。如不察虚实,擅挖官工,则不法已极,自应惩办。正在行查间,接准副都统德楞额来咨,以此次'贼'至韩庄八闸一带,意欲渡河北窜。经该处民人闻警惊惶,挖坝放水入运,尚资拦截。现在'贼'已击退南奔,请下板筑坝,以蓄湖潴等语。复查补筹湖口大坝,理应地方官赔修。但'捻匪'虽退,难保其不复至。韩庄当'贼'至之时,情迫无奈,亦不能禁庄民之不启湖坝。"①算是免了庄民擅挖官堤之罪。

还有一些时候,不同水利单元的百姓为了维护自身利益,会做出一些不择手段的事情,难免被人看作"奸民"。山阳(今淮安)、盐城二县境内有市河、十字河、小市河,"市河上通郡城文渠,十字河、小市河皆其分支,蜿蜒百里,东注于马家荡。沿河民田数千顷,旱则资其灌溉,潦则资其宣泄。自乾隆八年大挑以后,一百余年未再兴修,致河淤田废,水旱均易成灾"。同治元年(1862年),江苏士民殷自芳②等上书府县,恳请挑浚筑堰,引运河水入市河。经淮安府批准,报请漕督诣勘,于同治二年正月正式兴工。不料,开工不久却因有御史弹劾地方官勒捐,工即停止。年底,殷氏以"要工久缓,恳请兴办",再次上书。次年二月庚寅(十九日),同治帝谕议政王军机大臣:"(地方官勒捐一事)虽经漕督查明复奏,并无办理不善之处,而承办官绅,亦遂畏累迁延,淤垫日久,小民生计维艰,自应赶紧兴修。着曾国藩、吴棠、

---

① (清)林则徐:《东河奏稿》,见《再续行水金鉴·运河卷3》,第937~938页。
② 殷自芳(约1820~1920),字沚南,亦作芷兰,号霜圃,别号松竹堂氏,晚号淮南老人,晚清淮安著名的水利专家,对淮河、运河、故黄河水利研究颇为深入,有《筹运篇》等著作。

李鸿章迅速查核办理。该处曾经吴棠亲勘兴办，何以旋即停止，是否有无窒碍，并着该督抚据实奏闻。"①

有皇帝亲自催办，此工得以再次兴办，本应该很快完工，不料又生事端。"盐城士民赵含生等，遣抱告周郁文呈诉殷自芳等捏撰水利"，并借机敛财。赵氏奏称："山阳县之市河、十字等河，并不在盐城境内。一经挑筑，必致阻遏水道，盐邑全受其害。"一时令同治帝不明就里。同治三年(1864年)十二月庚辰(十三日)上谕："赵含生等所控各节，与从前殷自芳等呈控情形，彼此各执一词，均难凭信。其市河、十字等河，究竟应否挑浚之处，着曾国藩、吴棠、李鸿章相度地宜，确切查明，酌核办理。原呈所称殷自芳等并不遵旨请查，遽行敛钱兴工之处，是否确实，尤应彻底根究。并着该督抚等一并查明具奏。"曾国藩、吴棠等人经过调查认为："市河、十字等河，由山阳流入盐城，达马家荡入海。下游淤阻，则有害民田。殷自芳等禀由府县筹议挑浚，现在工程已竣，数千顷民田，籍资灌溉。"对赵含生诉殷自芳趁机敛财一事，曾国藩等人认为属无中生有，"至酌捐经费，系另举殷实董事经理，殷自芳等并无敛费情事。赵含生不明县志，控出怀疑，应无庸议"②，保证了工程的进行。从此"两岸田亩顿变上腴"，而以"殷自芳一人之力为多"③。

此案可见盐城方面为阻止上游浚河，先捏控地方官勒捐，再无中生有地指控殷自芳敛财，目的是阻止工程实施。好在殷氏行事正直，未被抓住把柄。光绪三年(1877年)，殷自芳再次提议疏浚、拓宽市河、十字河，以彻底解决淮安东乡农田排灌问题。因工程浩大，占地较多，直接触犯了部分地主利益。以丁晏、黄柏生等为首的绅士，纷纷去南京两江督署告状。经两江总督左宗棠亲自审理，认为殷自芳的建议有益农事，合乎民情。但反对的官员亦不乏其人，此事一拖几年，直到光绪八年(1882年)，左宗棠下令淮扬道桂嵩庆派淮扬镇总兵章合才派兵协助兴挑，并"委朱光照、赵溶监修，光绪九年(1883年)四月竣工"。

二、涉商矛盾

我国自明末出现资本主义萌芽，商品经济迅速发展。"虽然各区域自然

① 《清穆宗实录》卷九四"同治三年二月庚寅"条，《清实录》第47册，北京，中华书局，1987年，第75页。

② 《清穆宗实录》卷一二四"同治三年十二月庚辰"条，《清实录》第47册，北京，中华书局，1987年，第722页。

③ 周钧、段朝瑞等：《(民国)续纂山阳县志》卷三《水利》，台北，成文出版社，1968年，第17页。

条件不尽相同,发展水平、特点也有较大差异,但有一点则是共同的,即明清时期各区域之间的经济联系和商品流通都大大加强了。"①在运河沿岸,除了杭州、苏州、扬州、淮安、徐州、济宁、临清等城市,还涌现出一大批新兴小城镇,如苏州的盛泽、震泽,嘉兴的濮院、王江泾,湖州的双林、菱湖,杭州的塘栖和松江的枫泾、朱家角等。国内外市场的扩大为商人创造了更大的活动空间,商业资本比过去更加活跃。在工商业发达的城镇中聚集着大批商人,其中徽商、西商和"苏杭大贾"又分成各种商帮。这些商人主要从事粮食、丝棉织品、盐、茶、木材和典当等业,也有从事奢侈品转贩,运河是其依赖的生命线。而走运河则必须经过榷关或钞关。

漕运榷关历来是国家税收的重要来源。"宣德四年,令南京至北京沿河漷县、临清、济宁、徐州、淮安、扬州、上新河客商辏集处,设立钞关,收船料钞",清沿明旧制,"顺治二年乙酉,照前明例设立钞关"②。其中淮安关纳课范围,"东西有数百里之宽,南北几乎有千里之远,征税之大关有板闸、宿迁、庙湾口三处,征收零星小税之分口有单湾口、外河口、天妃口等处,分巡口四处,暂巡口七处,构成了致密的征课网罟"③。上述大关及分口、分巡、暂巡口基本都在流域之内。

然而,黄运水道交织错杂,支流、减河、泄洪水道四出蔓延,常有沟通贯连之处,对于常年行走运河的船家、商家而言,走正河需过闸坝运关,一来有漕兵盘查,谨防违法私带土货;二来闸坝过往船舶云集,需耗费时日盘缠;三来出入闸坝往往需人力牵挽,川资不菲,故常有奸商、走私者避开正河闸坝关卡,改走港汊,省事省钱之举。"而私贩者利其直达、以免关津盘诘往往盗决之。"④如"万历十一年间,该中河郎中陈瑛议呈漕抚尚书凌云翼,改漕河于古洪出口即今之镇口闸河也,创建内华、古洪二闸,递互启闭,淤难深入,而去黄河口仅一里,挑浚甚易,人颇便之。万历十五年秋,黄水大发,河与堤平,而棍徒段守金私受民船重贿将牛角湾私开,黄水进入淤塞"⑤。

清代里下河地区,"有自置土坝任意蓄泄,甚至奸民勾商船之商税,引私

① 许檀:《明清时期区域经济的发展——江南、华北等若干区域的比较》,《中国经济史研究》1999 年第 2 期。
② (清)杜琳:《续纂淮关统志》卷二《建置》,台北,成文出版社影印本,第 35 页。
③ 何本方:《淮安榷关简论》,《淮北煤炭师范学院学报(社会科学版)》1988 年第 2~3 期。
④ (明)潘季驯:《宸断大工录卷三·治河节解》,见《皇明经世文编》卷三七七,第 4090 页。
⑤ (明)潘季驯:《河上易惑浮言疏》,见《河防一览》卷一二,台北,广文书局,1969 年,第 388 页。

盐之公利为利窟,而频启以纵水入,是在在有决口矣。渔水绝流,射利遍下河之境,以竹箔于要路密布而插之,宿水至为之不流,环千里以内,其为渔人者,不可胜数矣,民间废田芦苇,青草丛生,其中水道因而榛塞,其流不得不缓,五州县(泰州、高邮、宝应、兴化、盐城)之中,其为废田者,不知其几千顷矣"①。淮安府周桥闸,"自康熙初年,因归仁堤屡决,有开周桥闸者,淮水大泄,而黄遂逆入清口。又挟睢湖等水,从归仁决口入洪泽,直抵高堰,冲决翟家坝,流成大涧九条,泗人利积水得泄,扬属奸民利私贩直达,互为掩覆"②。周桥、翟坝原属洪泽湖天然减水坝,坝身坚厚,低于高堰二尺,水大则漫之而过,一定程度上有助于减缓高堰泄洪压力。但开周桥闸或翟家坝有可能致下游高宝诸湖漫溢。"康熙元年间,南河工部分司吴炜擅开周桥;奸商利通私贩,往往盗决翟坝诸处,以致淮水湍下,昼夜不息,高宝诸湖尽已盈满,及桃花水涨,湖不能容,浪击风摧,漕堤大坏。"③富商大贾往往结成朋党,一旦水利事业与他们的意愿相悖时,他们便"争为蜚语,群起反对",尤以盐商及私盐贩子群体为甚,"而淮北私盐,利开桥坝以通往来,挥多金,造浮言曰:归仁之堤不毁,周家桥闸不开,翟家坝口不决"。当时商贾南自瓜州仪征,北至中原河南,往来必假道清江浦,难免被各闸稽查。若取道周桥、翟坝则可省时省费,"且白鹿、邸家诸湖之隈,原非民田也,堤决水干,人得私种。河防胥役,又设税周桥之闸,每一私开,货船敛馈千金,渔者亦奉以数十金"。更有不法奸商"每月为之料理,名曰月钱",行贿淮安关、淮安道及山阳县衙役,让其"饰为开桥保堰之说"。事实上,自明万历以后至康熙元年,周桥并未开闸,高家堰亦未尝冲决,开闸泄洪之说实属借口。"况水漫翟坝,有二十五里之宽,岂区区周桥数尺之闸一开之而遂能泄之乎? 乃其借口者又曰:漕船回南,时值水涸,可由此以放行。夫漕船自古无经此之事,只缘周桥闸开,奸民利之,衙胥利之,职司于此者尤利之。"④官商勾结之甚,可见一斑。

由于盐商财大气粗,其意见常常可以影响到一方封疆大吏。江苏兴化当里下河之下游,水患尤急。道光时,兴化知县周际华⑤提议开拦江坝以泄湖、河之水入江,遭到盐官及盐商的极力反对,认为坝开则水南下溜急,盐舟牵挽不便。周际华认为:"彼所争者,十四里牵挽之劳,以较扬州东七县田庐

---

① (清)陈应芳:《敬止集》卷一,《中国大运河历史文献集成》第15册,第129页。
② (清)杜琳:《续纂淮关统志》卷三《形胜》,台北,成文出版社影印本,第49页。
③ (清)慕天颜:《治淮黄通海口疏》,见《清经世文编》卷九九,台北,文海出版社,1966年,第3500页。
④ (清)鲁之裕:《治河淮策》,见《清经世文编》卷九七,台北,文海出版社,1966年,第3417页。
⑤ 周际华,字石藩,贵州贵筑人,嘉庆六年进士。

场灶之漂溺,蠲免赈恤之烦费,轻重何如?"然时任江苏巡抚的林则徐却"龃其议",站在了盐官和盐商一方。①

除了防洪、泄洪存在冲突,过坝、盘坝②也有纠纷。一般除运送紧要贡品的船只外,其余运粮、解送官物以及官员、军民、商贾等船只到闸,都需要等待积水至六七板后,方许开闸放船。乘坐马快船或递运站船只到此的公差、内外官员等人,如事务特别紧急,也只能由附近驿站提供骡马,通过陆路前行,不许违例开闸。如有违反,将受到严厉惩处。③ 成化二十二年(1486年)六月,政府发布"漕河禁例",规定各闸只有贡鲜船到时即开放,其余务必待积水而行。若积水未满,或虽水积满而船未过闸,或下闸未闭,均不许擅自开闸放船。若豪强胁迫擅开,走泄水源,或开闸不依帮次,争先斗殴者,由闸官将其拏送管闸以及巡河官处究问。④ 万历八年(1580年),明政府再次订立清江浦三闸启闭之法,规定了筑坝、盘坝事宜规程报请圣裁。万历皇帝降旨:"有势豪人等阻挠的即便拿了问罪,完日于该地方枷号三个月,发落干碍职官参奏处治。"至潘季驯赴任,即将此圣旨"刻石金书,竖立各闸之上",但一段时间之后,"人心少警,而行未数年,闸禁复弛"⑤。潘氏对此亦无良策。

由于流域内河流泛滥、改道、淤垫之事常有发生,围绕新涸地亩,各种势力常有角力,缙绅大户往往是其中主力。郯城县自雍正年间重修竹络石坝以后,河流归入故道,原溃决西流"冲塌堤基"处,河身渐次淤积成地。嘉庆八年(1803年),禹王台周围勘得淤地共计九顷五十九亩二分。围绕淤地的归属,乡绅王退思等建议划归一贯书院,以为养士储材之费。但管理河道的沂郯海赣通判认为除拨给禹王庙僧人四十亩外,其余应作为河工恤夫防险之资,交由河工部门收取地租,双方争执不下。⑥ 前述道光十二年"桃南之变"致于家湾决口,次年正月"始塞决口,复故道"。过了一段时间,宿迁一带被淹没的地方先后出水成为淤滩,由官方招引周边大户前来认领开垦,统称"于工滩"。今宿迁泗阳县吴集一带最先出水,称为"原丈";吴集东南吴

---

① 《清史稿》卷四七〇《循吏二》。中华书局本一三〇二八页。
② 船只过坝时,用辘轳绞拉上坝或下坝,称为车盘或盘坝。若为重船则将之卸载,利用绞盘拖空船过坝后再把货物装上,车盘一次,不但费时费力,船只和货物也多有损失。
③ 李德楠:《试论明清大运河上的行船次序》,《山东师范大学学报》2012年第3期。
④ (明)席书:《漕船志》卷六"弘治十五年"条。
⑤ (明)潘季驯:《申严镇口闸禁疏》,见《河防一览》卷九,台北,广文书局,1969年,第262页。
⑥ (清)吴楷:《(嘉庆)续修郯城县志》卷二,《中国地方志集成·山东府县志辑59》,第162页。

家大洼一带迟一些出水,称为"续涸";再向西南到砂礓河两岸(吴城镇的淮泗村和韩桥乡的兴旺村)出水更迟一些,称为"复涸"。"相传于工滩开领之时,清河(今淮阴)、桃园(今泗阳)两县为地界在砂礓嘴争吵了很久也无法确定,当时清河有三位参与者扛起三口大钟向前急奔,歇肩的地方就定为边界。争回的地方写在征册中,叫做'越占',共一百六十顷余。"①

本 章 小 结

　　明清时期治水的成绩是以前历代所不及的,这一时期成绩斐然的水利专家辈出不穷,如明朝的潘季驯、丘浚,清代的靳辅、陈潢、张鹏翮等等。明清时期(1368~1911)的543年中,治河兴修水利达5504处。② 然明代治河政略根本是为吸取"东南膏脂",因黄河、运河临近泗州明祖陵,故以防止祖陵水患为第一义,次之运道,又次之民生。清代亦以保漕为要,故让历任河臣殚精竭虑者,无非漕船是否愆期,堤防是否吃紧,河道是否浅涩,高堰是否安固。这势必与民间农业生产和人民生活产生矛盾。

　　故明清时期沂沭泗流域主要水利纠纷形式有泄洪、灌溉与农业生产之间的矛盾;民间私垦占种问题;错综复杂的官、商、民之间的矛盾,以及苏鲁豫皖交界地带的纠纷问题,这些矛盾归根到底都源于官方与民间两个体系之间的误解或协调不力。

　　在上述各类矛盾之中,在地理分布上以微山湖区、运河迦河段和里下河地区较为集中。究其原因,盖因迦河开凿以后,需借微山湖水补给,而微湖因在运河以西,除了湖西坡水下注别无他源,一旦湖西降水量不足,则需在徐州以上引黄河水入湖出韩庄闸济运;而微湖一旦蓄水过多,则大量淹没沿湖地亩,东省民众有开蔺家坝泄洪的要求。以上两端,均会对江苏构成伤害。而迦河段贯穿苏、鲁两省,水量调节由东省掌控,而漕船能否按时过黄林庄北上,责在苏省,故苏省希望河道水量充沛,而东省希望细水长流;一旦运道水量不足致漕船浅阻,东省即要求苏省分黄入湖,苏省亦责怪东省节宣无度,形成推诿扯皮。

　　里下河地区向为黄淮运湖泄洪区,随着明代以后大量人口迁入,土地开

①　葛以政:《砂礓河·赵公河》,《淮海晚报》2011年3月13日13版。
②　王日根:《明清时期苏北水灾原因初探》,《中国社会经济史研究》1994年第2期;冀朝鼎:《中国治水活动的历史发展与地理分布的统计表》,见《中国历史上基本经济区和水利事业的发展》,北京,中国社会科学出版社,1981年,第81页。

垦程度日益提高,土地资源日益紧缺,而随着洪泽湖高家堰日高一日,势若建瓴,运河淮河大堤防洪压力也日趋吃紧,无论是泄洪还是溃防,对下游都是灭顶之灾,故围绕泄洪时机及水志高下争论不休。

其他如不同行政区划之间,以及官民、官商、商民之间因利益问题或角度不同,矛盾冲突错综复杂,长期存在。

第三章　近现代沂沭泗水利纠纷解析

第一节　沂沭泗水利纠纷类型

前文已经提到：水事纠纷,亦称水利纠纷、水利争端、水事矛盾、治水纠纷、水利纷争等,系指行政区、部门和用水单位在治水、用水、排水中出现的一切矛盾纠纷事件,还包括因水域界线变化、河道变迁引起的水域边界争端。

水域边界争端一方面是由我国行政区划的特点决定的,边界纠纷是行政区划的派生物。我国行政区划总的说来是沿用历史惯例,其界线多以自然地形地物为标志,如河流、山川等。因河流山川固有的相对稳定性,所以行政区划界线也具有相当的稳定性,但这种稳定性常会因为政权变动、自然环境变化以及政府对行政区划的调整而变化。尤其是解放初期,大量的战争年代的临时性行政区划纷纷取消,同时为了适应经济建设的新形势和国家安全的战略需要,划设了一些新的行政区,行政区划变动异常频繁,时时引起纠纷或者为后来的纠纷埋下伏笔。反过来,边界争端亦会影响行政区划的变动。

另一方面,在作为区划界线标志的各种自然地形地物中,水域界线是最难界定的,界定以后也较难保持不变,因为河流时有改道、漫溢等情况发生,湖泊、水库等也会因水位不同引起淹没地带的较大差异。同时,湿地地形因本身缺乏地形参照物而易被忽略和混淆,这些都会给行政划界工作带来一系列的问题,有时甚至导致严重的地域纠纷甚至武装械斗。

因河渠水利造成边界争端的原因是多方面的,概括如下：

首先,河渠本身的模糊和不确定性。一些大江大河习惯上以中线或主航道中心线划界,但此线仅在理论上存在,实际操作中很难执行。大型湖泊或水库亦然：四下茫茫,一望无际,下面深不见底,缺乏明显的地形参照物,实难明确界线所在。

　　其次，历史遗留问题。一方面是因为自秦朝起，中国历史上的行政区划界线就是粗略的，有些地段未形成明确的边界线。另一方面则是边界地区由来已久的矛盾，如本书提到的苏鲁微山湖湖田纠纷，其历史可以上溯到一个半世纪以前，由于黄河北徙造成的微山湖水位下降，大片湖田涸出，鲁民云集西岸垦荒湖田而发端，新中国成立以后又因微山县的设置而凸显。

　　再次，由于流域环境发生变化后引起的。如河流改道，河水泛滥、水面升降等。河南温县、武陟等地，既有因黄河河道南侵，不断侵蚀南岸，并在北岸形成新滩地，引起的巩义市洛口村、沙渔沟村（南岸）与温县温泉镇滩陆庄村（北岸）之间，荥阳（南岸）与武陟县寨上村（北岸）等长时间的争种甚至武装冲突。也有因黄河汛期泥沙淤积，掩盖了地形标志物或地界，造成的争议。如武陟县溜村与原阳县盐店庄村间的滩地纠纷远自清代就已经开始。① 而微山湖因水位不同，其湖面大小区别甚大：在32.5米时上级湖面积为235平方公里，下级湖面积为585平方公里，合计820平方公里；在33.5米时，上级湖面积为566平方公里，下级湖面积为659平方公里，合计1225平方公里，而在34米时总面积则在1262平方公里左右。② 湖水的丰枯对湖区居民的生产生活影响甚大，极易引起纠纷。

　　第四，一些水利工程或者水工设施的兴建，也会改变流域环境，从而导致争议。小者如四川省新津与彭山二县长达数百年的争端，即是因架设筒车、筑堰阻水而起，其中通济堰因架设筒车而导致的水事纠纷和行政争端，次数最多，逾时最长；又如清康雍年间："自宁晋泊以上，滏水所经州县多引流种稻，沿河闸座甚多，而磁州之民欲专水利，以致下流稻田多废，争讼累岁不休。"③大者如1957年山东于微山湖中最窄处建二级坝蓄水，将湖拦腰截断，致使上级湖淹没大片沛县农田，而下级湖涸出湖田又不许沛县村民开垦，致使矛盾升级。很多水库建成蓄水后，占地补偿、压青补偿、移民问题等接踵而至，讼事不绝。

　　第五，近代以来，随着科学技术的不断进步，人类征服自然的手段趋于多样化，边界的定义已经由传统意义上的点和线变为向空中和地下延伸的面，如山林、草场和矿产资源等。目前，随着资源渐趋紧张，边界接壤地区资

① 焦东海、石岩：《对农村自然资源纠纷的调查情况》，《河南公安高等专科学校学报》1998年第4期。
② 微山县地方史志编委会：《微山县志》，济南，山东人民出版社，1997年，第54页。
③ 佚名：《畿南河渠通论》，见《清经世文编》卷一〇七，台北，文海出版社，1966年，第3785页。

源权属问题日益突出，围绕这个"面"的相关的资源的争议亦呈现出与日俱增的趋势。以山东省为例，20世纪80年代，"由省里直接参与处理的纠纷就有十二起（与邻省的四起，省内的八起），其中土地争议三起，滩涂争议五起，岛屿争议二起，湖田湖产和荒山争议各一起"①。

另外，历代政府往往会将河渠水利修治的成败与否作为官员升迁、晋级的主要依据之一，水利工程的成败又会直接影响地方赋税和百姓生活。因此各级官员多行本位主义，以本地利益为出发点，趋利避害，以邻为壑，引起周边或相邻地区不满，导致冲突争讼。在民国时期军阀割据的年代里，地方军阀甚至会因此刀兵相向。

近年来，随着社会主义法制的日益建立健全，水权问题日益引起了人们的重视，上述不少问题被纳入水权纠纷的范畴。

本流域的水利纠纷几乎包括了上述所有类型，其中尤以权属不清型（以微山湖区为代表）、蓄排矛盾型（以湖西地区为代表）及汛期冲突型（以邳苍郯新地区为代表）最为典型。

本区水利纠纷同时还具有以下特点：

一是反复性。一些纠纷历时几十年至上百年，历经清政府、民国、人民政府并由各级政府机构调处，始终未获圆满解决。表3-1中可见其中一些地点的反复性。

二是野蛮性。苏北鲁南，昔为鲁地，多年的教化使这里民风淳朴，憨厚直率。但这一带战事频繁，无论楚汉争霸、三国争雄，还是两晋的七国之乱、南北朝并立，以及隋唐以后的宋元明清，苏北鲁南多为战场，徐州更有"兵家必争之地"一说。长期的战乱使人养成了尚武的风气，故此地民风剽悍，人性刚烈，遇事较易冲动。② 且受儒家思想影响，人多重乡谊、讲义气，尤其是"崇尚刚健"、"崇尚有为"和"崇尚群体"③，使得该地一旦发生矛盾多诉诸武力。苏鲁微山湖争端仅新中国成立以后屡次械斗中，"沛县一方受伤群众就达373人，死亡16人"④，可谓惨烈。

三是普遍性。沂沭泗流域的水利纠纷不是个别的孤立事件，相反其广泛性令人惊讶，可以毫不夸张地说，流域中的每一条河流都存在着或大

---

① 山东省民政厅：《关于处理边界接壤地区资源争议的报告（1988年2月29日）》，见山东省民政厅《山东省省际边界纠纷资料汇编》（内部资料），1991年，第117页。

② 马敏卿、张艳霞：《地域文化对武术拳种产生和发展的影响——以齐鲁文化为例》，《北京体育大学学报》2006年第10期。

③ 颜谱：《齐鲁文化的基本精神内涵》，《东岳论丛》2002年第6期。

④ 沛县志地方志编纂委员：《沛县志》，北京，中华书局，1995年，第130页。

或小、或多或少的矛盾纠纷,这一点可以从前章介绍的湖西地区清晰地看出。

如果换一个视角,即以县级政区入手考察,亦可清楚地看出流域内各县与周边县区的纠纷情况。表 3－1 即为济宁地区各县之间的纠纷情况:

表 3－1　济宁地区水利纠纷表

纠纷县别	时间	地点	所属水利单元	简况	解决方式
东平、汶上	1958～1959 年	小汶河	梁济运河小汶河单元	汶上在河口建拦河束水工程	东平县取消,废小汶河
同上	1960～1962 年	小汶河	同上	汶上汶泗大队抢割本属东平南城子大队河道内的柳枝	东平县取消
同上	1975 年	东平彭集、沙河站	梁济运河小汶河单元	汶上将北泉河改道入小汶河	未解决
东平、梁山	1958～1968 年	东平湖水库	东平湖	东平水河公社老湖区部分大队与梁山大安山公社部分大队为湖田耕种问题	1968 年两县协商
汶、济、梁	1949～1953 年	马踏湖内	马踏湖	湖内土地三县插花而发生排水纠纷	济宁菏泽两专及三县协议,1979 年小汶河改道解决问题
汶、梁	1960～1984 年	东平湖湖东排渗河	梁山韩海公社在河上建桥坝各一,影响汶上、东平坡水下泻	省抗旱防汛指挥部意见仍未解决
宁阳、汶上	1956 年春	宁阳周家庄、黄茂	南北泉河上游	宁阳西述区王下区疏挖排水沟,导水入汶上泉河	1956～1963 年,省地县多次协议解决,1964 年全面治理
宁阳、兖州(原滋阳)	1957～1963 年	赵王河	赵王河	宁阳沿赵王河挖排水沟	济宁、泰安两专协议,南泉河治理后解决

续表

纠纷县别	时间	地点	所属水利单元	简况	解决方式
同上	1964 年	赵王河	赵王河	排水矛盾	省水厅、南四湖工程局会同两专县协议解决
费县、临沂	1964 年	汪沟乡山口村	柳清河	临沂义堂公社侯家窝等村在交界处挖河筑坝堵水	1973 年协议解决
同上	1970 年	同上	柳清河	汪沟公社甘圣村在村南挖新河,将汪沟水并入柳清河	1973 年协议解决
同上	1963 年	费汪沟与临茶山	交界沟	茶山区半程公社春季将界沟打坝截流改道,9 月又修建围田坝	地区水利局调解成功
单县、金乡	1959 年	边界黄堆集	蔡惠河	1958 年金乡筑起40 里边堤等阻水工程,汛期上扒下堵,鸣枪威胁	1961 年省水厅召两专县协议缓和,1967 年东鱼河开挖后消除
单县、成武			黄庄沟、翻身沟	单县黄寺公社与成武苟村公社排水纠纷	1961 年 11 月专指调解解决
同上			黄白河、郭集沟	单县谢集公社与成武孙寺公社排水纠纷	1964 年两县协议解决
单县、曹县	1959 年	曾樊庄洼	曾樊庄洼	单县高韦庄与曹县西李集排水纠纷	1959.6.29 两县协议解决
同上	1962.7	交界	涞河(二堤河)	曹县青固集与单县郭村集上扒下堵	两县协商解决
菏泽、鄄城	1956 年		王秀生沟	该沟被一干渠等截断	对开口门恢复自然流势
菏泽、鄄城	1957 年		张承寨排水沟	该沟被二支渠等截断	对开口门恢复自然流势

纠纷县别	时间	地点	所属水利单元	简况	解决方式
菏泽、鄄城	1956 年	店子河	万福河	打坝蓄水	两县协商治理
菏泽、鄄城	1954~1957 年	刘庄南干渠	洙水、万福河	南干渠停灌以后，穿过菏、定一段影响排涝	专指会同二县协商治理
菏泽、鄄城	1950~1958 年	1. 刘庄北干渠；2. 菏泽李庄集、韩楼与鄄桑堂	刘庄灌区	上挖下堵，改变自然流势	鄄、菏二县协商缓解，至1970 年开挖徐河后消除

第二节　水利纠纷与气候的关系

一、本区气候水文特征

（一）概述

本区年降水情况：沂沭泗流域多年平均降水为 830 毫米，最大年为 1090 毫米（1964 年），最小年为 562 毫米（1966 年）。多年平均年内分配，春季（3~5 月）平均为 131 毫米占 15.8%，夏季汛期（6~9 月）平均为 592 毫米占 71.3%，秋季（10~12 月）平均为 77 毫米占 9.3%，冬季平均为 30 毫米占 3.6%。

该区暴雨主要是黄淮气旋，台风南北切变。长历时降雨多数由切变线和低涡接连出现造成。台风主要是影响沂沭河及南四湖湖东区。暴雨移动方向是由西向东较多。降雨量的变化，一般是自南向北递减，沿海多于内陆，山地多于平原。年际变化较大，最大年降雨量和最小年降雨量相差达 4.5 倍（发生在沂河临沂站）。

据 1949 年后历年统计资料，流域内最大一日降雨 399.6 毫米，发生在 1958 年 6 月 29 日山东峄城。最大三日暴雨 576 毫米，发生在山东微山县 1971 年 8 月 8~10 日，相当于该县 400 年一遇。最大七日暴雨 677 毫米，发生在 1963 年 7 月 18~24 日山东蒙阴前城子站,相当于该县 300 年一遇。

全流域多年平均径流深为 232 毫米,年径流系数为 0.28。年径流分布与降水分布相似,南大北小,山区大平原小。泰沂山丘年径流深达 348 毫米,年径流系数为 0.4,南四湖湖西,年径流深 97.8 毫米,年径流系数仅 0.14。

沂沭泗流域干支流河道,由于上游沂蒙山区植被覆盖差,水土流失多,河道淤积极为严重。据沂河沂水站实测,多年平均含沙量为每立方米水中含沙 2.8 公斤,年平均输沙率为每秒 67 公斤,流域内侵蚀模数为每平方公里 926 吨。沭河莒县的多年含沙量为每立方米水中含沙 3.93 公斤,年平均输沙率为每秒 62 公斤,流域内侵蚀模数为每平方公里 1171 吨。

经过淮河水利委员会及苏、鲁两省多次调查分析推算,以 1730 年 8 月(清雍正八年六月)洪水最大,当时暴雨强度大,时间长,范围广,暴雨前期阴雨数十日。经推算,沂河临沂洪峰流量达 35000 立方米/秒,为 1703 年以来的第一位,重现期为 248~500 年一遇。沭河大官庄洪峰流量 14000~179000 立方米/秒,也是 1703 年以来的第一位。南四湖地区经历史记载考证分析,1730 年洪水最大,其次是 1703 年,1957 年洪水列第三位,重现期 92 年一遇。①

(二) 历史水灾

1949 年以前,据《淮系年表》和其他历史资料记载:汉代以前周代(公元前 1122~前 249)的 874 年间,发生水灾 8 次,平均 109 年一次;汉代 425 年间发生水灾两次,平均 212.5 年一次;魏晋、南北朝、唐及五代,平均是 12~26.5 年发生一次;黄河夺淮以后(1194~1855)的 661 年间日趋严重。元明两代(1280~1643)的 364 年发生 97 次,平均 3.8 年一次;清朝、民国(1644~1948)的 305 年发生水灾 267 次,几乎年年受灾。

1949 年以后,据苏、鲁两省有关市县 36 年(1949~1984)水灾统计,多年平均成灾面积 884 万亩,占苏鲁两省耕地面积 5440 万亩的 14.2%,成灾面积超过 1000 万亩以上的较大水灾有 1949 年、1950 年、1951 年、1953 年、1956 年、1957 年、1960 年、1962 年、1963 年、1964 年十年,大都发生在 20 世纪 50 年代、60 年代。其中以 1957 年、1963 年最大,达 2985、2726 万亩,占苏、鲁两省耕地 54.9%~50.1%,在灾情分布上,50 年代主要分布在沂沭河下游区,以 1949 年至 1951 年最重。60 年代主要分布在南四湖湖

---

① 水利部淮委沂沭泗管理局:《沂沭泗河道志(送审搞)》,1991 年,第 26~30 页。

西及邳苍地区,1963 年沂沭河上下游水灾并重。1957 年重点在邳苍及南四湖地区。1974 年仅沭河地区受灾较重。

受汛期暴雨影响,流域水灾几乎年年发生,但新中国成立后大量水利工程的修建产生了明显效益。与 20 世纪五六十年代平均水灾成灾面积为 1026/950 万亩相比,七八十年代平均降为 408/376 万亩。如 1971 年、1974 年汛期雨量为 839/706 毫米,比 1953 年、1958 年汛期雨量 569/708 毫米大 20%以上,但成灾面积 1971/1974 年分别为 674/974 万亩,比 1953/1956 年的 1221/1371 万亩分别减少 21%和 49%。

民国时期(1912~1948)流域内较大水灾有 11 次,以 1912 年、1914 年、1935 年、1937 年、1939 年、1947 年的 6 次为害较甚。1935 年,黄河在山东鄄城董庄决口,受灾面积 12200 平方公里,苏、鲁两省 27 县受灾,受灾人口 341 万,财产损失 1.95 亿元。其中山东受灾损失达 1.5 亿元。1912 年、1914 年洪水分布在潍河、沂沭河。据山东省调查洪痕,推算临沂沂河洪水洪峰流量:1912 年为 18900 立方米/秒,1914 年为 17800 立方米/秒。这两年洪水仅次于 1730 年,居第二、第三位。

1949 年以后的特大洪水有 1957 年和 1974 年两次。1957 年 7 月 6~20 日,15 天内大于 400 毫米的雨区达 7390 平方公里,暴雨集中,量大面广,最大点雨量达 817 毫米,沂河临沂实测洪峰流量 15400 立方米/秒。沭河大官庄实测 4910 立方米/秒。沂沭河及各支流漫溢决口 7350 处,受灾 605 万亩,伤亡 742 人,倒房 19 万间。南四湖 30 天洪量达 114 亿立方米,相当于 90 年一遇洪水,受灾面积 1850 万亩,倒房 230 万间。

1974 年的洪水发生在沂沭河。暴雨中心在石埠子水文站,日雨量 466.2 毫米,沭河受灾严重。在 8 月 11~14 日流域平均雨量 241 毫米。大官庄实测最大洪峰流量 4230 立方米/秒,经过治淮委员会水文计算,如没有上游水库拦蓄及上游决口 68 处的情况下,大官庄洪峰流量将为 11100 立方米/秒,相当于沭河流域百年一遇洪水。这次洪水,全地区受害 499 万亩,其中绝产 98 万亩,倒塌房间 21.4 万间,死 92 人,伤 4705 人。

(三)历史旱灾

谚语有云:"水灾一条线,旱灾一大片。"全流域旱灾严重程度不次于水灾。由于旱灾历史资料较少,仅能反映部分受灾情况,据 1957 年编制的沂沭泗流域规划统计:周代 874 年间共发生七次,平均 122 年一次;秦、汉、魏、晋、南北朝资料缺无;隋、唐(589~906)的 318 年发生旱灾 6 次,平均每 53 年一次;宋、元两代(960~1367)的 408 年中,发生旱灾 17 次,平均 24 年一次；明、清至民国（1368～1948）的 580 年中，发生旱灾 86 次，平均 6.7 年发生一次。其中特大干旱两次：1640 年、1785 年。

据苏、鲁两省各市县新中国成立后 36 年（1949～1984）的旱灾统计，多年平均成灾面积 577 万亩，占两省耕地面积的 10.6%。成灾面积超过 1000 万亩的年份有 1959 年、1962 年、1966 年、1977 年、1978 年、1983 年六个大旱年，平均 6 年发生一次，其中 1966 年、1977 年分别达到 1485 及 1502 万亩，各占耕地 27.3% 及 27.6%。

旱灾出现主要是因为年雨量分布不均，春季（3～5 月）降雨小于 130 毫米，均出现不同程度的旱灾。1953 年、1957 年春季少雨出现大旱，接着汛期多雨，又出现洪涝，洪、涝、旱在一年内发生。20 世纪 70 年代、80 年代年平均旱灾面积 616 万亩及 675 万亩，比 50 年代，年平均的 401 万亩多 53.6%～68.3%。尤其是 1959 年、1960 年、1961 年连续三年皆春旱少雨，其中 1959 年旱灾最重，1961 年次之。接着 1966 年、1967 年、1968 年又连续三年春旱成灾，其中 1967 年最重，受灾面积达 1502 万亩，1968 年次之，达 1067 万亩。80 年代的 1981 年、1983 年又连续干旱，灾情均比较严重，但由于灌溉工程发挥了作用，受灾面积不大，粮食没有明显减产。①

二、水利纠纷年内分布分析

研究表明，本区水利纠纷与降雨量及与之紧密关联的湖泊、水库蓄水量有着密切关系。

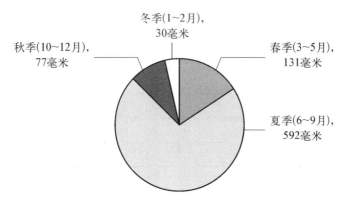

图 3-1　流域年降水量季节分布表

由图 3-1 可见，流域年内降雨分布极不均，夏季 6～9 月的汛期 4 个月降雨占全年的 83%，其余 8 个月仅占 17%，且降雨多为黄淮气旋、台风及南

① 水利部淮委沂沭泗管理局：《沂沭泗河道志》，北京，中国水利水电出版社，1996 年，第 30～34 页。

北切变带来的暴雨。据1949年后的数据,流域内最大一日降雨为399.6 mm(山东峄城,1958年6月29日);最大三日暴雨为575.8 mm(山东微山县,1971年8月8~10日);最大七日暴雨676.8 mm(山东蒙阴前城子站,1961年7月18~24日)。①

资料显示,微山湖地区的水利纠纷多发生在9~11月,原因是该时段正是收采湖产尤其是湖苇的季节(见图3-2);而邳苍郯新地区的纠纷则集中在3~4月和6~9月,因为此时正是汛期,3~4月为桃汛,6~9月为夏季洪水高发期(见图3-3)。

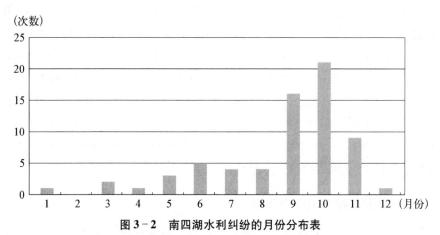

(次数)

图3-2 南四湖水利纠纷的月份分布表

资料来源:沛县湖田办藏档案。

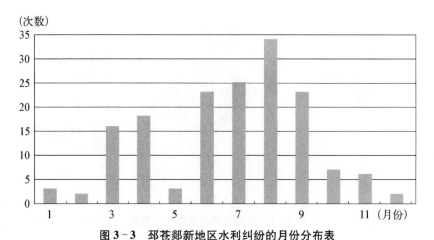

(次数)

图3-3 邳苍郯新地区水利纠纷的月份分布表

资料来源:徐州市档案馆藏1953~1954年相关档案。

---

① 水利部淮委沂沭泗管理局:《沂沭泗防汛资料汇编》(内部资料),1992年,第22页。

此外,笔者注意到微山湖的蓄水量多少即水位高低与湖区湖田湖产纠纷关系密切,尤其在下级湖表现更为明显,盖因微山湖水位变化引起的纠纷次数的变化,即水位越低,纠纷越多越激烈,其中缘由自然是因为水位低时涸出的湖田数量多、面积大且便于收割的缘故(详见图3-4):

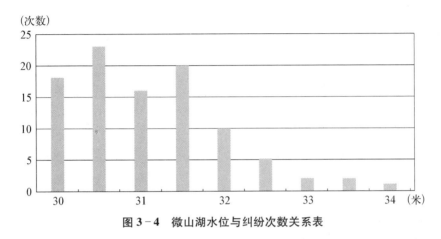

图3-4　微山湖水位与纠纷次数关系表

水利纠纷的总发生量和降雨量存在正相关关系,这是毋庸置疑的,但是从沂沭泗流域三种不同类型的地区来看,又各有不同,从现有的档案资料的统计结果来看,沂沭区这种正相关性表现得极为明显,湖西区次之,而微山湖区却存在某种程度的反比关系。

而在水灾情形下,湖西区、邳苍郯新区与降雨量、洪水烈度呈正比关系,微山湖区则恰恰相反;而旱灾情形下,微湖地区的纠纷频度与旱灾强度的正比关系比较明显,湖西区次之,邳苍郯新区则基本不会发生纠纷。

第三节　水利纠纷的其他影响因子

一、苏北鲁南剽悍的民风

中国古史中,春秋以前的苏北鲁南广大地区一直被认为是蛮夷之地,教化未开,史称"东夷"。鲁南东部的山区,远离商、周王朝的统治中心,夷人常以此为依托,抗击商王朝或周王朝的军事镇压,许多战争就发生在这里,这一带的夷人又被称作"东南夷"、"兰夷"、"徐戎"。公元前1000年前后,代表东夷文化势力的徐国开始兴盛,到徐偃王时期,割地而朝者36国。徐国的壮大和东夷文化的复兴引起周王朝的恐惧,公元前963年,周穆王命楚国举兵讨伐。徐偃王生性仁义,不忍让百姓遭受战争之苦,便弃国而走。春秋时期为鲁、莒、郯、薛、钟吾等国所有,战国时期为吴楚先后占领。

该地"地近邹鲁","士专弦诵,民务耕锄"、"人情朴厚,俗有儒学",人称礼仪之邦,历代倍受人们推崇。然鲁南地近邹鲁,却风近吴楚,民风"轻剽任气类楚",这是连旧时老学究们也不得不承认的一个事实。康熙《邹县志》称:"(邹县)四境之人,东近沂泗多拙实,南近滕鱼多豪侠,西近济多浮华,北近滋曲多俭啬。"①言外之意即滕鱼之民豪侠任气。而农闲时期,百姓往往会集合一处,刀枪剑戟随意耍弄,颇有刘、项之风。尤其是徐州所属各县,民俗民风大同小异,砀山人"好勇尚义",丰县百姓"好刚尚气",沛县人"以勇宕为俗",邳州"风气刚劲",睢宁男子"好勇乐斗,奋不顾身"②。

在当地人的观念中,仁而好礼是首要之义。礼的本质是强调社会人与人之间的差异,不管是贵族还是平民,长者还是幼童,每个人都要遵守社会为不同层面的人制定的道德规范。但在更广泛的社会范畴里,人与人之间乃是和谐统一、万众一体的关系,要像天地万物自然运行一样,以天心为己心,以天德为己德,努力做到君臣上下莫不和敬,同族老小莫不和顺,父子兄弟莫不和亲。故苏北鲁南人重乡谊,性慷慨,崇文尚武。自幼爱习武弄棒,拜把子称仁兄仁弟,有事一起上,打架一起打,以"讲义气"、"真汉子"为评价标准。

鲁南山区,背靠沂蒙山区腹地,是封建专制统治比较薄弱的地方,加之穷山恶水,生存环境恶劣。每遇天灾人祸,或官府横征暴敛,山民们常常揭竿而起,铤而走险。农民起义常以官府的血腥镇压而告终。《峄县志》称:"邑治之北,山谷阻深,枭孽卵育所。从来久远,其根株非一时所能痛断也。于是谓峄为多盗之区,而峄之人亦以自言。"近代,太平军挥师北伐,鲁南民众闻风而动,攻城破寨,令统治者惶惶不可终日。《峄县志》记载:"是时,贼迹遍地,壁垒相望。知县提空名居城中,号令不能出署。"

历史上,苏北亦是长期社会动荡、政事不修、灾害严重、经济凋敝之区。特别是水旱灾害与战事的连绵不绝,使人们对人生意义产生怀疑和否定,进而发展成对原有道德规范的漠视和破坏,产生否定自身生命和他人生命的变态心理,极易使他们铤而走险。当地几乎每一次重大灾害期间都有大量的家庭内的自杀和他杀现象。

---

① 景泉、高潮:《鲁南民俗地理区成因试探》,《枣庄师专学报》2000 年第 3 期。
② 阎建宁:《试论匪患战乱与农民离村的关系——以民国时期的苏北为例》,《重庆工学院学报(社科版)》2009 年第 9 期。

即便民国时期,该地人口素质仍无根本改善,文盲数量巨大。据 1937 年统计,江苏全省总文盲率为 70.51%,以苏南之嘉定 44.98% 为最低,苏北之赣榆 95.24% 为最高。苏北的文盲率普遍高于苏南,其中赣榆、泗阳、萧县、涟水、沛县、砀山、东海 7 县都在 90% 以上。涟水全县的文盲率是 90.16%,而绝大多数文盲都在农村。另外,苏北民人"虔事鬼神、崇信邪教"。时人评价道:"江北风气闭塞,文化落后,因教育之未能普及,多为神权所支配,迷信心理,牢不可破。加以历年来时局不靖,祸变频仍,人民思想,悉呈病态。含有野心者,多利用神道号召,为个人潜植势力、意图敛财。遂发生种种离奇荒诞之邪教,愚民无知,相率加入。"①

二、土地开发与水利纠纷

我们可以从湖堤(边)的形成与湖田的关系来分析湖田的形成,同时以此过程演变与湖区人口增加进行一个对比。

1958 年新湖堰(今微山湖大堤)筑成以前,湖西沿湖有四道湖堤,即大边、小边、二道边、三道边,是百多年来随着湖面、湖田演变,群众争种湖田,筑堤为界及与水争地,筑堤围田的过程逐步形成的。

大边的位置大体上是现在的苏北堤河。咸丰五年(1855 年),山东郓城等县遭黄水泛滥,外逃的难民流落于此,相聚为团。原来祖居于这里的农民回乡后,见自己被黄水淹没已涸出的土地为"客民"所占据,便与团民争夺,不断发生械斗。据记载当时死伤千人之多。"团民"为了据守,挖沟筑堤,称为"大边"。后经两江总督曾国藩处理,将刁团、南王团逐回原籍,其余各团留下。沿湖农民与团民之争始得告终。从此"大边"的名称沿袭下来,至今仍有边里边外之称。

小边亦称头道官边,大体沿今新湖堰,系民国二十四年(1935 年)黄河董庄李圩渡决口时,"铜山行督察专员邵汉元命筑建大堤防水,长堤自丰县北境起,循沛县北境经龙固集向东南,沿微山湖西岸至张谷山止,共长 160 里。铜山县境内由县长王公玙监工,征集民夫,历时两月完成,号称苏北大堤"②。1954 年淮委实测的 1954 年地形图还清楚地描绘了这道边的走向,称"头道边"。

二道边又称"二道官边",位于现微山湖大堤以东约 1000 米处,沿 32.5

---

① 李巨澜:《略论近代以来苏北地方社会的全面衰败》,《淮阴师范学院学报(哲学社会科学版)》2006 年第 2 期。

② 徐州市水利局:《徐州水利志》,徐州,中国矿业大学出版社,2004 年,第 562 页。

米高程上下,是 1917 年沿湖群众与徐州公益垦务公司发生湖田争端以后形成的。这次争端发生于民国四年(1915 年),时有徐州公益垦务公司程世清从财政部买回沛、铜两县湖田 2870 余顷,准备卖予当地群众。此举遭到原沿湖耕种户的坚决反对,当时沛、铜两县群众对于公司备价承领,极端反对,公推代表刘克诗等赴省呈诉。官司打了两年多,其间纠纷不断发生。至民国六年(1917 年),经两县绅士从中调停,该公司始愿将报领各项田地完全退让,议定偿还公司已交地价洋二十六万元,所有财政部填发执照,一概交与沛、铜人民收支管业,并订立偿款让地合同,呈省长公署核准备案,其事始告一段落。后因水利问题乃于原案报领之两千八百七十余顷中,划出一千顷,作为兴修水利之用。实际上仅准报领湖田一千八百七十余顷。沛、铜人民忍痛履行,备款承领,经省财政厅派员会同县办理升科事宜,发给执照,纠纷方告结束。①

二道边堤东为国有湖田,堤西是私有土地,也有的地方称"小高头"。约在 20 世纪 20 年代,沿湖群众为了挡水,提高保收程度,在 31.5 米高程上下又筑了一道小埝,称之为"三道边",位置在湖内王楼、甄王庄以东。王楼村原来有个人叫姜奉先,他的湖地都在村东,故有"水到三道边,淹了姜奉先"之说。四道边中除"小边"是与防洪有关外,其余三条边大致反映了湖田的开发过程。

1958 年以后,随着人口的进一步增加,对湖田的开垦已经不能满足需要,于是一些农民开始垦殖湖堤,引起新的纠纷,而且湖堤的开垦对防洪有极大的危害。当地一些干部忧心忡忡,在一封给省委领导的人民来信中,沛县一位干部写道:

> (新湖堰)从沛县西北部姚楼河到沛县东南的戴海计长一百三十里路,从茶城到戴海又三十里路长,总计一百六十里路长。就拿今年(1964 年)的水位来说,假使大堤开了,高地方也能淹十里路宽,低洼之地淹的更宽。如果水置(势)少(稍)大,就能淹全沛县。由此可见新湖堰的重要性。每宽长(各)一里路(土地面积)是五顷四十亩,宽十里长一里是五十四顷,长一百六十里宽十里合计七千零二十顷(每顷折 100 亩),其面积巨大惊人。现在山东省南部居民,住在新湖堰大堤以南的张楼等村,任意破坏大堤,【任意破和】(衍文)种植作物,【经过】(衍文)耕、挖、种、往下松土。经沛县县政府再三去函治(制)止,(鲁民)仍

---

① 江苏省沛县地方志编纂委员会:《沛县志》,北京,中华书局,1995 年,第 130 页。

然挖种,请政府对此破坏大堤问题,应向山东省政府(转达并)通知微山县欢城公社所有住在苏北大堤(新湖堰)南部的几个村:张楼、东陶官屯、东丁官屯、水圩子,以后严禁在苏北大堤上种置(植)作物,以免几年后(则)新湖堰完全失去作用,则苏北沿湖的居民年年要受水灾,对国家、对苏北人民的损失。①

可见当时对湖堤的开垦是掠夺性的,一定程度反映了土地供求关系的紧张。

三、集体无意识和对事件的期待——民众心理因素

在对本区水利纠纷的研究分析之后,笔者惊奇地发现,纠纷地域的民众往往不是力图避免激烈的冲突,反而较多地希望冲突尽快、更大地爆发,或许是出于对乡族荣誉的捍卫,或许是对出人头地的向往。须知,在传统社会里,民间为争水作出牺牲的人往往受乡人尊重。至今流传在晋水流域的一个故事很能说明问题:相传数百年以前,晋水南北两河因争水屡起纠纷,甚至每每械斗,以至酿成人命事故。有一年清明时节,双方又起争端,并且抬着棺材要拼个你死我活。后来县官出面调停,在难老泉边置一大油锅,底下燃起柴火,待油锅沸腾后投入铜钱十枚,代表十股泉水,双方同时派人捞取,捞取几枚铜钱便可得到几股泉水,以此定例,永息争端。参加争水的两河民众面面相觑。此时,北河人群中闪出一位青年,跃入沸腾的油锅捞出 7 枚铜钱后壮烈牺牲。于是县官判定北河得晋水 7/10 水量。难老泉前面石塘中石堤和人字堰就是这样建立起来的。据说,北河人群中跃入油锅捞铜钱者为花塔村人,因年久失名,乡人呼为张郎,现"金沙滩"中高两米多的分水石塔,就是后人为纪念张郎而建的"张郎塔"。故事显然附会甚多,但无中生有的争水英雄张郎成为花塔村张姓渠长世袭不更的依据。② 笔者以为事件中的"张郎"并不一定是跳油锅而死,但他为争水而死是确定无疑的。

张郎受到后人尊敬是因为在西部缺水地区,水是最主要的生产生活资源。那么,在东部地区情况是否如此呢?

实地调查中笔者发现一份有关丰、砀纠纷中丰县宋楼乡的报告:

---

① 《沛县人委邵伯明呈中共江苏省委办公厅信:关于新湖堰大堤现在破坏情况及今后如何防止的建议》,江苏省档案馆《苏鲁皖三省关于太行堤河、苏北大堤等边界水利问题的来往文书》,档案号 1216。

② 行龙:《晋水流域 36 村水利祭祀系统个案研究》,《史林》2005 年第 4 期。

　　我区新新社,系 3600 多户的社,土地 60000 多亩,于 1955 年与砀山县高寨乡新华社闹水利纠纷,至今数次协商未获得解决。闹纠纷的起初因他社没通过下游(即新新社)便开挖了四条沟,造成新新社涝灾达 30000 多亩,从去年新新社和砀山新华社社员因放水几乎打起架来,当时被制止。目前情况发展又极为严重,砀山新华社社员反映说:"咱社一定不能让丰县挡水占主动,赶快开挖沟,绝对不能当孬,不中就拼一下。"新新社社员反映说:"咱赶未下雨快挖拦水沟吧,或者再打坝子,不然水过来咱就吃亏了。"群众酝酿打坝挡水,现在在教育,据少数干部及群众说:"如下雨时说什么也得打坝子,不行就打一场。"……我们虽然教育制止,但是砀山新华社社员劲头更大,我们研究如下雨的话,有可能闹起水利纠纷,造成不良后果。……如新华社说:新新社如果挡水,咱出 6000 人去扒。新新社说:咱出一万人去打。[1]

　　信中多次提到群众的情绪,其中有几句值得注意,如"不能当孬""不中就拼一下""不行就打一场"等。"当孬"即做"孬种"的意思,在当地这是非常受鄙视的一种角色,人们宁愿在械斗中拼个你死我活,也不愿被叫做"孬种"。这时候就极易产生"集体无意识"现象。

　　所谓集体无意识,是分析心理学创始人、瑞士心理学家荣格在 1922 年《论分析心理学与诗的关系》一文中提出的分析心理学用语。指由遗传保留的无数同类型经验在心理最深层积淀的人类普遍性精神。荣格认为人的无意识有个体的和非个体(或超个体)的两个层面。前者只到达婴儿最早记忆的程度,是由冲动、愿望、模糊的知觉以及经验组成的无意识;后者则包括婴儿实际开始以前的全部时间,即包括祖先生命的残留,它的内容能在一切人的心中找到,带有普遍性,故称"集体无意识",其内容是原始的,包括本能和原型。它只是一种可能,以一种不明确的记忆形式积淀在人的大脑组织结构之中,在一定条件下能被唤醒、激活。[2] "集体无意识"是人类的一个思维定式。一件事情明明有违道德甚至是违法犯罪,一个人可能不会去做,但是如果一群人中有人已经做了,并且在没有产生相应后果的时候,就会使人们产生非理性的思维,于是我的无意识、他的无意识,以及众人的无意识汇聚成流,造成了使"不正常"现象成为"正常"的"集体无意识"。其表现有许多

---

[1] 《丰县宋楼乡委员会 1957 年 7 月 3 日报告》,《徐州专署水利局关于 1957 年苏鲁边界水利纠纷问题来往文书》,徐州市档案馆藏,全宗号 C21-2-153。

[2] 霍尔(Hall,C.S.)、诺德贝(Nordby,V.J.)著,冯川译:《容格心理学》,上海,上海三联书店,1987 年。

种,有对罪恶的集体失语,有对不良现象的集体麻木,有对违法事件的集体参与。比较典型的如聚众哄抢财物、球迷闹事等等。

在水利纠纷的械斗案例中,处处可以看到这种集体无意识的宣泄。在睢宁县人民法院的一份审讯笔录①中有这样的记载(其中涉及的真实姓名已作处理):

> 问:你们一共去了多少人,带的什么东西?
>
> 答:去有七八十口人,东村有六七十口,中村只十个人,带的是铁锨、抓钩子。
>
> 问:你们为什么去这些人(土语:这么多)呢?怎样邀集的?
>
> 答:我们那地方防汛排涝分出前后方,前方搞淮水系,后方搞地方上,群众都被编排组织好了,我是一个联防的负责人,共负责督促十户。在本月古历十四日,天下大雨,村里谢×田(村长)接乡里通知精神叫准备好排涝。村长先叫我催民工,别未说什么。吃过饭,村长又去找我说,咋还不去的?社长带人上东边去,水好放了,我便去催人。迎到谢×禄(中村村长,是治淮小队长),我问×禄,扒堤乡里可知道?他讲指导员在学校说有人不放,等无人时进行偷放的。我以后就邀谢×礼、谢×纯、谢×荣哑巴,又邀到别组的谢×立等人一起去。……我们这边到时,东边(指睢宁方面)未有到人。已经扒开了,东边人才到。……双方发生争执,在起(开始)使泥呼(用泥巴掷)的……社长领人打的,他也用泥呼的,他也领着人打的、扒的,去的这些人都是村长叫去的。

在纠纷发展为械斗的过程中,传统社会的一些陋习也会影响参与者,尤以"法不责众"观念为甚,多数械斗参与者即抱此指导思想"上阵",这也是集体无意识的一种主要表现。

四、地方干部的本位主义

在新中国成立后的水利纠纷中,地方乡村基层干部的角色值得关注。在多数纠纷激化的过程中,乡镇干部都起到推波助澜的作用。如前述丰、金

---

① 睢宁县人民法院《审讯笔录》。该笔录是作为《灵璧县九顶区、睢宁县岚山区水利问题协议合同书》的附件保存的。在睢灵本次纠纷中,灵璧九顶区土山村"违反协议,唆使土山村东门外群众崔某、杨某、尹某等三人放火",将睢宁县看堤的房子烧掉。被审讯人谢×祥,为九顶区耀山乡土东村村民,在率人扒堤时被睢宁方面捕获。该协议及笔录现存徐州市档案馆,全宗号 C-21-2-55。

太行堤河纠纷,经 1959 年 3 月 13 日在谷亭协商,业已签订了协议,但是在具体执行中却发生丰县群众烧毁金乡惠河工地工棚,砸毁工具,打伤民工的事件,背后据查都有乡社干部的指使。因此,笔者试对农村基层干部的角色问题作一分析。

在解放初,村干部多在村民中产生(目前依旧是这种情况),这些村干部和村民有着千丝万缕的联系,村民的利益不得不在其考虑范围之内,而限于其本身的知识文化水平,其政治觉悟、执政水平不高,较多地看重眼前和本区利益。前述睢灵纠纷中的审讯记录中,东村村长谢×田,中村村长、治淮小队长谢×禄等的所作所为即是明证,他们在群众中的示范作用有时是负面的。上案中被审讯人还供述道,九顶区耀山乡指导员"在发生事情前十天,指导员还在村办公室里说关于东边闸河埝问题,而经苏北和我们县里协商保持原状的(意即过去有协议保持原状),今年他听到人讲睢宁复堤,他意见说:能添就能扒(意即睢宁既然加高堤埝,我方即可扒堤),将来要有水,有人不去扒,没有人时偷扒开"。又

> 问:社长他领导全村吗? 事先怎样计议的?
>
> 答:他领人在那先弄,而村长催人后去,事先未计议什么,就在睢宁扒埝时说(睢宁)违反了合同。(前日)我与村长和代表谢×书、谢×禄、谢×华,学校教员王×芝、鲍×、杨×泽、赵×,还有社员及群众等人去制止打埝,那天回来走路计议要扒的,以后未计议过。

从这段话中也可看出,该扒埝械斗事件事先虽未加详细"计议",但乡、村干部对于扒埝的意见是一致的。从前面所言"村里谢×田(村长)接乡里通知精神叫准备好排涝,村长先叫我催民工,别未说什么。吃过饭村长又去找我说,咋还不去的?"等语可看出该事是当天因下雨的临时决定,但组织是有序的:乡通知村长,村长即通知各"联防负责人",其中即有该供述人谢×祥,再由联防负责人通知其联系的十户出人"上阵"。

其实,村社基层干部在纠纷中的角色很是尴尬,本村本土的利益不得不顾,仕途上基本升迁无望,政绩对他们而言没有多大意义,"当村长种地吃饭,不当村长吃饭种地"①。他们明显有别于县乡干部,县乡干部多由上级任命,有政绩的任务和升迁要求,因此,在纠纷和械斗中他们往往是组织者和参与者。

---

① 调查中采访的沛县一原村长语。

对此,各级政府组织及流域管理机构并非没有认识。《江苏省水利厅关于妥善处理水利纠纷问题的报告》指出:"部分干部存在本位主义思想,缺乏从整体出发的互助互让精神。本位主义思想的主要表现是：在兴办工程、制定规划时不征求有关地区的意见,如上游不考虑下游河道的吞吐能力,下游亦不主动了解上游规划的情况,互不通气,互相怀疑。"①

济宁专署水利局在《1956年水利纠纷总结报告》中也明确认识到：

> 加强区乡干部的教育,打通思想是顺利执行决议的重要步骤。凡每一纠纷的形成都与当地乡村干部的利益直接有关,因此他本身就有本位主义思想和狭隘观点,如不加强教育,弄通思想,即使双方上级协议成功,而且具体执行亦有困难,从金、嘉两县贺李庄纠纷问题上很明显看出,纠纷的形成,就是九子乡支书为了保护本村利益,领着将贺李庄去年流水的路口堵死。

淮委在《一九五三年农田水利工作总结》中也强调了加强对干部的教育问题,认为"增强全局观念,小利服从大利"。另一份处理报告中也严肃指出:"由于乡、社干部考虑问题受到一定局限性,亦必然会引起一些纠纷。再说筑坝拦水,强行扒坝这些现象……多系社干部的主张,甚至乡干部也随声附和,或不加制止,表示同意。甚至个别乡干部还亲自带领群众去打坝或扒堤。这固然是乡村干部存在严重本位主义、片面群众观点,但与各该上级领导缺乏经常的教育、督促不够是有一定关系的。"②

但是,对干部体制的情况这些报告并无认识。其实,即便当时的政府有所认识,也依旧无能为力,毕竟在一个80%以上的人口是文盲,而且绝大多数集中在农村地区,想提高基层干部的素质乃是一件遥不可及的事。

本 章 小 结

由本章分析可知：微山湖地区的水利纠纷多发水在9~11月,原因是该时段正是收采湖产尤其是湖苇的季节;而邳苍郯新地区的纠纷则集中

---

① 《江苏省水利厅关于妥善处理水利纠纷问题的报告》,《徐州专署水利局关于1958年苏鲁边界水利纠纷问题来往文书》,徐州市档案馆藏,全宗号 C21-2-160。

② 水利部淮委(57)淮监发字第0045号《关于灵、睢两县水利纠纷问题的检查处理报告》,江苏省档案馆藏,全宗号 1215。

在3~4月和6~9月间,因此时正是汛期,3~4月为桃汛,6~9月为夏季洪水高发期。

沂沭泗流域三种不同类型的地区来看,纠纷总数与降雨量存在正相关关系,但各片区域又各有不同,从现有的档案资料的统计结果来看,沂沭区这种正相关性表现得极为明显,湖西区次之,而微山湖区却存在某种程度的反比关系,即微山湖的蓄水量增加、水位增高则湖区湖田减少、湖产难以收割,故纠纷会减少,该情况尤其在下级湖表现更为明显。

水利纠纷的械斗实际上是一种集体无意识的宣泄,在纠纷发展为械斗的过程中,传统社会的一些陋习也会极大地影响参与者。

在中华人民共和国成立初期,村社干部多由村民中产生,这些干部与村民有着千丝万缕的联系,村民的利益不得不在其考虑范围之内,而限于其本身的知识文化水平,其政治觉悟、执政水平不高,较多地看重眼前和本区利益。他们仕途上基本升迁无望,政绩对他们而言没有多大意义,事实上就是村民中的一员,他们明显有别于由上级任命、渴望升迁的县乡干部,故在纠纷中的作用往往以负面的为多。

第四章 水利纠纷的解决

第一节 概　　述

河渠水利纠纷的解决,历来系困扰各级政府的难题。《诗经》有"虞芮质厥成"①句,毛苌解释说:"虞芮之君相与争田,久而不平,乃相谓曰:西伯仁人,盍往质焉。乃相与朝周。入其境,则耕者让畔,行者让路。入其邑,男女异路,班白不提挈。入其朝,士让为大夫,大夫让为卿。二国君相谓曰:我等小人,不可履君子之庭。乃相让所争地以为闲原。"②裴骃引《括地志》的考证:"故虞城在陕州河北县东北五十里虞山之上,古虞国也,故芮城在芮城县西二十里,古芮国也。晋《太康地记》云:'虞西百四十里有芮城。⋯⋯闲原在河北县西六十五里。至今尚在。'"③裴骃《集解》认为:"虞在河东大阳县,芮在冯翊临晋县。"考《中国历史地图册》可知,西晋之河北县在黄河以东大约 30 公里处,《地记》所谓"西六十五里"应在黄河岸边,盖裴氏所言芮国的位置似有误,唐时山西之芮城为北周明帝二年(558 年)改安戎县而置,而西周的芮国应在河西,即今陕西大荔县东朝邑城南④,二者应隔黄河而居,所争之地确切位置今已无考⑤,但笔者以为极有可能是土壤肥沃的黄河滩地。如果笔者的推断成立的话,这应该是最早的解决水利纠纷的记载,不过其方式今天看来颇具演绎色彩。事实上水利纠纷多牵扯两个行政单位的直接利益,解决起来往往要艰难许多。

---

① 《诗经·大雅·绵》,见《经学丛书》,台北,正一善书出版社,1997 年。
② 《毛诗正义》,见《唐宋注疏十三经》,海口,海南国际新闻出版中心,1986 年,第 576、577 页。
③ 《史记》,卷四,周本纪第四,北京,中华书局,1959 年,第 117 页。
④ 张传玺、杨济安:《中国古代史教学参考地图集》附《古今地名对照表》,北京,北京大学出版社,1982 年。
⑤ 今芮城县、平陆县交界处的西侯、洪池及岭底、陌南东部,至今还有闲田、让畔城、虞君墓、芮君墓等古迹,但笔者认为此"闲田"及裴骃所指之"闲原"可能为后人层累、叠加、附会所致,并非西周闲原。

《三国志》记下了这样一段故事：

> 孙礼征拜少府，出为荆州刺史，迁冀州牧。行前太傅司马宣王对孙礼说："今清河、平原争界八年，更二刺史，靡能决之；虞、芮待文王而了，宜善令分明。"孙礼说："讼者据墟墓为验，听者以先老为正，而老者不可加以榎楚，又墟墓或迁就高敞，或徙避仇雠。……若欲使必也无讼，当以烈祖初封平原时图决之。……今图藏在天府，便可于坐上断也，岂待到州乎？"

原来曹魏之时就有收藏档案地图的"天府"，宣王便命人复制了一份地图交孙礼带到任上。孙礼"案图宜属平原。而曹爽信清河言，下书云：'图不可用，当参异同。'礼上疏曰：'臣奉圣朝明图，验地着之界，界实以王翁河为限；而鄃以马丹候为验，诈以鸣犊河为界。假虚讼诉，疑误台阁。窃闻众口铄金，浮石沉木，三人成市虎，慈母投其杼。今二郡争界八年，一朝决之者，缘有解书图画，可得寻案摘校也。平原在两河，向东上，其间有爵堤，爵堤在高唐西南，所争地在高唐西北，相去二十余里，可谓长叹息流涕者也。'"①可见，当时已有"天府"的"解书图画"作为解决边界纠纷的依据。

从史书上有关资料来看，凡遇纠纷，或由两地协商解决，或交由上级勘核，偶有上奏朝廷定夺，亦有钦差大臣专办之例。如宋代规定水利设施"县不能办，州为遣官，事关数州，具奏取旨"②。即是考虑到事关数州的河渠水利，往往会引起争议，故须由朝廷议决。

元代以后实行行省制度，行省在一定程度上担起了纠纷调解的角色，府县之间的纠纷多由行省办理解决，但也有例外情况，如明洪武四年（1371年）李叔正任渭南丞，"同州（今陕西大荔）蒲城（今陕西蒲城）人争地界，累年不决，行省以委叔正。单骑至，剖数语立决"③。一个小小的邻县县丞单骑数语解决累年不决之纠纷，实属特例，但也可以理解为李是行省委以特别使命的专员，因此事件顺利解决，行省的作用不可忽视。

清代顺治初，止设总河一人，总理黄运两河事务，驻济宁。康熙十六年（1677年）后，以江南河防吃紧，移驻清江浦（今淮安）。雍正二年（1724年），复于济宁设副总河一人，管理河南堤防及北河事务。七年（1729年），

---

① 《三国志》卷二四《孙礼传》，北京，中华书局，1976年，第690页。
② 《宋史》卷九五《河渠五》，北京，中华书局，1976年，第2367页。
③ 《明史》卷一三七《李叔正传》，北京，中华书局，1976年，第3956页。

改总河为总督江南河道,"掌黄淮汇流入海,洪泽湖汕黄济运,南北运河泄水行漕,及瓜州江工,支河湖港疏浚堤防之事"。副总河总督河南、山东河道,"掌黄河南下,汶水分流,运河蓄泄,及支河湖港疏浚堤防之事"。沂沭泗流域分属南河总督所属之淮徐河道(驻徐州)——"辖铜沛、邳睢、宿虹、桃源同知四人,丰萧砀、宿迁运河通判二人"及河南、山东河道总督所属之山东运河道(驻济宁)——"辖运河、郯沂海赣同知二人,迦河、捕河、上河、下河、泉河通判五人"①。

对于同一水利单元分属不同行政单位的问题,一些官员早有认识。雍正六年(1728年),湖广总督迈柱的奏疏就有"州县虽各有疆界,田亩同一堤埝,岂分彼此,应定例同堤有险,无分隔属,水利各官业户,协力抢护"②的建议。

民国初年,主管水利事宜的是内务部土木司及农商部农林司。1914年设全国水利局,三部门协商办理各水利事项。1927年蒋介石政府成立后,"水灾防御属内政部,水利建设属建设部,农田水利属实业部,河道疏浚属交通部。1933年水利建设又改归内政部主管"③。水利事业被解析,水政极不统一。1934年以后,先后颁布《统一水利行政及事业办法纲要》及《统一水利行政事业进行办法》,设全国经济委员会总理全国水利,将原先条块分割的水利事务统一接管。另外,为了统筹几条主要为患河流,还特设流域水利机构:黄河水利委员会(1933年设)、扬子江水利委员会(1922年成立扬子江水道讨论委员会,1928年改组为扬子江水道整理委员会,1934年改)、太湖水利委员会(1920年设督办苏浙太湖水利工程局,1927年改组为太湖流域水利工程处,1929年改组,1934年撤并到扬子江水利委员会)、华北水利委员会(1918年为顺直水利委员会,1928年改组)、广东治河委员会(1915年设督办广东治河事宜处,1929年改组,1936年改为广东省水利局,隶广东省政府)等。

淮河方面,1929年春,国民政府拟设导淮委员会,并将导淮工程定为"全国水利建设之首要"④。是年七月一日,由蒋介石亲任委员长的淮委会正式成立,以中英庚子赔款之一部分为导淮事业基金,着手规划实施导淮。1930年又复规定:"关于淮域内公地及受益地亩之清丈、登记、征用、整理等

---

① 郑肇经:《中国水利史》,上海,上海书店,据商务印书馆1939年版影印本,第336、337页。
② (清)蒋良骐:《东华录》卷二九,济南,齐鲁书社,2005年,第445页。
③ 郑肇经:《中国水利史》,第338页。
④ 《导淮委员会十七年来工作简报》,中国第二历史档案馆藏,全宗号320,案卷号22。

事项,在导淮施工期间,均交由本会处理,以期与工程相配合。"①1934 年全经委设立后,改组导淮委员会,由其直接管辖。对于边界纠纷问题,则由内政部起草《省市县堪界条例》,呈交行政院公布,于 1930 年正式施行。流域内的水利纠纷事宜,悉由相关流域水利机构会同有关省府办理。

第二节　中央政府的强制性政令

在水利纠纷的解决问题上,中央政府的强制性政令无疑是最为有力的手段。国家以法律的形式来调整水行政法律关系,即在全国范围内对水资源开发利用和防治水害等有关活动进行规范②,其方式:一是对可能引发争议的问题以法律的形式加以避免;二是对争议问题以行政命令的方式加以强制,尤其是在高度的中央集权体制之下,相对行之有效,如对行政区划的调整、对争议地区及相关负责人进行处理等。

一、民国时期

民国初期,中央专门法律文件出台之前,苏、鲁两省相继颁布了一些具有地方特色的水利法律规范。虽然从立法角度而言属地方性法律规范,但是由于江苏省为首善之区,其立法对其他地区有着指导意义,故意义不可小觑。如《江苏省各县征工浚河规程》《江苏省制止围垦太湖湖田办法大纲》及《江苏省各县修筑圩堤暂行办法》等,从一定程度上减少了水利纠纷的发生。

中央层面的法律相对颁布较晚。例如,国民政府明令于 1943 年起施行的《水利法》规定:其第一章总则第二条规定:"本法所称主管机关,在中央为水利委员会,在省为省政府,在市为市政府,在县为县政府。但关于农田水利之凿井、挖塘,以及人力兽力或其他简易方法引水溉田与天然水道及水权登记无关者,其在中央之主管机关为农林部。"其第二章是关于水利区及水利机关的规定:"中央主管机关,按全国水道之天然形势,划分水利区……水利区关涉两省市以上者,其水利事业,得由中央主管机关设置水利机关办理之。……水利区关涉两县以上者,其水利事业,得由省主管机关设置水利机关办理之。……省市政府办理水利事业,其利害关系两省市以上者,应经

---

① 《导淮委员会十七年来工作简报》,中国第二历史档案馆藏,全宗号 320,案卷号 22。
② 林冬妹:《水利法律法规教程》,北京,中国水利水电出版社,2004 年。

中央主管机关之核准。县市政府办理水利事业,其利害关系两县市以上者,应经省主管机关之核准。"这就从法律上规定了水利纠纷的处理过程和主管机关。该法规又明确规定:"凡变更水道或开凿运河,应经中央主管机关之核准。"该法还明确提出施行水权登记制度,以"杜水利纠纷"①。

该法第六章专门规定"水之蓄泄"问题,其第五十二条规定:"由高地自然流至之水,低地所有权人不得妨阻。"第五十三条又规定:"高地所有权人以人为方法,宣泄洪涝于低地,应择低地受损害最少之地点与方法为之。"②这其实是以法律的形式对水利纠纷中常见的蓄泄问题作了明确的规定。

1944年9月16日,行政院水利局③又颁布《水利法施行细则》,作为《水利法》的补充,对一些未尽事宜作了更为明确的规定,如申请水权,凡水源地流经两县以上者,应向省政府提出申请,两省以上者,应向行政院水利委员会提出申请。④ 实际上明确规定了高一级行政部门对下属行政部门之间矛盾的仲裁权。

对于边界纠纷问题,则由内政部起草《省市县堪界条例》,呈交行政院公布,于1930年正式施行。流域内的水利纠纷事宜,悉由相关流域水利机构会同有关省府办理。

总之,民国时期,国家颁布了一系列专门性的水法和条例,改变了过去无法可依的混乱局面,对中国水利事业的发展起到了一定的推动作用,而且尤为可贵的是,"民国时期行政院水利委员会对《水利法》实施的态度是认真的"⑤,但由于长期的习惯势力的影响,水法的执行尚有很大阻力。

二、1949年以后

由于淮河流域历史上就是水利纠纷多发地带,1949年以后,党和政府对此极为重视。毛泽东于1950年8月31日在苏北区党委的电报上批语:"导淮必须苏、皖、豫三省区同时动手,三省区党委的工作计划均须以此为中心,并早日告诉他们。"之后又批示了豫皖两省的临淮岗水利枢纽工程和淠史杭大型灌溉工程纠纷问题。周恩来总理和谭震林副总理更是对淮河流域的纠纷亲自处理,多次主持解决淮河流域水利纠纷的会议。但是由于很多矛盾

---

① 《水权登记》,见《水利通讯》1947年第2期。
② 《水利法》,见(民国)水利部《水利法规辑要》,1947年版。
③ 1933年8月21日,行政院水利委员会改组为全国水利局,隶行政院。
④ 《水利法施行细则》,见(民国)水利部《水利法规辑要》,1947年。
⑤ 田东奎:《中国近代水权纠纷解决机制研究》,北京,中国政法大学出版社,2006年。

根深蒂固,加之无法可依,一些地点的冲突反复较多。

1957 年 8 月 3 日,国务院批转了水利部《关于用水和排水纠纷的处理意见的报告》。同年 11 月 2 日,水利部为了解决淮河流域水利纠纷,拟定颁发了《关于解决淮河流域水利纠纷的原则意见》,提出了几项原则:"一、凡是进行有关邻省、邻县、邻区、邻社地区和有关方面的防汛、排涝、灌溉和临时性的分洪、滞洪、行洪等水利工程的规划设计工作,必须从全面出发,衡量轻重,比较利弊,使地区之间、上下游之间、两岸之间,防洪、排涝、蓄水、排水等方面统筹兼顾,合理安排;二、凡是举办与相邻地区有关的水利设施,应小利服从大利,大利照顾小利。在不得已的情况下,如使局部地区群众受到损失时,要妥善地对该区群众进行安置,使其生产和生活条件不低于做工程以前;三、与相邻地区有利害关系的闸坝水库和临时性的分洪、滞洪、行洪工程,有关方面在汛期前必须进行协商,制定出控制运用办法,汛期依照执行;四、对于已经发生的水利纠纷,有关方面必须及时地毫不拖延地主动查明情况,从照顾全局,相互关怀的精神出发,并参照历史情况,尽量减少损失,兼顾双方利益,实事求是,团结合作,协商处理;五、水利纠纷在协商期间,地方党政领导部门必须负责说服群众防止闹事,如发生事故由所属地区的人民委员会负责;六、参加解决纠纷的人员如有严重的本位主义,坚持无理要求,致使问题不能解决和弄虚作假,欺骗组织,拨弄是非,破坏团结,以及不执行协议的干部,经有关方面提出查明后,应根据国务院关于国家行政机关工作人员的奖惩暂行规定处理;七、为了贯彻执行协议,必要时上一级领导机关可派代表监督执行;八、达成协议后,有关部门应报上级领导机关和监督部门备案。"

1949 年以来,虽然围绕水利、水资源问题出现了一系列的法律法规,一定程度上对水利纠纷起到预防和缓和作用,如《中华人民共和国宪法》规定:水流属于国家所有。《中华人民共和国民法通则》规定:"国家所有的矿藏、水流,国家所有的林地、山岭、草原、荒地、滩涂不得买卖、出租、抵押或者以其他形式转让。"《中华人民共和国水法》规定:"水资源属于国家所有。水资源的所有权由国务院代表国家行使。农村集体经济组织的水塘和由农村集体经济组织修建管理的水库中的水,归各该农村集体经济组织使用。"但是,1949 年以后相当长的时期内对水利纠纷问题立法的缺位使得水利纠纷的解决在实践上较难操作,往往是在水利纠纷激化到一定程度以后才看到中央决策的出台,难免有"头痛医头,脚痛医脚"的感觉,但这并不等于说中央对这些纠纷视而不见,在《中共中央同意水电部关于五省一市(河北、河南、山东、安徽、江苏和北京市)平原地区水利问题的处理原则的报告》中即指出：

> 近年来，省与省、专与专、县与县、社与社的边界水利纠纷不断发生，这对群众的加强团结与发展生产都很不利……水旱灾害是我国农业生产中长期以来的敌人，要战胜这个敌人……必须组织广大群众，团结治水。那种只顾本区，不顾邻区，只顾局部，不顾整体，只顾眼前、不顾长远利益的做法，也是不能解决问题的。至于那种损人利己，以邻为壑的做法，更是错误的，是违反共产主义精神的。关于各省间具体水利问题，应该尽量由两省省委或者省人委直接协商解决。解决不了的，由水利电力部提出方案，报请国务院审批处理。①

直到 20 世纪 80 年代初，情况方略有改观。1980 年 7 月 24 日，国务院在发布的《国务院批转海南岛问题座谈会纪要》（国发〔1980〕202 号）中对各省市自治区人民政府提出解决纠纷的几项原则，其中有"凡属公共的沟、河、塘，场社可共同使用。属场社各自范围内的水利资源，由各自开发利用。流经双方较大的河流，应当在当地政府支持下，统一规划，合理分配使用。双方共同投资的水利设施，应统一管理，共同受益"的条文；1981 年国务院又发布了《行政区域边界争议处理办法》（国发〔1981〕92 号）；至 1989 年 2 月 3 日，李鹏总理签发国务院第 26 号令，发布施行《行政区域边界争议处理条例》，至此方有正式的法规出台。此前基本上是以一些地方性的法律文件和案例可以聊作补充，例如山东省民政厅编《山东省省际边界纠纷资料汇编》中就收录了大量的这一类型的文件，如：

（1）1953 年 4 月 2 日《政务院关于陕西、山西两省解决黄河滩地问题的批复》；

（2）1973 年 5 月 23 日中共广东省委批转《省政法委员会、省农林水利办公室关于正确处理山林、土地、水利纠纷的请示报告》；

（3）1980 年 5 月 23 日国务院批转《广西壮族自治区关于处理土地山林水利纠纷的情况报告》等②。

以上，明显是将这些文件作为本省解决类似问题的参考，而第一和第三两个文件分别为政务院、国务院批转各省、自治区、直辖市的，其用意无非是

① 《中共中央同意水电部关于五省一市平原地区水利问题的处理原则的报告》，1962 年 3 月 1 日。
② 山东省民政厅：《山东省省际边界纠纷资料汇编》，1991 年，第 1 页。

为各地解决类似问题提供指导性意见。

第三节　上级政府的高调介入

政府介入是水利纠纷解决的有力手段。民国初年,李仪祉先生主持陕西水政,自民国五年至民国三十一年,先后颁布了《陕西省水利通则》《陕西省水利注册暂行章程》《陕西省水利注册暂行章程实施细则》等法律规范。《陕西省水利通则》中就有事关水利纠纷的条文:"关于水利纠纷案件之整理。本省农田水利,历史悠久,水权相沿至今,未经确定,值灌溉期间,争相用水,强者得利,良民抱屈,各处有霸王之谚,尤以陕南为最盛,关中区次之,共计百余案。重要者为山河堰左右高桥与孙家埝案,富平大小白马渠分水洞案,华县、渭南二县人民争引赤水案,三原清峪河八复渠与东里堡案,周至、郿县争引涝水案,均依据陕西省水利通则,按照各该堰古规旧例,参以学理及现在情形,秉公处纠,饬令各该县此府执行在案。"①因此,陕西省对水利纠纷的解决颇有成效。

前述之山东省建设厅《各项事业概况及将来之进行计划》中亦有对水利纠纷的记录,如:"第三项:疏浚单县八里、乐成两河:八里、乐成两河为单县境内之重要排洪河道,只因年久淤塞,每遇暑雨,辄患漫溢。本厅于二十二年春季曾派员前往测量,并拟定加宽加深疏浚办法,令饬该县征夫施工,并派委员黄宝淦前往督促。开工之后,因有少数人借故从中阻挠,进行不免稍缓,嗣经本厅委员及该县县长督率建设人员,积极催工,沿线村民约克一致出夫,全河工程遂行报竣。此次疏浚之后,上游一带坡水,均由两河下泄,辗转流入万福河,下汇于湖。不特单县境内水患减免,其邻封之曹县、定陶、金乡、鱼台等县亦不致再受该河漫溢之灾。"其所言"少数人借故从中阻挠"应为民众对占压补偿或河道走向与政府存在分歧,亦是水利纠纷的典型类型之一。

其第五项言及丰鱼水道,纠纷已久。"前由导淮委员会及苏鲁两建设厅派员会勘,议定疏浚办法,数年以来,延未兴工。本年五月,鱼台县民特援旧案呈请疏治东支河,本厅即派委员张富燮会同江苏建设厅派员高所堪前往该处监工,历时数月,全部报竣",可见此涉及两省的水利纠纷是由导淮委员会及苏鲁两省建设厅派员共同勘定,施工时亦有江苏省建厅派

---

① 黄河水利委员会:《李仪祉水利论著选集》,北京,水利电力出版社,1988年,第344页。

员监工的。

在第六项"测勘设计浚治赵王河南北两支及七里河北支牛头河下游"条中，提到赵王河"刘长潭、阎什口两处，又积有纠纷"，"本厅为免除水患，解决纠纷计，特按照该河形势，拟定南北两支并挑办法，派员沿七里河北支，经赵王河本流，至牛头河下游，实地勘测，拟具计画，分令沿河各县，遵照施工"。

第十五项：修筑恩（平）武（城）间沙河运河堤工及险工，"恩、武两县前因沙、运两河堤防问题，时起纠纷，本年春间，该两县人民又发生剧争"。此项所及"沙、运两河"并不是沂沭泗流域河流，笔者感兴趣的是，该处纠纷引起了厅长张鸿烈的重视，亲自"率技正周礼、史安栋等前往查勘，并召集两县官民，议定解决办法"①。足见对水利纠纷的解决相当重视。

1949 年以后，政府常常忙于处理各级各类纠纷。如 1956 年苏皖水利纠纷有七处，"其涉及的范围即达八个县十个区"，这些纠纷"尚有二处虽经协商，但未获解决，有一处经过县之间的协商解决，其余四处经过县区之间直接协商未获解决，后经专区（本专区与蚌埠专区）会同有关县区共同协商，均已达成协议"②。

第四节　同级政府的平等协调

同级政府组织间的协调会商是解决水利纠纷的重要手段。但是，假如没有上级权威的介入，仅仅是两个平级单位之间的协调是非常困难的，官场上最为常见的现象这时候就会一一暴露出来，如：

（1）强调客观原因：对己有利时，往往强调天灾；对已不利时，则强调对方过错，总之，责任不在己方。如 1954 年泗县、睢宁纠纷中，睢宁方面辩称：7 月 17 日接泗县来电 7 月 18 日接扬州苏北防汛防旱分指挥部转来淮委 65437 号电称："宿县防指第 007 电称'睢宁县新旧龙河白马河在官山区境内鼓开涵洞九处，水均流入我区泗县，部分村庄上水，希立即抢堵。'希接电后立即检查，如有鼓开涵洞立即堵复并将堵复情况电报我部核备查。""（查）我县官山区境内新旧龙河及白马河并未鼓开涵洞九处，究其受灾原

① 山东省建设厅：《各项事业概况及将来之进行计划·水利》，1934 年，第 14~34 页。
② 徐州防汛防旱指挥部：《关于铜山睢宁丰县与安徽省砀县萧县砀山灵璧及泗县的水利纠纷处理情况的报告（1956 年 7 月 26 日）》，徐州市档案馆藏徐州水利局档案，全宗号 C‑21。

因主要是由于各河水位高出河口，滩面行水时，便要倒灌成灾，所以在这次暴雨后（七日最大雨量 195.9 mm），各河中下游水位均滩面行水七、八公寸，所有官山区境内之新旧龙河白马河与李集境内潼河上的涵洞缺口均已全部堵闭，因而堤内农田积水不能入河，遍地向东南横流，除淹没我官山区南部四个乡，特别是二庙、三烈等乡，因积水不能入河，已深达一公尺至二公尺，非等河内水位降低无法排除外，又因积水太多，致流入泗县境，因而使泗县部分农田受淹，特别是因灵璧县泓（洪）灵沟东堤 7 月 7 日被高楼区沟涯碑支部书记马仁福率众扒开六处，与该区境内潼河南堤决口三处，致所有泓（洪）灵沟以西及潼河上源来水遍流我李集、官山二区，潼河以南地区淹没农作物十二万余亩，复经李集官山又遍入泗县，现李集镇街内水深约有二公寸多，淹倒房屋与倒毁不堪的计 352 间，因此泗县受淹主要是由于以上两个原因。"①

（2）拖延：铜萧岱河纠纷中，"铜山郝寨代表首先提出说：'你们来信联系闭闸问题，因未备公函，未盖公章，仅以（自）某私人名义来信，我们不知他是群众还是干部，不知岱河水位情况。'"②

（3）推诿：前述铜萧岱河纠纷双方会谈时，铜山郝寨乡支部书记推说："协议是如何规定的，我们根本就不知道。"③

第五节　流域水利机构的作用

民国时期，导淮委员会主要负责导淮工程建设，其处理纠纷的权力并无绝对的权威性，尤其是在军阀割据的年代，其政策的实施往往大打折扣。下面列举的几件档案所反映的一件小事使人对导淮委员会的权威不得不产生怀疑：

档案一：1933 年 5 月 22 日山东省府咨导淮委员会文

事由：据民（政）、财（政）、建（设）三厅会呈为划交废黄河西段公地一案拟分令单、曹二县详查具复以便核转等情咨复查照由

---

① 睢宁防汛防旱总队部：《报淮委为报告我县龙河白马河行水情况并未有决口淹及下游泗县由（1954 年 7 月 21 日）》，徐州市档案馆藏徐州水利局档案，全宗号 C‑21。
② 萧县人委：《关于请（淮委）速派员解决我县与铜山县安全利民沟水利纠纷的报告（1956 年 7 月 10 日）》，徐州市档案馆藏徐州水利局档案，全宗号 C‑21。
③ 同②。

为咨复事案查前准

贵会第 154 号咨请将所属已划入本会整理区域内废黄河西段公地尽先移交本会接管整理等因,当将原附图件令发民、财、建三厅会核在案兹据该厅等会呈复称查奉发地图四张,仅黄河西段略图二内有本省单、曹两县地各一段,该地究属公地抑系民有,本厅等俱无案可稽,未敢臆断,拟将该图影绘分别令饬单、曹两县,详查具复,以便核转,奉令前因分令单、曹两县遵办外理合将会核该案情形并检缴原发地图。具文呈请鉴核转咨等情,据此除俟该厅等饬县查呈具复,再行兹转外用先咨复。

查照此咨

导淮委员会

山东省政府主席　韩复榘(签章)

按,此前 1931 年,国民政府将整理淮域公地的权利下放导淮委,导淮委交由土地处着手实施,这封咨文即是韩复榘对导淮委欲将曹、单两县废黄河内公地收归国有的一种对抗,名为"无案可稽,未敢臆断",实为推脱拖延。对此,土地处第二科科长洪季川相当恼火,在上封咨文旁注签曰:

查单、曹两县境内废黄河堤滩河槽原系公地,历年纵有新垦成熟决不能尽为民有,且本会应行接管淮域公地,事关通案,江苏等省既经定期移交,自未便因该两县公地情形未明,有误整个计划,拟再咨请该省政府依照本会前送整理淮域土地办法纲要及附图将该两县境内废黄河公地准予移交本会接管缘由先行咨复,至公地亩数究竟若干,待本会另订办法实现清查,惟该两县将现有公地亩数造列清册,并详细情形具报转送本会以凭查考。

据此,5 月 29 日导淮委向鲁省发出第 191 号咨文:

贵省府依照本会前送整理淮域土地办法纲要及附图将该两县境内废黄河公地移交本会接管一节先予同意,至公地亩数究有若干,应由本会另订办法实现清查,惟该两县仍应将现有案可查之公地亩数造具清册,并说明情形具报,转送本会以凭查考。相应咨行即希查照办理并见复为荷!

　　此文意思明显对鲁省的阳奉阴违颇为不满,责成鲁省应先"将现有案可查之公地亩数造具清册",至于具体公地亩数,本来就不是你山东省府该管的事情,自应由导淮委来办理。咨文发出以后,山东省府如何回复的,惜资料不全,无从知道具体细节,但从民国廿二年六月十二日导淮委员会土地处处长萧铮拟复山东省府的签拟:

　　　　查单、曹两县境内废黄河堤滩河槽原系公地,历年纵有新垦成熟,决不能尽为民有,拟再咨该省政府,限令各该县将现有公地亩数造列清册,并详细情形具报,转送本会以资查考。

　　至此,我们可以得出清晰的结论,很显然,韩复榘这次已经由阳奉阴违变为直接抗命不遵了,干脆说曹、单二县废黄河内的土地已经"尽为民有"了,难怪这次拟签的是土地处处长萧铮而不是前述的二科科长了。但韩及鲁省依旧推脱延误,不理不睬,导淮委整理公地一事在山东没有任何进展。①

　　从上述事件不难看出,民国时期导淮委的权威在与地方实力派的对决中呈全面下风,唯独在苏皖等省尚有一点施政空间。

　　中华人民共和国成立后,淮委在调处苏鲁豫皖四省边界水事纠纷中,贯彻"预防为主,防治结合"、"统一规划,统一治理"的方针,对于本流域,淮委根据中央文件的规定及两省达成的协议,建立了管理机构沂沭泗工程管理局,驻徐州;南四湖管理处,驻薛城(近年移驻徐州);二级坝闸管理所,驻二级坝;湖西堤闸管理所,驻大屯镇。于1985年下半年接管了有关水利工程,实行统管,之后,市县乡级水利纠纷有所减少。但是,在解决南四湖苏、鲁省际纠纷时,由于行政级别低,明显显得无力。

第六节　弱势的选择——民众上访与控诉

　　水利纠纷矛盾双方难免有一方处于强势,或因人数众多,或因有背景后台,这样,弱势的一方争斗起来不免吃亏,这时候他们的选择往往是上访或上诉,求助于上级或者更上级政府机关。

---

　　①　导淮委员会:《关于接受淮域公地的表册及来往文书》,中国第二历史档案馆藏,全宗号320。

民国时期,舆论忌讳较少,官民言事多有借助报界之习惯,或通电、或投稿、或写信,以期引起重视,导致政府介入。

1948 年 1 月 17 日《救国日报》以《向水利部谈微山湖水利》为题,刊登了沛县第七区旅徐同学孟哲西、杨慕陶等人写给水利部长薛笃弼的信,信中言及其家乡"地处微山湖东岸,距东北三十里余即沂蒙山尾闾",其家所居"沛县第七区辖地,其东廿里有一洛房河,东岸即山东地。该河东北起自山区边缘,南流入微山湖,惟河身甚狭,东岸地势较高而西岸则甚洼,每年夏末,东北山洪暴发……多向西岸泛滥。我们沛县第七区除东北一隅较高外,约有田地二千余顷完全陷于泽国"。民初,"沛县县长于书云到任即兴办水利,沿洛房河西岸筑一高堤,全长 20 余里,堵住洪水",一旦遇雨,山洪下泄,"西岸水与堤平,东岸无堤即遭水淹",而"河东岸系山东地,田地多属滕县西万村张姓所有,张氏两千余户聚族而居,当即组成'刨堤队'持械刨毁西岸新堤",沛县民人亦组织'护堤队'以相对抗,双方械斗,各有死伤,官司打到徐、兖二州,因为"张姓有族人在京做议员撑腰,结果将堤永远刨毁"。信中希望薛笃弼部长派员勘查,举办微山湖东岸水利,"不特可以免去多年之水灾,即湖东之民因防水械斗之传统仇恨籍此永释"。水利部长薛笃弼令淮河水利工程总局立即"核办具报为要"①。

淮河水利工程总局接到部长命令,即派员前往查勘,将结果拟文呈上(文及附图详见附件 2):

> 查洛房河系汇水河下游之别名,位于沛县第七区夏镇之东约廿余里,地界苏、鲁二省。岸东即山东滕县境,河西则属本省沛县。该河源起东北沂蒙山区,由薛河分支流至汇水桥入沛县境五里许,南向越运河而入微山湖。夏季沂蒙山洪暴发,水量陡增,而河东滕境拍山山区暨附近诸山淫涝复经东岸灌注河中,第以该段运河床淤垫较河底略高,而运南洛房河河身淤塞已成平地,宣泄无门,且河之两岸并不同高,西岸较低,河水因常越西岸漫入沛境,致一片汪洋,尽成泽国,而良田上千余亩悉遭淹没,河西居民乃迫起卫田,加高西堤,阻水西漫。堤成之后,岸东几村滕民以利害不同,屡有纠众强刨西堤情事。民国十年,滕民张立诚复因毁堤兴讼,经苏、鲁两省委员查勘,西堤确系旧有,仍准人民修补,滕、沛二县会衔勒石工谕:嗣后沛民重修西堤,滕民不得阻挠等语。是洛房河之建西堤,既属事实需要且苏鲁两省同意,有案可稽。《救国日

① 民国《水利部训令》,1948 年 2 月 7 日。

报》所载通讯内'将该堤永远刨毁'一节并与事实不符,惟历年以来毁堤械斗之事仍有发生,现该堤被刨,各口业经该区区长于今春发动民夫修补完整,然一俟山洪骤至,下游河床淤垫宣泄无途,纠纷恐仍难免。洛房河南自运河起,北至旧汇水桥上长约六里,洛房河与运河交汇处原建有分水闸两座,现已毁废,河口现宽九公尺,其上则减为四公尺,左右惟西岸河床现已拓宽约一公尺,河身现成(示意图略)状,水深约一公尺,河岸边坡约为1∶1,至运河以南入微湖之段,除入运处稍具河形外,余已咸为平地。该河整洽之策除拟将原有河身加以浚深并拓宽外,运南一段并须疏浚,则水有所归,漫溢无由,水患既除,纠纷自泯。兹将拟浚计划分列于后:一、运北洛房河拟浚成深四公尺之河道,底宽一公尺,边坡1∶1.5,西岸堤防应予等高。至该河与运河相交处之废闸两座亦宜重建,籍兹管制运水之分泻。二、运南入湖一段,长约一公里,拟开挖深度为三公尺、底宽一公尺、坡度1∶1.5。至详细计划当俟实地测量后始可决定也。[①]

从这份报告中,似乎没有对该案作出断决,但其提到"民国十年,滕民张立诚复因毁堤兴讼,经苏、鲁两省委员查勘","滕、沛二县会衔勒石工谕"情事,查此碑原立于夏镇三八街三清园内,碑高二公尺半、宽一公尺,现已无存,但微山县档案馆存有抄件,抄录如下:

> 简任职存记三等嘉禾章军法官衔正任山东长清县知事调属滕县知事 吴
> 简任职存记五等嘉禾、文虎章军法官管带警备营署沛县知事 于
> 为勒石示谕事
> 案查滕沛交界之汇水河旧有西堤一道,北起汇水桥南迄运河涯,约长六里,属江苏沛县管辖。民国四年间因西堤坍塌,奉前江苏巡按使齐 饬据滕县夏镇维新私立小学校长张永健禀请,饬县谕令沛民补修一次。当时河东滕民均无异言,此堤之由来,省县有案,班班可考。至民国九年秋,因滕邑山水暴发,冲陷沛堤,决口三处,淹没沛县粮田六千余亩,至十年春,当据沛董郭成美、公民蔡敦元、鲍友仁等禀请,发款修补决口,据经照准并经苏省江北水利局 徐委员与本知事 于 验明堤工,通报省局有案。嗣据滕民张立诚等呈控沛民拦河筑堤等情,据经

---

① 淮河水利工程总局:《沛县洛房河查勘报告》,中国第二历史档案馆藏水利部档案。

本知事　于，会同前滕县知事　白　勘明西堤确系旧有之顺河堤，并无拦河筑堤情事。至十年五月，滕民张立诚等率众掘毁沛堤，复经本知事　于　验勘后呈奉江苏省长转咨山东省长令行山东济宁道署令委王君遇铨，并准山东南运筹办处股长赵君栋升同时莅沛，会同前滕县知事　刘　与本知事　于　复勘明沛堤确系旧有，仍准人民照旧修补，并另议挖河泻水，共除水患办法。至同年七月，滕境山水暴发，滕民张立诚等持械率众越境挖毁沛堤多处，又经本知事　于　复勘属实，呈请省道局署会勘会审，正在进行间，当据滕民孔庆濂、沛民李本忠、林嘉珍、韩志友、戴华南等诉称沛民蔡敦元、鲍友仁控滕民张立诚等挖毁沛堤一案，业于滕沛两县绅民秉公排解。兹滕民张立诚等前因愚昧无知，掘堤狭邻，不能禁阅，已愧悔无及，情愿赔偿沛民蔡敦元等所费公款，嗣后无论沛民如何修堤，该张立诚等永久不再干涉，伊等愿负全责。沛民蔡敦元等情愿罢讼，请求和解等情到县，据经本知事　于　传讯被告张立诚之侄张成荣当庭认错，和解人孔庆濂愿负责任，原告蔡敦元等亦愿不追究，并所具切结当庭准予和解在案，惟沛民蔡敦元等诉以本案既经和解，应准孔庆濂等调停定案，仍由民等即日兴工筑堤请给示，勒石以垂永久等情前来。查汇水河西岸沛堤，叠经苏鲁印委勘明，委系旧有，应由沛民随时修筑，以卫民田，自此定案，后设沛民重修沛堤，滕民不得阻挠，除此次赔款由和解人迳行收交，兴工备用外，今特会衔勒石示谕，仰该处滕沛绅民，一体遵照勿违，切切。特示。

签名（略）

如此，淮河水利工程总局实际上是支持了沛县的请求，并初步决定治理，没有兴工的原因不外乎是时局不稳之故，不过此事也算对上访人有了交代。

翻检民国档案，一个较深的印象就是政府对百姓呼声的关注。

中华人民共和国成立初期，百姓上访并不像今天这样普遍，而且上访由头多为公事，在林林总总的上访材料中，笔者对以下这份颇感兴趣。

该材料是山东省金乡县五区吴坑村（今作武坑）与巨野县田小集乡（今作小田集）程庄、苗庄等村一起控告金乡县五区王排房村和秋官屯村（今作邱官屯）的上访材料（附件19）。本来是金乡、巨野两县之间的水利纠纷，何以会有金乡吴坑村卷入进来告本县其他村呢？通过上访材料可知，纠纷地带位于彭河入万福河口之三角地带，彭河南堤与万福河北堤在吴坑处都有一处内弯，使得二河堤的距离在吴坑处最短，被选作修堤的地点也就不难理

解,问题是吴坑很不幸地恰恰位于这最短连线之外(西),故先被邻村出卖,后又被专署和县府两位"领导"牺牲掉了:

> 专署朱科长、县府刘科长调处,该二村(王排房村和秋官屯村)长曾设席收买朱、刘。二科长因受贿将彭河加宽,南岸那时仅五区民夫修河,本村不叫出夫,原说在上游修三个排水沟二个涵洞,最后亦未修成,因上游河势加宽,下游不曾加宽,水势较前更急,不料该二村长在今夏又领导民夫将北边原堤又行加高,以致水势全部阻止,将吴坑和以西之村庄尽成水灾区。

其实,类似的事情在水利纠纷中比较常见,一些地方为了保护大片土地,有时会牺牲本地区局部利益,就像大江大河都辟有滞、蓄洪区一样,但滞、蓄洪区的民众的损失是必须有相应补偿的,本案中吴坑被邻村及本县出卖却没有得到补偿,自然心生怨气,自知到本县本地区上访胜算不大,便与巨野村民一起来到济南省府,直接找到副省长晁哲甫①,他们打出的王牌一是筑堤占压了转业军人吴某的三亩地却没有赔偿,二是持枪恐吓:"有他方刘区长亲自发动,携带起武装打堰,每天打数十发子弹吓唬我方群众。"晁即指示山东省防汛抗旱指挥部办理,鲁防总接见上访人后,即指示湖西专署查勘办理,特别提到"土埝修筑时,曾占用吴坑土地,该村是受害村庄,也不给地价赔偿。其中并有一转业军人吴其贵所分三亩土地,全被挖占无余,影响生活","本部认为情况特别严重(原文是恶劣,后涂改)"。

在山东省防汛抗旱指挥部给湖西专署的函中批示:

> (一)万福河与彭河合流点以西十余华里之三角形地带过去坡水均由西向东,在秋官屯南北排入彭河及万福河。1949年王排房村村长邵书印、秋官屯村村长张名勋率领其村群众在吴坑正北筑南北拦水埝一道,阻水淹没以西村庄,曾发生纠纷,经专署张科长调处,将埝拆除。至1951年,该两村又在原地筑埝,并用十余支枪的武力监修。1952年,

---

① 晁哲甫(1894~1970),河南清丰人,教育工作者。1920年毕业于直隶高级师范学校,先后任职于大名师范学校、北京香山慈幼院、河北第七师范学校。1926年加入中国共产党,曾任中共清南边东县委书记。其后历任直南特委统战部长、冀鲁豫抗日救国总会名誉会长、冀南六县行政督察专署参议主任、冀鲁豫抗日中学校长、冀鲁豫行署主任等职,1949年任平原省人民政府主席,1952年任山东省副省长,1956年起任山东大学校长兼党委书记,1958年后任山东省副省长、山东省政协副主席、山东省政治学校校长等职。

又由刘区长亲自发动干部,带领武装,用石砌土埝,这两次修埝。西部群众均用合法手续逐级请愿,并经专县干部前往处理,但因办理不善,纠纷并未获得解决。今年水大,以致纠纷又起。埝西十余村庄尽成泽国,直到现在,农田积水,尚有一公尺深,各庄被迫打了门堤挡水,农田一片汪洋,不但秋收无望,秋种亦将不可能。据吴坑代表称:该土埝修筑时,曾占用吴坑土地,该村是受害村庄,也不给地价赔偿。其中并有一转业军人吴其贵所分三亩土地,全被挖占无余,影响生活,并且在汛期反而分配吴坑村携带武器看守该段拦水埝,等于自己看埝淹自己,因之群众不通。

（二）本部根据上述情况,认为情况极为严重,虽然你区今年历经大雨,各地农田都被水淹过,但经过本着上下兼顾的精神,抢排抢救,已获得巨大成绩,至于像该两村这样不顾水流,趁势拦水打埝,以邻为壑,引起纠纷,需要弄清是非,合理解决。希望你署、队,抽出一定力量,以专署为主,会同县区干部及当地群众代表,详加查勘,征询群众意见,研究解决,并将积水设法排除,以免影响种麦,对转业军人适当安置。以上意见希研究执行并将办理情形随时汇报为要。①

至此,该上访事件以"对转业军人适当安置"为结果圆满解决。

打官司的事情在水事纠纷中并不少见。对此,田东奎的《中国近代水权纠纷解决机制研究》、郭成伟、薛显林主编的《民国时期水利法制研究》已做了较为深入的研究,本书不再展开。

第七节　调解、威慑、制服——
民间的双向互动

水利纠纷的解决,除了上述各官方渠道以外,民间渠道亦是重要途径。"某种程度上,民间解决机制仍然在水权纠纷解决过程中发挥着重要作用。"②其主要方式是调解和制伏。

调解与反调解:中国百姓向有"屈死不告官"的信条。其原因很多,其

① 《山东省防总关于万福河与彭河纠纷（金乡—巨野）》,山东省档案馆藏,全宗号 A121 - 0 - 12。
② 田东奎:《中国近代水权纠纷解决机制研究》,北京,中国政法大学出版社,2006 年,第 298 页。

中最主要的恐怕还是诉讼成本问题——打官司劳民伤财。于是,长久以来便有央中人说和,调解纠纷的民事习惯。调解一般是由地方"有头脸"的人出面,提出解决方案,求得双方和解。和解人有时需要承担一部分违约责任。调解在水利纠纷中亦很常见,前述沛、滕洛房河案中,民国十年的判例中就有"据滕民孔庆濂、沛民李本忠、林嘉珍、韩志友、戴华南等诉称沛民蔡敦元、鲍友仁控滕民张立诚等挖毁沛堤一案,业于滕沛两县绅民秉公排解"之语,明眼人应该看出,此举应是滕县一方张立诚为避免自己侄子的牢狱之灾而采取的退让措施,而原告亦是看到了调解可得到被告"情愿赔偿沛民蔡敦元等所费公款",同时,法庭判决结果未必收获更大的可能性而撤诉的。这样,最后结果是法庭和解,双方皆大欢喜:"被告张立诚之侄张成荣当庭认错,和解人孔庆濂愿负责任,原告蔡敦元等亦愿不追究,并所具切结当庭准予和解在案。"

在微山湖湖产纠纷中,民间调解也曾发挥过一定的作用,尤其是在"店子事件"以前,双方仇恨尚不是很深之时。例如:1968 年,微山县大捐大队依据该县发给的湖面使用证为由,争收沛县店子大队历史上收割的一片芦苇,经沛县湖西农场赵本松调处,店子大队愿拨一部分给大捐,但大捐坚持要一半,因而再三协商未成。这年秋天收割芦苇时发生械斗,店子村伤4 人,于是恐惧感开始在店子村民中萌生。相反,微山方面因此增加了讨价还价的本钱。故次年 3 月,双方再次谈判,这次的调停人是微山县官庄村的张成法等,这次店子村作了很大让步,同意拨给大捐一半,并划定了临时边界。本案中,赵本松及张成法均是地方上较有影响的人物,据沛县湖田办一位姓吴的工作人员回忆,赵时任湖西农场会计,是"吃计划的人",而张则是小学老师,是"文化人"。

调解不成的情况下,双方的纠纷一般就是所谓的"拼命"了,但是这中间还有一个过程,即对峙,无论在民国时期,还是解放初期,纠纷的双方一般不会马上动手,毕竟动起手来人命关天,除非特别要紧的关头,否则双方都会选择对峙,以期威慑对方,使其知难而退。

在此过程中,双方所能动员的人数是胜负的关键之一,其次便是武器,拥有枪械的一方在这时往往占上风,对方一般会略作让步,但并不等于没有底线,一旦一方触及对方底线,这时一场械斗就在所难免了。

鲁南苏北的民风素来剽悍,沛县号称"武术之乡",人多习武练拳,而微山县渔民向有打猎的习俗,民间多藏鸟铳、鸭枪、猎枪等武器,因此双方的械斗一旦开始,往往非死即伤,极为惨烈。

械斗是在新的基础上获得平衡的前提,即使有上级介入后的调解活动,械斗中占便宜的一方也会在谈判桌上有某种心理优势,而吃亏的一方会沉浸在屈辱之中,总会伺机夺回失去的尊严和利益,这大概就是械斗在某些地方反复出现的原因。还有一些时候,械斗是弱势一方或者相对有理一方引起上级关注,争取上级介入处理纠纷的手段,他们希望通过"把事情闹大""捅到上面去"来争取同情的砝码。

本 章 小 结

所谓水利者,治水以利天下也。"天下之利当与天下共之,顾言水利者往往利于此不利于彼,类不出于以邻为壑之私智。而言一方水利者,其私而不公,固人情所同然也。夫利与害相倚,不受水之利则必受水之害,此欲除水之害而独享其利,必有受其害而不甘独受者矣,何如除水之害而共享其利,使彼亦享其利而共除其害之为得也。"①

在解决水利纠纷过程中,首先必须遵循互谅互让、团结协作的原则。由于水利纠纷情况一般都相当复杂,其间交织着历史与现实之间,国家、集体利益和个人利益之间,政府行为和私人行为之间错综复杂的关系,许多纠纷一时很难查明原因、说清理由、分清是非、明确责任,因而应当本着互谅互让、团结协作的精神处理。

其次是防止矛盾激化的原则。由于环境的不断变化,绝大多数纠纷往往很难一次性地彻底解决。"因此,在水事纠纷解决之前,纠纷各方均应从大局出发,采取克制态度,未经各方达成协议或者上一级人民政府批准,在纠纷区域范围内,任何一方不得采取激化矛盾或纠纷的方式(例如单方面修建排水、阻水、引水和蓄水工程,单方面改变水的现状等行为)。"②

---

① (清)童濂:《书唐陶山先生〈海州志水利考〉后》,见连云港市水利志编撰委员会《连云港市水利志》,北京,方志出版社,2001 年,第 591 页。唐陶山,唐仲冕也,嘉庆十年《海州直隶州志》的编者。

② 蔡守秋:《论跨行政区的水环境资源纠纷》,《江海学刊》2002 年第 4 期。

下编 ｜ 个案研究

第五章 水利单元与行政区划严重错位
——以微山湖水利纠纷为例

第一节 微湖水环境概述

一、南四湖的形成

史载南四湖区自古是一片沼泽,由于黄河多次改道,夺泗入淮,泥沙由西南向东逐渐淤垫,湖西地面高程渐高,据实测,沛城(县)、张楼、谷亭一线淤积厚度一般在3~6米。湖西岸与湖东山丘之间,渐成狭长的四湖基底,随着西、北、东三面众水汇入,潴聚成湖。加之元明清三代王朝经营南北大运河,长期"借黄行运",先后以四湖为水壑、水柜,尤其是明代潘季驯"束水攻沙"以后,黄河河床不断抬升,四湖最后连成一片。但四湖的形成有先后之分,简介如下:

昭阳湖(由沛县东北20公里之昭阳寺得名),又名山阳湖、刁阳湖,形成年代最早,约在明隆庆间(1567~1572)。隆庆之前,昭阳湖范围内曾有大昭阳湖、小昭阳湖、阳城湖等。隆庆以后,汇成一体。

独山湖(因独山得名)在隆庆以前,面积甚狭,且与尹家湖、李家湖、枣庄湖及饮马池诸小湖并存。万历年间成书的《漕运新渠记》载:"独山溢则泄而归诸昭阳。"可见诸湖汇成一体并与昭阳湖相连是在隆庆之后。

微山湖(因湖中有微山,山有微子墓而得名),与昭阳湖相接约在清顺治前。明代史籍多次提到在今微湖范围内有赤山、微山、吕孟(蒙)、张庄等湖,《明史·河渠志》载:留城南尚有武家湖。

南阳湖(由南阳镇得名)形成年代最晚。明代的南阳湖仅为南阳镇附近不远的南北走向的小湖。明万历三十年(1602年),黄河决溢,平地成湖,不久即涸。清乾隆十年至二十五年(1745~1760)间,黄河决口,先后淹没谭村寺、张家埝、鲁桥、枣林和羊头河5乡40余村。因南阳湖地势较高,大水则存,水小则涸,故相当长的时间未得稳定,直至乾隆年间。

民国末年,"微山湖……自东南而西北长 67 公里,最宽 29 公里,全湖面积:高水位时为 590 平方公里,低水位时 480 平方公里……宣泄之路惟恃韩庄之湖口闸、张谷山之蔺家坝。湖口闸为蓄水计,不轻启放;蔺坝附近,河底高亢,虽大水时启放流亦不畅,平时除蒸发外,并无泄量可言,一遇洪水,漫溢滨湖低地,地势使然也"①。(见图 5 - 1)可见,民国时微山湖面积较今小很多,周边有大片的湖田、湖荒可资开垦,因此导淮委员会一度欲整理湖田,以充国库,但因抗战未完全实施。

二、南四湖范围划分

南四湖的划分并无明显界限,各书记载不尽相同。大体如下:

微山湖北起王楼、大捐,南至徐州东北,周 130 公里,面积 531.17 平方公里,湖底真高 30 米。

昭阳湖南起王楼,北至南阳镇南,周 121 公里,面积 337.12 平方公里,湖底真高 32 米。

独山湖西接南阳湖,南接昭阳湖,自南阳镇向东北,经白沙港、西盖村、銮谷堆、满口折向西北,周 62 公里,面积 144.61 平方公里,湖底真高 32 米。

南阳湖南接昭阳湖和独山湖,由南阳南向西北至京杭大运河入湖口,周 80 公里,面积 220.1 平方公里,湖底真高 32.5 米。

二级坝建成以后,南四湖实际仅是上下两级湖,由于二级坝的调蓄,上下级湖蓄水量差别很大。

三、南四湖水环境变迁

南四湖为由西向东倾斜的黄河冲积扇和由东向西倾斜的泗河冲积扇结合的洼地,古泗河流经其间,形成许多小的湖沼群。金章宗明昌五年(1194 年),黄河自河南阳武决口,长期夺泗注淮,徐州至淮阴泗河河床淤高,泗水出路受阻,加之明清两代政府以之作水壑阻止黄河泛入大运河兼作水柜蓄水济运,故至明代后期逐渐形成了昭阳湖、南阳湖、独山湖和微山湖等四个相连的湖泊。其中以微山湖最大,有时统称微山湖。又因在济宁以南,就有了与北五湖相对的"南四湖"之称。

---

① 淮河水利工程总局:《淮河流域水利建设计划》,中国第二历史档案馆藏,全宗号 320。

图 5 - 1　民国时期（1947 年）的南四湖

民国时期，"微山湖跨苏之铜、沛，鲁之滕、峄四县，状若蛋形，自东南而西北长 67 公里，最宽 29 公里，全湖面积：高水位时为 590 平方公里，低水位时 480 平方公里"（见图 5 - 2），由于当时尚未修堤防，"一遇洪水，漫溢滨湖低地"[①]。

————————

[①]　淮河水利工程总局：《淮河流域水利建设计划·总论》，中国第二历史档案馆藏，全宗号 320。此微山湖系专指，并非南四湖。

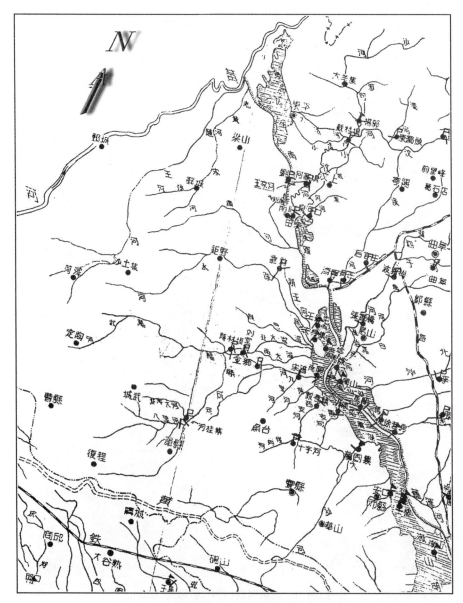

图 5 - 2　新中国成立初期的南四湖及湖西水系

　　湖内微地形及地物也很复杂,较大岛屿有微山岛、独山岛、黄山岛等。
入湖河道泥沙向湖内淤积延伸形成许多"撅嘴",成为洪水下泄的障碍,主要
有泗河形成的南阳镇撅嘴,古薛河形成的安口、大捐撅嘴,湖西大沙河、鹿口
河也有明显的撅嘴。南阳湖内从老赵王河口到南阳镇西,有一条古河道为
牛头河遗址,河道两侧残堤上住着不少村庄。自王口向下一直沿昭阳湖、微
山湖中泓至微山岛西有 10 多米宽,1 米多深的河槽,但没有堤防,称为"小

卫河"。自南阳镇到满口,昭阳、独山两湖以老运河分界,运河两堤上断断续续分布了许多村庄,上级湖蓄水后大部村庄已迁走,河堤已被风浪荡平,只有枯水时才显露。湖内纵横交错不规则的分布着许多船沟,还有许多捕鱼捞虾的埝埂。入湖河道特别是下级湖西几条河道,为引水、排水在湖内挖河堆土。

南四湖是浅水型湖泊,湖内水生植物繁茂。上级湖东西两侧,各河入口附近,及下级湖二级坝至鹿口河入口段,生长了大量的芦苇,再往里是菰蒋。这些苇、草是湖民主要生活来源,但也严重阻碍洪水下泄。

二级坝建成后的南四湖水位、面积、容积关系,1971年流域规划时计算过一次,1988年新测资料又计算一次。关系如表5-1、图5-3。

南四湖流域形状呈掌状,湖在掌心,河流如手指,洪水均向掌心集中。湖东为山洪河道,源短流急;湖西为平原坡水河道,洪水集流及入湖缓慢,如遇长历时暴雨,入湖洪量大,持续时间长。入湖河流较多,其中入上级湖者,湖西有龙拱河、赵王河、洙水河、蔡河、北大溜、南大溜、新老万福河、惠河、东鱼河、复新河、姚楼河、大沙河;湖东有运河、洸府河、西泗河、东泗河、白马河、界河、北沙河、小荆河、城漷河等。入下级湖者,湖西有挖工庄河、沿河、鹿口河、郑集河等;湖东有小苏河、薛王河、泥沟河、薛城大沙河、蒋集河、沙沟河等[①]。

南四湖水系汇水范围西北起黄河右堤,北至汶河左岸,南以黄河故道南堤为界,东以泰沂山脉的尼山为分水岭,汇水区略呈梯形,面积共计3万平方公里,连同湖面面积共3.13万平方公里,其中上级湖2.69万平方公里,包括湖西2万平方公里、湖东6870平方公里、湖面602平方公里;下级湖计3070平方公里,含湖西1360平方公里、湖东1710平方公里、湖面664平方公里。合并计算湖西共2.14万平方公里,其中山区46平方公里、丘陵52平方公里;湖东共计8500平方公里,其中山区960平方公里、丘陵区2269平方公里。流域行政区划跨山东、江苏、河南、安徽四省38个县、市、区。其中山东省境内共28个单位,26429平方公里;江苏省境内三个单位,3076平方公里;河南省境内五个单位1760平方公里;安徽境内二个县460平方公里[②],关系错综复杂。

上下级湖的容量和承担的来水面积亦极不平衡。上级湖承担总来水面

① 水利部淮委沂沭泗管理局:《沂沭泗河道志(送审稿)》,1991年,第86页。
② 水利部淮委沂沭泗管理局:《沂沭泗河道志》,北京,中国水利水电出版社,1996年,第71页。

表 5-1　南四湖水位与面积容积关系表

水位(米)		面积(平方公里)			湖长(公里)	湖宽(公里)		湖深(米)		容积(×10³米³)	岸线长(公里)	岸线发展系数
		水面	岛屿	滩地		最大	平均	最大	平均			
最高水位	上级湖	570.4	31.6	0	69.5	16.3	8.2	5.5	4.3	24.5	174.5	2.02
	下级湖	620.4	61.6	0	53.1	22.8	11.3	5.5	4.27	25.7	172.2	1.98
	全湖	1172.8	93.2	0	122.6	22.8	9.6	5.5	4.28	50.2	334.9	2.76
平均水位	上级湖	568.1	31.6	2.3	66.0	16.3	8.6	2.76	1.56	8.89	170.2	2.01
	下级湖	529.5	61.6	72.9	53.1	22.6	10.0	2.38	1.35	7.17	158.0	1.94
	全湖	1097.6	93.2	75.2	119.1	22.6	9.2	2.76	1.46	16.06	316.2	2.69
控制运行水位	上级湖	567.6	31.6	2.8	66.0	16.3	8.6	2.7	1.51	8.55	168.0	2.00
	下级湖	550.6	61.6	51.8	53.1	22.6	10.4	2.5	1.41	7.78	164.0	1.97
	全湖	1118.2	93.2	54.6	119.1	22.6	9.4	2.7	1.46	16.33	320.2	2.70
死水位	上级湖	394.5	31.6	175.9	64.1	13.6	6.2	1.5	0.60	2.38	182.0	2.59
	下级湖	368.0	61.6	234.4	31.6	19.4	11.6	1.5	0.86	3.17	96.0	1.41
	全湖	762.5	93.2	410.3	95.7	19.4	8.0	1.5	0.73	5.55	278.0	2.85

资料来源：《沂沭泗河道志》。

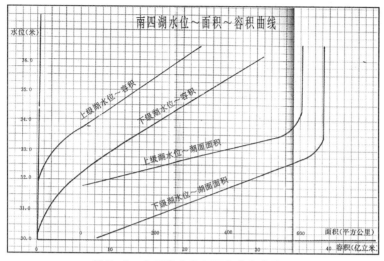

图 5-3 南四湖水位与面积容积曲线图

资料来源:《沂沭泗防汛资料汇编》附图。

积的88%,而容积(23.1亿立方米)仅占总容积的40.4%;下级湖来水面积仅3070平方公里,占总来水面积12%,而容积34.1亿立方米,占总容积的59.6%。[①]洪水需从上级湖泄入下级湖,然后再经韩庄、伊家河及蔺家坝下泄。目前由于上下级湖引河尚未挖至设计要求,更加芦苇茂盛,杂草丛生,洪水下泄缓慢,两湖水位相差很大。为减轻滨湖洪涝,新中国成立后增建泄水出口一处,即1957年以后开挖的新的韩庄运河。同时又通过治理不牢河,进一步增加泄量,以后陆续修建了韩庄和蔺家坝两处枢纽工程。

湖滨地面低洼,湖西河道入湖段比降平缓,湖水位一般高出湖外地面1~3米,大水年达3米以上。因此经常形成坡水不能入河,河水不能入湖的局面,滨湖一带积涝成灾。有时上游河堤漫决,洪水直滚向湖滨,阻于湖堤或受湖内高水位顶托,不能排入。有时湖堤溃决洪水向外横溢成灾。南阳湖滨地势最洼,故受灾也最重。新中国成立以前滨湖地区洪涝灾害尤重,如"民国十五年(1926年)洪水位三六.六公尺,湖西鱼台、单县、金乡各县平地水深二.一公尺至一公尺,皆可行船。湖东滕县亦湮没三十余里。民国十八、九两年,洪水位为三六公尺,鱼台东北两部已成泽国,金乡各河因湖水顶托,不能下泄,亦泛滥成灾。至南阳、独山两湖之水,与微山湖东西两涯各三

———————

① 水利部淮委沂沭泗管理局:《沂沭泗河道志(送审稿)》,1991年,第86页。

十余里,尽成一片汪洋矣"①。

自 1949~1982 年的 33 年中,据济宁市滨湖各县的统计,受灾在 100 万亩以上的水灾有 14 次,旱灾有 12 次,平均水灾面积 135.5 万亩,占该区总耕地面积 480 万亩的 28.2%;平均旱灾面积 85.5 万亩,占 17.7%。其中 1957 年是最为严重的水灾之年,济宁市、济宁县、金乡、鱼台、嘉祥、邹县、微山等七县、市受灾达 478.4 万亩,占全部耕地面积 620 万亩的 77.2%,受灾人口 176.3 万人,倒塌房屋 79.09 万间,占全部房屋的 42.5%,湖河堤防决口 722 处,冲毁桥涵 221 座,减产粮食 7.09 亿斤,直接经济损失约达 2.16 亿元。②

新中国成立以来,国家大力治理黄河,改变了三年两决口的局面,从而使南四湖湖区四十多年来未遭受黄河洪水的侵犯。在此同时,随着淮河流域的整治,南四湖区河道大规模的治理,初步改变了原来多灾的面貌。这些治理工作大体上可以分为五个阶段:

(1) 1949~1957 年。这一时期平原区主要进行旧河道的疏浚和堤防整修,做了部分水系调整,在出路不畅的平原洼地开展沟洫畦田工程;山丘区主要是搞梯田、地埝、谷坊等水土保持工作。初期湖西进行了老运河复堤、南四湖复堤、洙水河复堤、赵王河治理、万福河下游疏浚、复新河治理等。湖东进行了泗河改造、洸府河、白马河治理。1954 年归淮委统一领导后,湖西开挖万福河支流大沙河,湖东进行蜀山湖治理、洸府河支流杨家河治理。1956 年,淮委编制了《万福河流域除涝规划》和《复新河除涝规划》,经水利部批准后即开始对万福河、复新河进行治理,开挖了新薛河等。

(2) 1958~1960 年主要执行了"以蓄为主"的治水方针,大搞蓄水工程。湖东修建了岩马、马河、西苇、尼山四座大型、四座中型及许多小型水库。湖内修建了二级坝(见图 5-4)、韩庄、蔺家坝枢纽工程,利用南四湖蓄水。湖西平原地区除了修建太行堤水库群引蓄黄河水灌溉外,提倡一块地对一块天,大搞畦田和河网化。但各行政区在边界上未经统一规划筑起了高低不等的阻水堤坝,开挖了许多有头无尾的排水河沟,加之引黄灌区发展迅猛,打乱了原有排水系统,从而加重了涝碱灾害,加剧了边界水利矛盾。这一时期又结合河网化搞航运工程,修建了从黄河南岸到蔺家坝的京杭运河和其他一些运河,金乡、鱼台的少数运河到现在还可通航。

---

① 山东省建设厅编《浚治万福洙水河志》,民国二十三年(1934 年)。
② 据《济宁市郊区水利志》《山东自然灾害史》等。

图 5-4　微山湖二级坝

（3）1961~1963 年为恢复调整时期。按谭震林副总理召开的范县会议精神，暂停了引黄灌溉，太行堤水库停止蓄水恢复耕种，东平湖水库也改为滞洪水库。1962 年，根据中央批转的"五省一市平原地区水利问题的处理原则"，恢复水系的自然流势，从而缓解了涝碱灾害和边界水利纠纷。

（4）1963~1980 年。1963 年以后，开始从排入手，按水系统一治理。山东省成立了南四湖流域治理工程局，统一负责该水系的治理。在该局的主持下，湖西开挖了洙赵新河、东鱼河，并治理了万福河及各支流，湖东主要有岩河、马河、尼山、西苇等水库续建工程和灌区开发以及洸府河、白马河治理。江苏境内完成了徐沛河和顺堤河开挖。1972年开始按淮河流域规划实施两项战略性骨干工程即韩庄运河扩大和湖腰扩大，同时还增建了二级坝三座节制闸，开挖闸上引河和闸下东西股部分引河。

（5）1981~1988 年。韩庄运河扩大和湖腰扩大工程均停缓建。湖内主要进行渔湖民庄台修筑及建房工程。为统一管理，国务院批准成立沂沭泗管理局。南四湖区及韩庄运河工程均由地方移交由治淮委员会领导的沂沭泗水利工程管理局统管，对水利纠纷的解决较为有利。

1988 年的南四湖水系如图 5-5 所示。

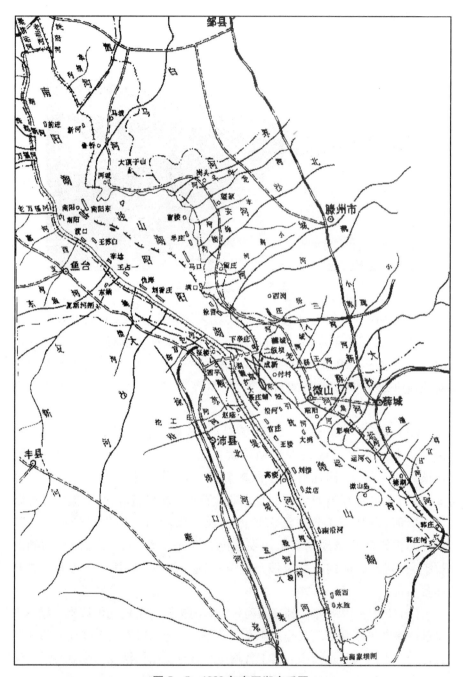

图 5-5 1988 年南四湖水系图

资料来源:《淮河志 综述志》。

第二节　南四湖行政区划变迁

一、南四湖与江苏之关系

抗战以前,沛县、铜山与山东省鱼台、峄县、滕县接壤,而昭阳、微山二湖大部属沛县,小部属铜山(昭阳湖60%属沛,微山湖70%属铜、沛)①,湖东尚有沛县第七区,辖一镇(夏镇,现微山县政府驻地)七乡百余村庄,总面积约118平方公里,耕地12万亩。清咸丰年间,沛县县城曾一度移驻夏镇。抗战及解放战争时期,我党为了适应对敌斗争的需要,曾打乱原省区县的管辖范围,将原为江苏的徐州市、连云港市以及丰县、沛县、铜山、邳县、东海、赣榆划归山东管辖;萧县、砀山划归安徽管辖。国民政府方面的行政区划如图5-6所示。江苏全境解放后,由于苏北是革命老区,苏南是新解放区,工作基础和中心任务不同,故中央和华东局决定建立苏南、苏北两个省级行政公署。苏北行政公署辖境的北界在徐州市东,约陇海铁路沿线。1952年11月15日,中央人民政府委员会举行第十九次会议,根据全国各项民主改革任务完成的情况,为迎接社会主义经济建设新时期的到来,决定调整省区建制,通过了《关于调整省、区建制的决定》。其中第三条规定:成立江苏省人民政府,并于该省人民政府成立后,撤销苏北人民行政公署、苏南人民行政公署。现属山东、安徽省原为江苏旧辖的地区,均划回江苏省属②。1953年元旦,江苏省人民政府成立。不久,设徐州专员公署。1月20日,苏、鲁两省及徐州、济宁、临沂、滕县等专署代表接洽交接事宜,山东方面提出,要求将沛、铜原辖的昭阳、微山湖面及所属沿湖30个村庄(铜、沛各15个)划归山东省,以便以南阳、独山、昭阳、微山四湖为基础成立微山县。(附录4)

1953年4月19日,江苏省代表在山东滕县专署驻地与山东省代表签订了《关于微山、昭阳两湖辖领及其具体界限之划分》的协议书,规定:湖区群众有纯以渔业为生的,有半渔、半农为业的,原则系将以上两种渔民村及湖中全部公田划归微山县。两方具体协议:将江苏省铜山县所属之阎大庄、阎小庄、后八段、七段、后五段、前四段、袁庄、后四段、周庄、高庄、林庄、权

---

① 《江苏省志·民政志》第二章"边界纠纷"提到:微山湖湖区的90%分属江苏省沛县、丰县和铜山县。

② 《关于调整省、区建制的决定》,1952年11月15日中央人民政府委员会第十九次会议通过。

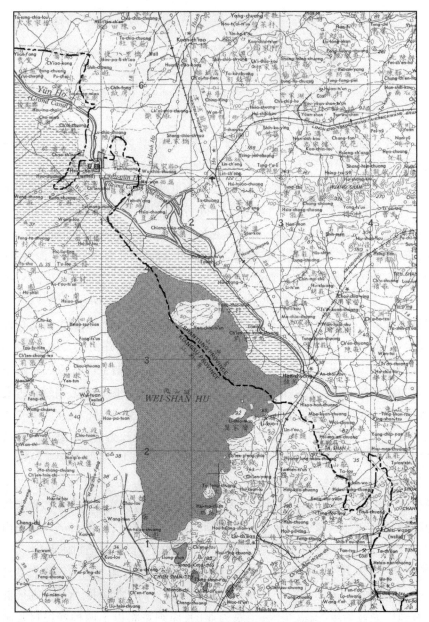

图 5-6 民国末年微山湖段苏、鲁省界

庄、历场、房村、孙庄等 15 村,及沛县所属之王楼、高楼、刘楼、小闸、小四段、程子庙、十三欢、水围(圩)子、官庄、甄王庄、聂庄铺、东丁官庄、东陶官屯、张楼、北丁官屯等 15 个村庄,共 30 村划归山东省滕县专区微山县领导,具体界限基本上以湖田为界,如以上划归微山县领导之村庄有突出于湖田以外者,则以村庄为界。此协议与前述之《意见》在具体村庄上略有出入,数量有所增加。1953 年 8 月 22 日,政务院批准山东建立微山县。9 月 22 日,两省和有关地、县在徐州进行了交接,沛县把 15 个村庄移交微山县。其具体情况见表 5 - 2。

表 5 - 2　1953 年 8 月 22 日沛县移交微山的 15 个
村庄(数据截止日:1953 年 12 月 29 日)

村　名	户　数	人　口	耕地(亩)	非固定地(亩)
水圩子	44	712	260.68	
东丁官屯	307	1567	2801.88	
张　楼	399	1571	2894.88	
东陶官屯	179	898	1121.33	
北丁官屯	186	1002	1268.89	
后程子庙	95	388	493.35	
孙　庄	130	920	675.45	
官　庄	25	100	45.3	
甄王庄	9	36	22.3	
聂庄铺	69	180	535.44	
小闸子	153	330	267.64	870
小四段	196	39	12.06	658
高　楼	117	98	39.36	13
王　楼	89	338	557.43	
刘　楼	32	10	8.4	
小计:15 村	1965	7089	11004.39	1541

南四湖与徐州、沛县、铜山的工农业生产与群众生活关系极为密切。

首先,沛、铜、丰三县有 280 万亩农田涝水排入湖中,200 余万亩农田靠湖水灌溉;南四湖洪水经中运河及徐州境内的不牢河入骆马湖,再经新沂河等入海,因此,南四湖的防洪工程与洪水调度直接关系到京杭大运河、津浦、陇海两大干线、徐州煤田、丰沛煤田及数百万人民生命财产安全。湖西一带长 61 公里范围内,有龙堌、柏屯、大屯、湖屯、鹿湾、湖西、胡寨、魏庙、五段 9 个乡、镇约 30 万沛县群众。① 有铜山县马坡、沿湖、种牛场、柳新、茅村、柳

---

① 沛县志地方志编委会:《沛县志》,北京,中华书局,1995 年,第 126 页。

泉、利国 7 个乡镇(场),湖岸线亦长 61 公里。①

其次,南四湖对于江苏而言有着特别重要的战略意义,尤其是其发达的水运可资农副产品和生产资料运输通道,对苏、鲁两省尤其是地处两端的徐州、济宁二市的工农业生产的发展贡献颇大。

另外,勘测表明,湖西煤田储量丰富,且有大片伸入湖内(约 1077 平方公里),湖内煤炭总储量为 79630 万吨,设计可开采量为 934.5 万吨,其中大屯煤电公司姚桥矿开采湖内面积为 225 平方公里、徐庄矿为 11 平方公里、孔庄矿为 12 平方公里。②

二、体制惯性和政治需要——微山县的建立

"行政区划和地方政府组织作为地方行政制度的两翼,其创设和变迁,首先要服从于政治目的和政治需要,因此两千年来地方组织和行政区划诸要素(层级、幅员、边界等)也就随着中央地方关系钟摆的来回摆动而变化,未尝稍息。"③用这句话来看待微山县的设置也许再合适不过了。

微山县的建立,今天看来主要是因为解放初湖区特殊的政治环境。从宏观来看,当时正值抗美援朝战争停火协议签字,国内的土改运动也刚结束。微观而言,"湖区分属山东、平原两省八县,地理环境及社会状况异常复杂。微山湖周围地区的国民党反动派的残渣余孽纷纷逃进湖里,与当地土匪湖霸勾结,利用港湾湖汊,蒲蓼芦荡,打家劫舍,杀人放火,与新生的人民政权作对,妄图作垂死挣扎",因此"匪特患严重"④。另外,湖区还有大量的反动会道门,如"一贯道、眼光道、北方道、前山道、中央道等",多达 32 种,设坛口 92 处,道徒 5158 人,遍及沿湖 311 个村庄。⑤ 湖区工委和湖区公安局便是在此背景下设立的。

现在微山县的驻地夏镇,原称夏村。南宋绍熙年间(1190~1194),黄河南泛,夺泗入淮,朝廷派员驻守夏村。隆庆元年(1567 年),漕运新渠(济宁至境山段)竣工,南北漕运畅通,夏村港口船舶日增,工商业渐兴,遂改村为镇。咸丰元年(1851 年),黄河决于蟠龙集,淹没沛县栖山县城,知县景步逵迁县治于夏镇,至咸丰十一年(1861 年),夏镇为捻军所破,遂迁治于大桥寨

① 铜山县志编纂委员会:《铜山县志》,北京,中国社会科学出版社,1993 年,第 162 页。
② 徐州矿务集团资料室:《大屯矿区总体图》,1982 年 6 月。
③ 周振鹤:《中央与地方关系史的一个侧面(下)》,《复旦学报(哲社版)》1995 年第 4 期。
④ 中共微山县委党史委:《中共微山县历史大事记 1949.10—1994.12》,北京,中共党史出版社,1996 年,第 1 页。
⑤ 中共微山县委党史委:《中共微山县历史大事记 1949.10—1994.12》,北京,中共党史出版社,1996 年,第 35 页。

（今所）。① 同治元年（1862 年），沛、滕界线夏镇段有所变动，西城属沛七区，北城属滕十区，东城分而治之，便有了"一步两省三座城，一条大街两县分"之说②。

1937 年全面抗战爆发后，中共建立沛滕边县，夏镇统属之，隶苏鲁豫特委领导；1944 年 7 月，沛滕边县撤销，夏镇属临城县，隶中共鲁南二特委。1948 年 7 月，夏镇解放，次年成立以南四湖为基础的湖区工委及湖区公安局，后建湖区工委办事处。1950 年 1 月 13 日，鲁中南区党委对台枣地委关于湖区工委所辖区划的报告做了批示，同意"凡沿湖 2.5 公里左右村庄可根据群众的职业现状，凡以渔业生产为主以及与湖产渔业有密切关系者，可全部划入湖区"③。1950 年 5 月撤销湖区工委和办事处，仅留湖区公安局负责剿匪，属滕县专署。1951 年复湖区工委和办事处，1953年滕县专署移驻济宁，改济宁专署④，10 月"以微山、昭阳、独山、南阳四湖湖区为基础，将湖内纯渔村及沿湖半渔村划设为微山县，其辖区范围计包括江苏省沛县所属的王楼等十五个村及原属山东省嘉祥县的孙庄等三十三个村，鱼台县的王口等七十五个村，凫山县的马口等四十二个村与鲁桥、南阳两个镇，薛城县的南门外等六十九个村与夏镇、峄县的前寨等十六个村与韩庄镇、黄山岛，以上共计二百五十个村，四个镇，一个岛，县治暂设于夏镇"⑤，正式建立微山县。

第三节　从打团到械斗——
沛微湖田之争的缘起

一、湖田及其类型

所谓湖田，即昭阳、微山湖沿岸的大片可耕地的通称，其面积随旱涝程度、水位高低而有所变化。从 1855 年以后，现在苏北大堤以东的一片土地，

---

① 于书云修，赵锡蕃纂：《（民国）沛县志》，台北，成文出版社，1975 年，第 208 页。
② 微山县夏镇史志办公室：《夏镇史志资料》，1988 年。
③ 中共微山县委党史委：《中共微山县历史大事记 1949.10—1994.12》，北京，中共党史出版社，1996 年，第 23 页。
④ 微山县夏镇史志办公室：《夏镇史志资料》，1988 年。
⑤ 中央人民政府政务院 1953 年 8 月 22 日印发《同意山东省以微山等四湖湖区为基础将湖内纯渔村及沿湖半渔村划设为微山县》，中央人民政府政务院（批复）（53）政政邓字第136 号。

统称之为湖田。民国时期,政府欲整理南阳、昭阳、微山三湖之湖田。"因漕停河废,遂失节宣吐纳之灵,复经积年山洪,挟带泥沙而至,湖几淤饱,不利收潴,咸易沧桑,渐缩沮洳,宏开阡陌,此争彼夺,禁制殊难。初为息事宁人,用特派员经管,以杜纠纷之渐,而树整理之规。始设专局以征租,继拨公田而押价,此湖田经过之历史也。查湖田自前清光绪二十八年开办,归兖济道监管,用招佃制,设南北路两总局司租,嗣经清丈南旺、马踏,略有梗概,民二划归财厅,亦系税收性质,对于清丈,仍无发展"①。

湖田由于改租为赋的先后不同,故而形成了许多的名称:

大粮地:坐落在苏北大堤以东,新湖堰以西,33.5 米高程以上。这部分土地较少水淹,收成稳定,在同治五年(1866 年)就已确权发证。

小粮地:是升科地和新增地、新涸地的总称。升科地是改租为赋,由国有变私有的土地。新增地和新涸地都是新涸出的改租为赋的土地。这三类土地,因其保收程度和缴纳田赋次于大粮地,故称小粮地,亦持有土地证契约。

学田:坐落在新湖埝西侧,从湖屯乡三座楼向南至魏庙房村,是曾国藩处理湖西土客之争时,将部分客民逐回原籍,其土地由沛民先凭证认领,余下部分交徐州府府学、县学等教育部门,由百姓佃种,收入作为办学、造士之资,故称之为学田。这部分土地土改时已填写了土地证草稿,但未正式发土地证,亦属确权土地。

苗租地:亦称老荒、乱段。坐落在三道边以下,旧时见苗纳租,故名苗租。地权归国有,群众有使用权。使用权也可转让,但立约称谓不同,新增、升科地立"出卖约人",苗租地立"转租地人"。其地土改时大部分已分给群众用来培植芦苇、苦江草,属使用权确定。

此外,还有节子地、方子地(如龙固乡就有回龙方、三里方等地名)、赔偿地(胡寨、魏庙乡)、余田、儒田等。名称虽多,但就其性质来说,一是私有土地,有约有据,按规定向政府纳租,如大粮地、小粮地、学田等;二是国有土地,民人有使用权,有收益才向政府交税,如苗租、老荒、乱段等。

二、土客之争

湖田的大规模开垦始于黄河北徙之后。

清咸丰五年(1855 年),黄河决口于兰仪(今河南省兰考县),山东郓城

---

① 张含英、刘增冕:《山东建设厅整理湖田之过去及将来》,《山东建设月刊》,第 2、3 期,山东省建设厅民国十八年十二月印行。

等县正当其冲,于是,郓城、嘉祥、巨野等县之难民,由山东迁徙来徐,"如江苏铜、沛两县,自黄河退涸,变为荒田,山东曹、济等属民人陆续前往,创立湖团,相率垦种"①。来的最早的是巨野人唐守忠所率的难民团,查《巨野县志》载:"咸丰五年乙卯六月,河决铜瓦厢,水趋濮范支流,同菏境双河口侵入赵王河、济河,清水漫溢县境。是年,邑绅唐守忠、王孚等开垦湖田。"②照此记载来看,似乎唐某仅是一位"邑绅",事实果真如此么?

《清史稿》载;唐守忠,"钜野(今巨野)人。咸丰初,为平阳屯屯官。……与乡人生员张桂梯、职员姚鸿杰等议举团练",协助政府与太平军、捻军相抗衡,"为守卫计"。很快"集义勇五千余人",使得地方土匪"惧,以所劫物展转还守忠,并乞随团剿贼,誓不为乱,守忠察其诚,纳之",又"使子锡龄偕张桂梯各村劝捐助赈,富出赀,贫出丁,括计余粮,计月分给,谓之均粮,而团练之势愈固。曹州、济宁两属乡团来附,贼不得逞,去"。咸丰五年,河决铜瓦厢,郓城、巨野、嘉祥等县当其冲,守忠"闻丰工黄水下游淤涸成滩,官出示招垦,因率灾民数万人南下认种。仿屯田法,以教谕王孚、千总唐振海等分领之,名曰湖团,亘二百余里,潜沟筑圩,编保甲,严守望"③。王孚即后来北王团的首领,"字惠中,道光己酉拔贡,选授青城县教谕",也是当时地方上颇有身份的人,"晚岁开垦沛县湖荒,保全难民"④。民国《沛县志》载,唐"字尧山,山东曹州巨野人,性慷慨好义,初任平阳屯官,洁己爱民,颇著政声……黄河徙,沛、鱼边境湖滨一带地涸,河督庚长以土著流亡,出示招垦,曹、济灾民失业欲往应佃,虑无统属,因共推守忠。守忠久伤东民流离,恐生事变,遂率众领照垦荒,因移湖陵家焉"⑤。原来,在唐、王等人来沛县开垦湖田之前,已经是名震一方可与太平军及捻军抗衡的团练头目,手下少说有万名乡勇,其中还有一部分做过土匪,难怪其一来到微山湖边,即掀起波澜。

鲁民初来之时,捻军势炽,为了防卫,他们便打造兵器,修筑堡寨,推举首领,以若干村落或家族结为团体,称"团",鲁音读作去声(tuàn)。今铜沛沿微山湖一带尚有不少地名写作"段",如四段、五段、前八段、后八段等,但当地人均读作 tuàn,应为鲁音"团"转化而来⑥。团民推出的首领称"团

①　《清史稿》卷一二〇《食货一》,北京,中华书局,1976 年,第 3485 页。

②　《钜野县志续编》卷一《编年志》,第 67 页。

③　《清史稿》卷四八三《唐守忠传》,北京,中华书局,1976 年,第 13647 页。

④　郁潜生等:《(民国)续修巨野县志》卷五《人物志》,第 253 页。

⑤　于书云等:《(民国)沛县志》卷一六《湖田志》,《中国地方志集成·江苏府县志辑 63》,第 234 页。

⑥　据《马坡乡志》载,所谓段是"按十个数字的顺序自北向南排列村名"录此存疑。见《马坡乡志》(内部资料),《马坡乡志》编纂委员会 1999 年编,第 73 页。

董",其姓氏即为团号。

唐团数万人口,初来乍到之时,着实令人惊惧且担忧,故当时徐州道王梦龄"以其形迹可疑",勒令沛、铜二县押逐回原籍,但其后来者益多,沛县地方官自感无法控制,于是禀请:"以居民亡而地无主也,且虞游民之无生计也,遂许招垦,缴价输租以裕饷。"①经南河河道总督庚长批准后,沛县官府责令归还其所占沛民有主土地,并派人丈量无主湖田,分上中下三等暂令耕种纳租,并设湖田局主管其事。为防沛民与客民争地,即于沛团交界处通筑长堤一道,称为"大边"(其址基本上沿今苏北堤河一线),以为界线,山东来的客民从此便定居下来。当时,沛县境内有北王团(龙固乡)、唐团(杨屯、大屯乡)、赵团(湖屯乡)、南王团、刁团(胡寨、胡西乡)等五个团。至咸丰八年,自北至南计有魏团、任团、北王团、唐团、北赵团、南王团、南赵团、于团、睢团、侯团等十个团。北王团及以南有八团均处沛、铜县界。

此前,咸丰元年(1851年)闰八月,黄河决于丰县,微山湖西的沛县、鱼台一带顿成泽国,沛县县治被迫从西岸的栖山迁往东岸的夏镇(今微山县政府驻地),百姓也大多迁徙他处。团民垦种湖田的同时,徙居它处的沛县土著民亦陆续回籍,"铜沛之土民……迨后数载还乡,睹此一片淤地变为山东客民之产,固已心怀不平……沛民之有产者,既恨其霸占,即无产者亦咸报公愤。而团民恃其人众,置之不理,反或欺侮土著,日寻斗争,遂有不能两立之势"②。但过去的土地已为团民所占垦,虽然官府责令团民将原有民田归还原主,但多年黄水浸泡,哪里还分得清良田、荒地?加之不少田主逃难在外,地契或遗失不存,或漫灭不清,口说无凭,无以为据;即使有凭有据,田地间于团民垦荒地之间,难免受其欺凌。团民沿湖而居,与沛民隔"大边"相望,"边里"、"边外"鸡犬之声相闻,民至老死不相往来。沛民向有经营湖产的传统,所谓湖产,即微湖的鱼虾水产和芦苇、苦江草、菱、藕等水生植物,但一条大边无疑给沛民设置了一道巨大的障碍。铜、沛土民于是相率与"团民"争湖田抢湖产,名曰"打团"。但鲁地民风,向来"果敢有为,富于联络性"③。因唐团迁来最早,人口最众,面积也最大,联络性尤强,一遇事,顷刻几十个村庄上千青壮年云集响应,故此,在长达一个半世纪的沛团纠纷中,团民始终较占便宜。沛民无奈,遂求助于官府。

咸丰九年(1859年),沛民告侯团"窝匪"(捻军),徐州道道员即派兵将

① 《铜沛湖田纪事始末》,见《铜山县志》卷一五《田赋》,成文版,第244页。
② (清)曾国藩:《查办湖团甄别良莠并筹善后事宜及奖惩折》,《曾国藩全集·奏稿九》,长沙,岳麓书社,1991年。
③ (清)潘时琮:《(光绪)郓城县乡土志》,第13页。

侯团驱逐出境,另选团董,募民垦荒,是为刁团。后又有客民于唐团以西建新团,于是"铜、沛土民因客民占垦,日相控斗"①。如咸丰九年(1859年),"团民攻破刘庄砦,杀十三人"②。"同治元年(1862年),又有东民在唐团边外占种沛地,设立新团,屡与沛民械斗争控。"③同治三年(1864年),"团民冒称官军,赚入土友砦,又杀三十二人"④,至此冲突达到高潮。此后,沛民张其浦、张士举、王献华、刘际昌(其父刘品被团民杀于刘庄砦)赴京控告,矛头直指团民首领唐守忠。不久,刘际昌在途中被人毒死,可谓惨烈。同治三年(1864年)沛、团大冲突后,徐州道吴棠上奏朝廷,并直接派兵镇压团民。同治四年(1865年)五月,曾国藩为平定捻军,以钦差大臣身份莅临徐州,铜、沛官绅赴其行辕"控告各团,呈词累数十纸"⑤。曾国藩经过仔细甄别,将有"勾贼"、"容贼"(贼指捻军)嫌疑的刁团、南王团逐回原籍,将其垦种的湖田部分分与沛民,部分充作军屯及徐州府县学田。"凡铜、沛两县书院之膏火,小考之卷价,乡试之宾兴费,会试之公车费,各准拨田若干,以为造士之资"⑥。对余下的唐赵等六团准其滞留徐境。"其余安分各良团,均不得概行驱逐。所垦田亩,均准其永为世业"。为绥靖地方,"拟请设立同知一员,俾客民有所依归,或令徐州同知移驻该处,听断词讼,稽查保甲,筹办湖田一切事务"⑦,并告诫"尽消争讼之嫌,同敦睦渊之谊"⑧。至此,沛、团之争总体而言暂告一段落。清政府认为这件事的处理颇有推广意义,"同治五年,户部奏:'查明容留捻匪之刁、王两团,驱回原籍。安分良团,即令各安生业。'凡此夷、汉之杂处,土、客之相猜,虑其滋事,则严为之防,悯其无归,则宽为之所,要皆以保甲为要图"⑨。明显将此事作为范例加以推广。至光绪三十年(1904年),官府将凡百姓出钱承领的土地,由官家发给红契(叫司昭),以资证明,沛民对湖田的所有权得到确认。尽管如此,微湖地区小规模的土客之争仍不时发生,终清之世及至民国始终未曾间断。双方长期仇视,

---

① 《清史稿》卷一二〇《食货一》,北京,中华书局,1976年,第3485页。

② 于书云修,赵锡蕃纂:《(民国)沛县志》卷一三《人物志》。

③ (清)曾国藩:《查办湖团甄别良莠并筹善后事宜及奖惩折》,《曾国藩全集·奏稿九》,长沙,岳麓书社,1991年。

④ 于书云修,赵锡蕃纂:《(民国)沛县志》卷一三《人物志》。

⑤ (清)曾国藩:《查办湖团酌筹善后事宜折》,见沈云龙《曾文正公全集》卷二四,台北,文海出版社,1974年。

⑥ (清)曾国藩:《筹办湖团疏(同治五年)》,见沈云龙《中国近代史丛刊(第75辑)》,第888页。

⑦ 同⑥。

⑧ 同③。

⑨ 《清史稿》卷一二〇《食货一》,北京,中华书局,1976年,第3485页。

不相往来。民国时，"县西北境滨微山湖岸，绵延约五十华里，该处传于曾文正公剿捻军时，以鲁南岁歉，因移一部饥民到此就食。……彼等为争取生存，颇团结，与南地居民不通婚媾，即世居于此，乡音亦不稍改"①。

三、界线不清与权属不明——湖田产权之争

新中国成立前及建国初期，今存在争议的微山湖地区均在铜山、沛县境内。抗日、解放战争时期，中共徐州市委及所属丰、沛、铜、睢、邳等县县委属山东省委管辖。1949年淮海战役胜利后，沛县属山东省滕县专署管辖。1953年，苏北、苏南两行政公署合并，恢复江苏省，即将徐州等地划回，但山东向江苏提出将微山、昭阳两湖湖面及所属沿湖30个村庄（沛县15、铜山15）全归其新设之微山县管辖的要求。根据1953年4月19日两省签订的《关于微山、昭阳两湖辖领及其具体界限之划分》的协议书的规定：

（1）湖田产权与湖产管理问题。在上级统一规定前，凡沿湖群众耕种之湖田，无论耕种年代远近，未曾确权发证者，均属国有，只能允许有其使用权，不得典卖赠送。沿湖群众原以湖产（如采菱、藕，培植芦苇等）为副业生产者，仍依其习惯不变，对湖田、湖产之管理均由微山县负责。

（2）税收问题。凡属湖田，按"人随地走"之原则，由微山县征税，属于已确权发证之农民私有土地，则依"地随人走"之原则，向其住地政府缴纳。至于未过拨之土地，则可由地之所在政府征税。

（3）治水问题。必须照顾双方群众利益，互相支持与协助。具体办法仍遵照1949年徐州会议（由苏北、皖北行署及山东、平原省代表出席，华东局主持召开）各项决议执行。铜北、沛县如受水患须向湖内排泄时，微山县得允许其排泄；如需浚河导水出湖时，必须一直将河道导入湖水内。

（4）治蝗问题。沿湖地带不断发生蝗灾，由于湖区群众分散且多系渔民，扑治无力。因此决定：如遇蝗灾需动员群众扑治时，以江苏为主扑治；微山县出蝗地带之当地政府应疏导该区农民积极协助，统一服从江苏指挥。

（5）凡不隶属微山县沿湖渡口之船只，按民船统一管理，原则由微山县统一负责管理，但只限于船只；至于有牵扯地方行政事宜，则仍由当地政府负责处理。②

---

① 王公屿：《我在铜山县长任上》，见《徐州文史资料（第5辑）》，1985年。
② 《关于微山、昭阳两湖辖领及其具体界限之划分》，徐州市档案馆藏，全宗号C21-2。

　　时江苏仅建省 20 天,未及征求地方意见即表同意,遂将湖西沛县 15 村划归微山县(铜山县村庄并未交付)。微山县治建于湖东夏镇(原属沛县),其辖地还有原滕县、济宁的部分地区。1956 年,江苏为开发利国铁矿(位于徐州铜山县北部),提出将山东峄县、微山 35 村划归徐州,作为补偿,山东方面提出由微山县管理微山湖。1956 年 7 月 11 日政务院批复该区划调整,并规定:"微山湖湖面归山东管辖。""沿湖群众原以湖产(如采菱、藕,培植芦苇等)为副业生产者,仍依其习惯不变。"①该规定看似周详,实则漏洞颇多,在实际贯彻执行的过程中屡屡遇阻,明显没有考虑到湖田的变化情况,尤其是湖水位下降以后新涸出的湖田的处置办法,且此种将所有权与使用权割裂开来的办法实为今后纠纷之伏笔。

　　前文已述,自清咸丰五年立团以后,沿湖国有湖田通过承领确权为私有产业者共有两次。一次是在光绪三十年(1904 年),一次是民国六年(1917 年),根据地形高低分为上中下三则,交款承领,并由湖董②丈量土地,发给号票作为临时证明,以后再凭号票领取部照。由于当时群众拿不起钱,承领事宜一直拖到民国十六年(1927 年)才告结束。1951 年土改时,原来属于群众私有的升科、新增、新涸地都填发了土地证,并将没收地主、富农的土地及公有性质的学田都分给了群众,除原二区(现胡寨乡、湖西乡)因工作问题部分村只填写了土地证草稿外,余下都发了土地证。据沛县财政部门征收农业税的统计资料,湖田确权发证 93000 余亩,发土地证 2.8 万余张。从至今残存的 1428 张土地证和存根显示,当时累计升科、新增、新涸地有 4087 亩。这部分土地,大部分在 32.5 米高程以上,也有少数在 32.5 米高程以下者,如鸭子圈、刘楼东等。土改时,这部分土地是与上边的大粮地分两次填写在土地证上的(因当时有水无法丈量)并注明"有固定权益"或"无固定权益"字样,以便根据实际情况完粮纳税。③

　　对新增、升科、新涸地以下的生涸地、苗租地,1951 年 9 月 27 日,沛县县委提出地权归公,使用权原则上归原使用者,没收地主的土地所有权,分配给有劳力的烈、军、工属和贫下中农的意见,上报滕县地委,滕县地委 1951 年 10 月 2 日批示同意沛县的意见,国有湖田的使用权由此确定给群众。据沛县农业和财政部门提供的统计数字,从 1953 年至 1956 年沛县群众使用湖田情况如表 5-3 所示。

---

① 《关于同意山东省将峄县、微山所属的 35 个村庄划归江苏省徐州市领导的批复》,中华人民共和国国务院(56)国一内罗字第 124 号,沛县档案馆藏。

② 即经办湖田事务的人。

③ 肖淑燃、王亚东:《微山湖矛盾斗争史》,1987 年,第 17 页。

表 5 - 3　沛民使用湖田情况（1953～1956）

年　份	夏粮面积（亩）	秋粮面积（亩）	征税面积（亩）
1953 年	112980	8697	94000
1954 年	66744	55019	48000
1955 年	33310	16648	33000
1956 年	50090	22042	30000

注：征税是实收面积，不是实际耕种面积。

此后，1954～1958 年，沛县沿湖群众按照 1953 年协议中的规定和 1951 年土改时确权发证的情况进行耕种，与微山县群众基本上没有发生纠纷。1959 年大旱，湖水下降，湖西岸退出大量湖田（沛县境内约有 18 万亩之多），适逢大跃进风起，人民生产热情高涨，沿湖干群要求种植湖田。9 月中旬，沛县 17 个公社出动约 2 万余人，耕畜千余头，耕翻湖田 8 万余亩。10 月 15 日，复出动 2 万余人及大批耕畜进行三麦播种。微山县见状，于 10 月 23 日成立湖田指挥部，也组织一部分群众种植湖田。并向沛县提出：湖田不准继续耕种，已耕的由微山县收，正在播种的立即停止等要求。为了防止发生纠纷，10 月 25 日，沛县派李德伦副书记去微山县委联系，接着又去济宁地委，说明沛县群众种植湖田是符合"五三年协议"规定的。10 月底，徐州专署汤海南副专员、济宁专署杨副专员来沛县协商解决，责令沛县停止种植湖田。11 月初，沛县人畜全部撤回。至此已种植湖田 8.4 万余亩。

其后，江苏省、徐州专署负责同志责令沛县县委检查，沛县县委于 1959 年 11 月 30 日作了《关于违反协议种植湖田的检查报告》。中共徐州地委于 12 月 1 日将沛县报告转报省委。江苏省委于 12 月 11 日通报全省，指示："沛县县委违反 1953 年江苏、山东两省协议，种植微山湖湖田 8.4 万亩，这种本位主义思想、行为是完全错误的。"从此，沛县领导严禁沿湖群众入湖生产，引起了群众的不满，纷纷赴省、地上访。

1961 年 7 月，微山县将微山、昭阳湖西原属沛县耕种的湖田（包括土改时确权发证的土地）全部分给该县的社队、机关、学校，并以农林局的名义发出了《关于对昭阳、微山湖西七万亩土地耕种问题的具体安排意见》[①]，同时在湖西建立了农场，场址设在湖西大堤李集公社群众的土地上，并组织湖东大批群众行走几十里路来湖西种地，引起湖西群众不满，拔电线杆、拦截拖

① 微山县农林局：《关于对昭阳、微山湖西七万亩土地耕种问题的具体安排意见（1961 年 7 月 27 日）》，见肖淑燃、王亚东《微山湖矛盾斗争史（附件）》，1987 年，第 113 页。

拉机等纠纷不断发生。

四、从徐州会议到济南协议

1961年8月15~24日,面对愈演愈烈的湖田纠纷,江苏、山东省民政厅,徐州、济宁专署,沛县、微山二县负责同志于徐州协商解决。双方交换了情况和看法,提出了解决的方案,但因所提方案差距较大,尤其是对纠纷起因的认识上有分歧,故未达成协议。

山东省代表认为:纠纷产生的根源是体制问题。沛县群众入湖生产,影响其统一管理,不便统一规划,无法改变"湖产无主,万民求食"的现象。因此,必须改变沿湖村庄体制归属问题,具体意见:① 将苏北大堤以东的一百三十余个村庄,八万多人口,三十余万亩土地全部划归微山县所辖;② 以京杭运河为界,将沛县河堤东的全部土地和堤西无证土地均划归微山县所有①。

沛县认为:纠纷的实质是微山县违反了1953年两省协议,侵犯沛县沿湖群众土地使用权引起的,不是什么区划体制问题。1953~1958年,沛县沿湖群众按照协议规定种植湖田,并未发生过纠纷。1959年以后,由于微山县不让沛县群众耕种其长年使用的湖田,因而发生了纠纷。沛县的解决纠纷的方案是:① 进一步明确沛、微两县的具体县界。1953年两省协议第二条规定:"具体界限,基本上以湖田为界,如以上划归微山县领导之村庄有突出湖田以外者,则以村庄为界。"第三条第一款又规定:"凡沿湖群众耕种之湖田,无论耕种年代远近,未曾确权发证者,均属国有,只能允许其使用权,不得典卖赠送。"按此规定,两县县界应在已确权发证之湖田与国有湖田之间。② 关于国有湖田产权与湖产经营管理问题。1953年两省协议规定:"沿湖群众原以湖产(如采菱、藕,培植芦苇等)为副业生产者,仍依其习惯不变。对湖田、湖产之管理,均由微山县负责。"据此规定,沛县意见:原湖东、湖西群众生产是以湖中卫河为界,卫河以西沛、微两县群众仍应按其习惯经营范围继续经营,个别边界不清的,通过协商划清范围。沛县群众经营湖产,应遵守微山县的统一管理。微山县应尊重和维护沛县群众经营湖田、湖产的权利。③ 税收问题。按照1953年两省协议的规定,沛县群众经营湖田、湖产,应依照国家税率的规定向微山县缴税。

双方代表经过一番争论没有结果,即暂告休会。

1961年10月10日,以两省副省长为首的苏、鲁代表团,再次于徐州协

---

① 《会议纪要》,徐州市档案馆藏,全宗号C21-2。

商解决。会议进行了 20 天,未达成协议。10 月底,协商会议由徐州迁至济南。11 月 15 日,山东省委书记周兴参加了会议,听取了两地、县代表的意见,最后周兴书记和韦永义副省长都讲了话,会议基本取得一致意见。

　　11 月 18 日,济南会议刚结束,会议精神还未贯彻下去,就发生了一起武斗流血事件。因争种湖田,微山县王楼大队大队长姜×赞指挥社员姜×居开鸭枪打死沛县大闸大队社员刘大道一人,打伤沈化昂、宋相虎两人。事件发生后,山东省曾派省政府副秘书长马巨涛、济宁地区副专员宫祥等来沛对死者家属及伤者表示慰问。后微山县人民法院判处凶手姜×居有期徒刑五年,姜×赞有期徒刑二年,缓刑二年。

　　济南会议后,两县按照会议要求,组成了联合工作组,进行具体落实。经两县协商,照顾渔民的土地从五处拨给:二级坝南六百公尺,挖工庄河南三百公尺,官庄河南六百公尺(南北长度)。因当时有水,东西宽未丈量,两县明确到真高 32.5 米为止,有多少算多少。

　　除去上述拨给渔民的土地外,其余的湖田仍归湖西村庄按原来土改分配和历史种植情况耕种。此后,湖田纠纷基本平息,但湖产纠纷又日益尖锐起来。

第四节　纠纷的激化——沛微湖产之争

一、湖产——日出斗金

　　南四湖是一富裕型湖泊,水产资源丰富,素有"日出斗金"之称,仅鱼类就有 10 目 15 科 50 属 78 种[1]。主要经济鱼类是鲫、黄颡鱼、乌鳢、红鳍鲌、长寿鳊和鲤六种。渔获物中鲫鱼居首位,占 69.15%。南四湖的鲤鱼肉嫩味美,蛋白质高,过去作为贡品,现在为国宴佳馔,可惜产量太少。鳜鱼也是名贵鱼类,肉味鲜美,为当地群众喜爱,产量也已很少。

　　南四湖有浮游动物 259 种,底栖动物包括软件、节肢、环节动物共 68 种及水生昆虫 15 科。维管属植物共有 28 科 45 属 74 种。据以上动、植物单位面积生物量、分布面积及全湖生物量估算,全湖各种饵料资源的渔产潜力

---

[1]　山东省计划委、中科院南京地理所、济宁市人民政府:《南四湖综合开发规划》(内部资料),第 82 页。

为 21 公斤/亩,以沉水植物为最高,占 33.4%。[1]

20 世纪 50 年代,南四湖鱼类资源丰富,产量高,年均产鱼 2.16 万吨,湖面单产 12.91 公斤。1954 年最高达 23240 吨。60 年代年产量下降为 9025 吨。1972 年以后贯彻了养捕结合的方针,年产达到 18600 吨。80 年代以来开始加强渔政管理,采取增值措施,规定禁捕期、禁捕区,鱼产量回升至 1.5 万吨。但由于捕捞强度过大,引水提水过多,加之连年干旱,死水位不保,以及污染等原因,鱼产量回升缓慢,有些年仍呈下降趋势。[2] 其他水产主要虾类有白虾、青虾、草虾、花腰、日本沼虾等,年产量为 2000~6000 吨,占渔业产量的 12%~28%。

除渔业外,南四湖还有着其他丰富的动、植物资源。

动物主要为微山麻鸭、百子鹅等家禽。其中尤以麻鸭最为著名,产蛋率高,制成的"龙缸"松花蛋驰名中外,畅销日本、香港等十多个国家和地区,被评为国家优质产品。还有种类繁多的野生水禽,如绿翅鸭、绿头鸭、针尾鸭、赤麻鸭、豆雁、鸿雁、斑头雁等。还有四种国家保护的珍禽大天鹅、小天鹅、大鸨、鸳鸯。据 1983 年冬季调查,有红骨顶、白骨顶鸟类约 52 万只,绿头鸭、绿翅鸭等鸭类约 90 万只,雁类约 2.2 万只,秧鸡和小鹏鹈等各约 8 万只。湖内水禽最高年产量达 300 吨(1956 年),以后由于生态环境改变和滥猎,资源和产量有逐年减少的趋势。[3]

植物中经济价值较高的有苇、菰(苦江草)、莲、芡(鸡头米)、菱等。尤以芦苇面积最广,多年来分布面积 30 万亩左右,总产量达 12.8 万吨(折干重),年产值为 2000 余万元。据 1986 年红外遥感解译,芦苇面积 40 万亩,产量约 12 万吨,菰面积约 20 万亩,年产 6 万吨[4]。尤以芦苇生长茂密,严重影响湖内行洪,根茎腐烂,加速湖的沼泽化。其分布原多在上级湖,二级坝蓄水后,上级湖减少而下级湖增多。因其价值高,湖西群众与湖内群众多次争收,酿成械斗,造成伤亡事故。

微山湖是全国三大芦苇产地之一。编席、打箔是沿湖较为普遍的家庭副业,也是群众收入的主要来源之一,经济效益甚为可观。据不完全统计,解放初期沛县沿湖群众培植芦苇、苦江草近 20 万亩。二级坝建成后,沛县群众在上级湖培植的芦苇淹掉七万亩。至 20 世纪 80 年代初,沛县沿湖七个公社、农场,经营湖产的有 84 个大队,774 个生产队,25 万人,经营芦苇

① 水利部淮委沂沭泗管理局:《沂沭泗河道志(送审稿)》,1991 年,第 114 页。

② 山东省计划委、中科院南京地理所、济宁市人民政府:《南四湖综合开发规划》,第 82 页。

③ 水利部淮委沂沭泗管理局:《沂沭泗河道志(送审稿)》,1991 年,第 115 页。

④ 山东省计划委、中科院南京地理所、济宁市人民政府:《南四湖综合开发规划》,第 7 页。

8万亩、苦江草4万亩,加上其他湖产收入,总计约为1350万元。湖产收入一般占总收入的30%,个别的队可达70%。从二级坝向南到官庄河为大屯、李集两公社经营的范围,这一段最宽,一直到卫河边,计五万五千多亩。湖西农场、胡寨公社原经营面积较大,一直到翁楼以东。魏庙、五段两公社于1980年后,种植芦苇面积有了较大发展,约有75000亩。[①]

围绕湖产的纠纷历史上早已有之。据清康熙年间济宁道张伯行记载:湖产之草,因坝工修堤需用,往例放夫采割,但所需夫役人等,岂得藉称官物,阻拦小民,且抢夺民草,有悖山林川泽与民共之之大义也,应严行禁止,听民采取。[②]

二、二级坝建造与用水、湖产纠纷

1959年以前,因湖内无控制工程,上级湖水退较快,适宜芦苇生长,面积很大,下级湖水深,生长较少。1960年,二级坝建成使用,上级湖开始蓄水。

二级坝的建成,改变了过去南四湖蓄水情况。随之引起了苏、鲁二省的用水纠纷。按照水利部淮委1970年、1974年规定,上级湖蓄水位应由33.5米抬高到34.5米,下级湖水位应由32.5米抬高到33.5米。但由于人为控制,上级湖经常多蓄,下级湖经常少蓄,很不均衡。据统计,上级湖蓄水位六十年代大部分在33.5米以上,70年代在34.5米左右,70年代比60年代有所提高。而下级湖在1970~1979年的10年中,有8年11月份水位在32.5米以下,其中有水不蓄的有7年。1981年,上游来水几乎全部蓄到上级湖,下级湖水位长期在31米以下[③],严重影响了沛、铜两县农业生产、徐州市工业生产、京杭运河的航运和电厂发电供电的用水。

随着工农业生产的发展,水稻种植面积的扩大,工业、航运和城镇生活用水的增加,用水范围上也不断扩大。1970年以后,山东在邹西会战中,大搞引水上山,多级提水十几个流量到70至80米的高程。扩大灌溉面积10余万亩,下级湖又发展枣庄灌区50万亩,同时在滨湖建多级提水站,扩大引用下级湖水,这些提水站及韩庄、刘桥灌区,伊家河、老运河,潘庄引河等,可引用湖水100多立方米/秒。由于长期以来,两湖蓄水不平衡,用水分配不合理,沛县用水困难。为此,沛县于1971年建杨屯河南闸,1979年建徐沛河

---

① 王亚东:《微山湖农业自然资源》第二章《滩涂资源》,北京,中国农业出版社,1991年。

② (清)张伯行:《居济一得》卷三,《丛书集成初编》,北京,商务印书馆,1936年,第40页。

③ 姚念礼、项立雪:《沛县水利志》,徐州,中国矿业大学出版社,1986年。

大王庄闸,将上级湖水引到下级湖灌区。山东为限制沛县用水,于1978年、1979年两次堵杨屯河口,一次堵五段河口,用水矛盾逐渐尖锐。1980年5月,国家农委批转水利部报告,明确上级湖用水以山东为主,在蓄水位34.5米时,江苏用水1.5亿立方米。下级湖用水以江苏为主,在蓄水位32.5米时,山东用水1.5亿立方米。为保证上级湖用水以山东为主,建了复新河闸,对丰、沛用水实行计量控制。但下级湖来水受到二级坝控制,韩庄、伊家河闸由山东管理,蓄水位不能抬高,湖西引水河道又不让挖深到湖中深水区,下级湖用水虽说以江苏为主,实际上无法实现。

　　表5－4为根据1979~1999年二十年间实测资料统计的南四湖多年平均各月水位水量表,从中可以看出每年9月以后上级湖水位变化不大,而下级湖均在32米以下,江苏的用水根本无法保证。

表5－4　南四湖多年平均水位、库容表

	月　份	9	10	11	12	1	2	3	4	5	6
上级湖	水位(米)	33.9	33.92	33.82	33.75	33.82	33.92	33.90	33.72	33.45	33.10
	库容(亿立方米)	8.39	8.44	7.90	7.36	7.90	8.44	8.33	7.34	5.86	3.94
下级湖	水位(米)	31.87	31.90	31.94	31.97	32.10	32.16	32.15	32.13	31.98	31.69
	库容(亿立方米)	5.42	5.56	5.73	5.89	6.51	6.79	6.69	6.65	5.49	4.57

资料来源:据刘广玉:《南四湖水资源开发的探讨》(《山东水利》2001年第11期)数据编制。

　　与用水纠纷相比,更为严重的是沛、微湖产纠纷。上级湖蓄水后,芦苇、苦江草面积随之大大减少,而下级湖由于水位较低,芦苇、苦江草面积则大为增加。历史上,沛县沿湖群众除种植湖田外,一直以来就有单户或联户培植芦苇、苦江草或经营其他湖产的习惯。湖东、湖西群众经营的范围一般以湖中之卫河为界。为了照顾这一历史情况,1953年两省协议规定:"沿湖群众原以湖产(如采菱、藕,培植芦苇等)为副业生产者,仍依其习惯不变。"1965年和1967年,山东南四湖工程局在卫河附近进行湖内清障和安口切滩时,清除和挖轧了沛县大屯公社丰乐、曹庄、董庄、徐庄和李集公社赵庙、赵楼、王庄、张庄、陈楼等大队培植的芦苇、苦江草都给了赔偿,计赔偿经费3.45万元。[①] 这实际上是承认沛县群众对湖产的权益。

---

① 肖淑燃、王亚东:《微山湖矛盾斗争史》(内部资料),1987年,第135页。

　　1953~1959 年沛县和微山县沿湖群众按照 1953 年两省协议"仍依其习惯不变"的规定经营湖产,基本上没有发生纠纷,即使有些边界不清发生点小的争执也易于解决。因为那时没有政府介入,纯属群众之间的问题。1960 年到 1965 年,湖产纠纷有所发展,其原因一是二级坝建成蓄水,流域单元有所突破和改变,上级湖原有的芦苇、苦江草因水深,不适宜生长,面积相对减少,下级湖水位低,芦苇、苦江草有了较快的发展;二是因 1959 年沛县因种植湖田作了检讨,限制沿湖群众入湖生产,微山部分干群则认为拥有对湖田的使用权,不断扩大种植范围;三是两省经过了长期谈判,最后在济南会议上,湖田的种植虽然得到了暂时的确认,但在湖产的经营上仍不够明确,因而湖产纠纷多有发生。但起初还是局部的,直至 1965 年,微山县把卫河以西湖面,包括沛县群众经营的芦苇、苦江草等湖产分给了该县社队,并发了湖面使用证,才引起了湖产的全面纠纷。

　　表 5‐5 即截至 1990 年微湖主要纠纷事件,表 5‐6 为历次纠纷中沛县死亡人员名单。

表 5‐5　苏鲁微山湖纠纷重大事件表

纠纷省、县	类型	时　间	重　大　事　件	备　注
苏鲁沛县、微山	抢种湖田	1959.10.1	两县械斗十余起	
		1961.11.18	沛湖西农场与昭阳公社王楼大队械斗	沛死 1 人
		1984.6.1	沛前程子庙村与微张楼乡后程子庙抢种湖田致械斗	
	抢收湖产	1962.5.27	沛大屯公社抢收微欢城六中小麦	打伤师生 22 人
		1963.5.1	沛魏庙公社杨河村与昭阳公社抢收湖麦	
		1964.10.10	沛李集公社店子大队抢收微昭阳公社官庄大队大豆,拘禁官庄 1 人	
		1965.6.15	沛五段公社三段队与微山岛万庄队抢湖草械斗	
		1966.9.26	沛湖西农场与微高楼大队强耕苇地,引起械斗	
		1967.7.1	沛大屯、庞庄等大队与微肖口抢收湖麻,引起械斗	
		1968.7.21	沛李集、大屯等大队 800 余人持械攻打微苏村、杨村,抢走船 64 只等物	

纠纷省、县	类型	时　间	重　大　事　件	备　注
苏鲁沛县、微山	抢收湖产	1969.10.15	沛大屯公社小屯大队与微张楼公社水围子大队抢收湖苇,引起械斗	水围子伤21人,重伤6人
		1971.10.17	沛胡寨中闸村民刘某被微山利民大队民兵打死	
		1972.1.1	沛李集公社陈楼大队强占微高楼公社沿河大队渔民陆居庄台	毁房29间
		1972.10.24	沛胡寨公社鹿口等8个大队抢掠微高楼公社利民等3个大队群众财物	
		1973.9.1	沛李集公社陈楼大队与微高楼公社沿河大队抢收湖苇,发生械斗	
		1973.10.15	店子事件(详后)	死亡:沛4微3
		1974.11.15	沛丰乐村与微付村乡大卜湾抢湖苇械斗	微1人被土枪打死,1人重伤
		1975.10.21	沛李集大队与微高楼大队抢收湖草、湖苇,引起械斗	
		1978.6.1	微付村后邵集宋某在一道堤看麦,被沛大屯民兵用步枪打死	微死1人
		1980.9.1	沛李集、大屯公社与微付村公社张庄等村抢割湖苇发生械斗	死亡:微1人、沛4人
		1980.10.9	同上	沛死3人
		1981.9.18	沛李集、大屯与微大捐、肖口、张庄等队争抢湖苇	湖苇被烧万余亩,价值百余万
		1982.8.23	微付村公社看管在四道堤湖产的杨村魏某,郭坊大队龚某被沛李集公社张庄大队开枪打死	
		1983.9.14	沛李集、大屯与微付村乡张庄、卜湾等村争割湖苇,引起械斗	微死1人、重伤3人,沛死3人、重伤4人
		1984.11.3	沛魏庙乡杨河村与微高楼乡小四段争抢湖苇引起械斗	重伤:微2人、沛8人

续表

纠纷 省、县	类型	时间	重大事件	备注
苏鲁沛县、微山	抢收湖产	1984.10.20	沛魏庙乡孙庄村携凶器到微高楼乡南沿村打砸	伤6人,毁网箔100余条
		1985.10.14	沛龙堌乡张庙村与微后程子庙村争抢湖苇致械斗	微重伤5人
		1986.8.1	沛丰乐、安庄与微付村乡大卜湾抢湖苇	微被烧房2间,5人被拘绑
		1986.10.22	沛胡寨乡鹿口等村与高楼乡利民等村抢湖苇械斗	微伤7人,沛死1人,高楼乡政府被冲击,利民刘某被拘,剜眼剖面致残
		1986.12.3	湖内高头河东多处着火,双方苇地数万亩被烧	经济损失57万余元
		1987.8.1	沛大屯镇丰乐、安庄等村放火烧掉微付村乡大卜湾村苇堆7000余个,强耕苇地400余亩	经济损失6万余元
		1988.8.1	沛大屯镇丰乐、安庄等村强割微付村乡大卜湾村湖苇1000余亩,烧掉600余亩	经济损失18万元
		1988.9.2	沛大屯镇丰乐、安庄等村抢夺微山县财政局轿车一辆	一年后归还
		1989.8.2	微大卜湾村6人被沛大屯丰乐村拘禁4天	伤6人
		1989.8.1	沛大屯镇丰乐、安庄等村抢割微付村乡大卜湾村湖苇1000余亩,烧掉、强耕苇地600余亩	经济损失25万元
		1990.6.5	沛大屯镇丰乐与微付村乡大卜湾村抢收湖麦致械斗,沛死3人。当日下午沛民将济宁市及微山县前来道歉的干部8人及吉普车2辆劫持,拘禁4天	沛死3人

续表

纠纷 省、县	类型	时间	重大事件	备注
苏鲁铜山、微山	湖田	1966.10	微山渔民耕种铜山县马坡公社丁集、玉堂、双楼大队的湖田	
		1973.3.18	铜马坡公社丁集大队秦庄队群众在湖田整地,微山县高楼公社永胜大队出动渔船,携鸭枪从郑集河、戴海河两面包抄	开枪打伤铜山县6人
		1973.3	铜利国厉湾大队毁坏微韩庄公社马山养鱼场	哄抢鱼六万余斤
	渔民陆居	1976.7.26	铜马坡公社丁集大队群众火烧微山县渔民草棚,炸毁翻水站,烧毁貂场	经济损失40余万
		1980.5.16	铜马坡公社丁集、十段等队持械袭击高楼公社永胜队渔民陆居点	微山伤30余人,拖拉机等物被砸毁
	争抢湖产	1978.6.1	铜马坡公社抢收微高楼公社永胜队湖麦1200亩	经济损失20余万
		1979.9.18	铜沿湖农场及新庄等队与微高楼永胜等队抢割湖苇	铜用冲锋枪射伤湖民数人
		1980.4.24	微山高楼公社永胜大队群众用鸭枪封住航道,耕种铜山马坡公社丁集大队的苇地	铜伤5人,失踪2人
		1986.7.14	铜岱海村与微高楼乡微西村抢割湖苇致械斗	微山伤7人

资料来源：根据《微山湖矛盾斗争史》《山东省际纠纷资料汇编》综合而成。

表5-6　沛、微矛盾沛县死亡人员名单

姓　名	住　址	死亡时间	说　明
刘大道	湖西乡大闸村	1961年11月	被微山县王楼村鸭枪打死
刘林山	胡寨乡中闸村	1971年10月17日	被微山县利民队打死
袁敬贤	湖屯乡店子村	1973年10月15日	被微山县大捐队鸭枪打死
黄在法	湖屯乡店子村	1973年10月15日	被微山县大捐队鸭枪打死

姓　名	住　　址	死亡时间	说　　明
白秀生	湖屯乡店子村	1973 年 10 月 15 日	被微山县大捐队鸭枪打死
刘法礼	湖屯乡店子村	1973 年 10 月 15 日	被微山县大捐队鸭枪打死
赵永全	大屯乡曹庄村	1980 年 10 月 9 日	被微山县张庄村步枪打死
王福先	湖屯乡赵庙村	1980 年 10 月 11 日	被微山县张庄村步枪打死
陶学信	湖屯乡赵庙村	1980 年 10 月 11 日	被微山县张庄村步枪打死
周长增	湖屯乡侣楼村	1983 年 9 月 14 日	被微山县张庄村步枪打死
赵广同	湖屯乡侣楼村	1983 年 9 月 14 日	被微山县张庄村步枪打死
杜继生	大屯乡丰乐村	1983 年 9 月 14 日	被微山县张庄村步枪打死

资料来源:《微山湖矛盾斗争史》,第 144 页。

1965 年 7 月 7 日,中共华东局派出调查沛、微纠纷工作组。工作组由华东农办王健生局长和内务部田祥亭司长负责,当时规定两省两县均不派人参加,由济宁、徐州地区各派两名熟悉此工作的同志参加工作组活动。工作组分别在沛县、微山县活动了四十天,进行了深入细致的调查研究,于 7 月 28 日拿出了《关于处理江苏沛县、山东微山县湖田纠纷问题的建议(草稿)》其主要内容如下(详见附件 5):

(1) 以 1953 年江苏、山东两省协议并上报政务院的报告中所划界限为微山、沛县两县县界。上述界限即基本上以现在的湖西大堤(即新湖埝)为微山和沛县的县界。

(2) 微山县境内的湖田,由微山县统一管理。应先给微山县湖西 15 个村庄的生产队及渔业大队留足耕地,发给使用证。给沛县所属社队的湖田由微山县发给使用证。

(3) 微山湖湖面和湖产由微山县统一管理。原以经营湖产作为副业的沛县群众,均可依照习惯,遵守微山县规定进行生产并应遵守微山县的政令。

(4) 在现在问题未彻底解决以前,双方应加强教育,保证不再聚众闹事。如发生新的纠纷,双方应及时派出负责干部迅速解决,不要扩大纠纷。

上述建议,虽然未被两县接受,但对缓和当时的矛盾,还是起到了一定作用。

1967年,遵照周恩来总理的指示,南京军区政委杜平召集苏、鲁两省及有关专、县和军队代表三十余人,于5月12~30日在南京举行了解决微山湖地区纠纷协商会议。出席会议的有:南京军区杜平、赵坊魁;济南军区六〇六三部队参谋长钟光国、李悌要、金恒;华东农办王健生;山东省革命委员会张次宾,民政厅侯书经,水利局雷雨,南四湖工程局程勉、邱宗章、马允骧,济宁军区分区张子亮、张体峨、鞠世彬,济宁专区邱天乙、冯守坤,微山县邓树林、陈乐寅;江苏省军管会黄斗,民政厅陶逸飞、夏如山,水利厅陈志定、戴澄东,徐州军分区郑吉,徐州专区汤海南,沛县人武部苏印华,沛县张进、肖淑燃,铜山县贾桂荣、薄发田等。

会议进行了18天,最后达成如下协议(摘要):

(1)湖田及渔民陆居问题。32.5米高程(淮委废黄河口标高)以上之湖内土地,由沛县、铜山、微山三县沿湖有关社队耕种。为照顾微山县渔民陆居,除1961年沛县已拨给渔民的部分土地外,再拨给渔民土地两千亩。渔民定居点由双方具体商定。铜、微两县商定在郑集河与戴海河之间安置渔民5000人,该段土地(含32.5米上下部分)由微山县渔民耕种。32.5米以下之土地,以微山县渔民使用为主,适当照顾铜山、沛县沿湖农民,由微山县统一分配,双方协商确定。

铜山县向山东附近之退水土地,由铜山县向下延伸耕种。

(2)湖产问题。芦苇、苦江草按谁培植归谁的原则处理。大片的划线定界继续经营;小片、插花和有争议的地段,应本着互谅互让、便利经营的原则,适当调整,划定范围。湖产由微山县统一管理,发给使用证,并征收特产税。

为了落实这次协议,会议确定由六〇六三部队和山东、江苏两省共同组成执行小组。执行小组由钟国光任组长,张次宾(山东)、黄斗(江苏)两同志任副组长,办公地点设在徐州六〇六三部队。

会后,执行小组分两组深入湖区进行调查研究,宣传南京协议精神,解决了许多临时性的纠纷,但未能从根本上全面解决问题。其主要原因:① 会议开得比较仓促,事先未征求群众意见;② 时值"文化大革命"高潮,地方政权基本瘫痪、多数地方在实行军管的特殊历史情况下召开,决策人多是部队的同志,他们不甚了解这一地区的历史和现实情况,所达成的协议有的脱离实际,群众有抵触情绪;③ 当时徐州地方驻军为济南军区的部队(六〇六三部队),而行政区划属江苏;④ 由于地方政权几乎瘫痪,落实工作无法进行;⑤ 有些主要条款原则上讲得通,实际无法实行。如芦苇、苦江草等按"谁培植归谁"的原则处理,实际很难划分。

三、群体亢奋——店子事件

店子事件是新中国成立以后湖产纠纷中发生的最大流血事件。在这次事件中微山县大捐大队开鸭枪打死沛县李集公社店子大队干群四人,打伤25人,影响很大。

早在 1949 年前,店子村的农民黄启之、黄舟喜等户就在湖内斜宅子周围耕种湖田,经营湖产。1950 年,农民黄迁蓝、袁守家等户在斜宅子东北角三道边附近开始栽插芦苇,以后年年补栽、看管。到 1956 年,共培植芦苇七百余亩。1957 年大水后,该村社员在原来老苇地上进行补栽,到 1967 年,这片芦苇已发展到一千六百多亩,每年由店子收割,未发生过大的纠纷。但从 1968 年起,微山县大捐大队依据该县发给的湖面使用证为由,争收这片芦苇。经沛县湖西农场赵本松调处,店子大队愿拨一部分给大捐,但大捐坚持要一半,再三协商未成。这年秋天收割芦苇时发生械斗,店子村伤四人。1969 年 3 月,经微山县官庄村张成法等人调停,为避免纠纷,店子村同意拨给大捐一半,并划定了临时边界。1972 年,店子村说大捐大队越界割了他们的芦苇,扣了大捐大队支书段×光两天,并扣船三只,矛盾再次激化。

1973 年 10 月 2 日、3 日。大捐大队连续出动五六十只船收割店子村的芦苇。3 日,店子大队亦组织百余人下湖。10 月 14 日上午,大捐出动一百多只船,携带鸭枪,又来收店子三道边以西的芦苇。15 日,店子社员带八支土枪亦前往收割,到十二时许,大捐数十只枪船在斜宅子东南半里处集结,同时东北方向又开来一二十只撑白风帆的枪船,从三面向店子村收芦苇的社员射击,店子社员还了几枪即后退,至该队生产基地斜宅子处已被四面围住。直到下午四时,店子大队的社员才退下来。

这次事件,店子大队共死伤 29 人,社员黄×法当场死去,袁敬贤、白秀生、刘法礼三人因伤重抢救无效身死,另有终身致残者三人,被烧掉巷屋子八个和部分生产、生活资料,直接经济损失约 1.2 万元(详见表 5 - 7、表 5 - 8)。

店子事件发生后,江苏省委下达了三条指示:① 不准报复,不准再发生械斗;② 立即停割停运芦苇,撤出人员,脱离接触,听候工作组调处;③ 上述两条立即传达贯彻,坚决执行,如有违犯,逐级追查领导责任。随后,山东省委责成张次宾同志代表省委来沛看望伤员。10 月 21 日山东省委负责人穆林同志路过徐州时,对店子流血事件当面表示歉意。后来,微山县人民法院判处这次流血事件主犯、大捐大队支书段×光有期徒刑三年。

表5-7　店子事件沛县物资损失情况

品　名	数　量	品　名	数　量	品　名	数　量
木　船	7 只	塑料布	40 斤	被　单	1 条
庵　子	8 个	水　桶	2 只	提　包	9 个
木　棒	55 棵	土　炮	10 枚	绒　衣	15 件
竹　槁	23 根	裤　子	49 件	毛　巾	3 条
河　镰	121 张	褂　子	38 件	雨　衣	2 条
铁　锅	6 口	棉　袄	37 件	鞋	43 双
蚊　帐	8 顶	棉　被	35 条	毯　子	5 条
口　袋	4 条				

资料来源:《微山湖矛盾斗争史》。

表5-8　店子事件中沛县死伤人员情况

姓名	年龄	性别	受伤部位	死伤情况	备　注
黄×法	43	男	头部枪弹伤	当场死亡	
白×生	31	男	枪弹伤	10月16死亡	于沛县医院
刘×礼	22	男	左腰背弹伤	10月16死亡	于徐州医院
袁×贤	40	男	胸部弹伤	10月18死亡	于徐州医院
袁×科	27	男	右额弹伤	重伤	
袁×客	26	男	左小腿骨断	重伤	
张×爱	50	男	左腰部弹伤	重伤	
郝×武	40	男	额部弹伤	重伤	
马×特	25	男	头部弹伤	重伤	
张×星	19	男	两腿弹伤	重伤	
黄×举	47	男	右尺骨弹伤	重伤	
黄×印	46	男	右腿弹伤	重伤	
郝×民	22	男	右眼弹伤	重伤	
任×祥	29	男	右眼弹伤	重伤	
李×康	23	男	左背弹伤	重伤	
张×喜	26	男	腿部弹伤	轻伤	
袁×锋	20	男	脚部伤	轻伤	

姓名	年龄	性别	受伤部位	死伤情况	备　注
刘×德	25	男	腰部枪伤	轻伤	
周×立	21	男	腰部枪伤	轻伤	
黄×位	44	男	腿部枪伤	轻伤	
黄×模	43	男	头部枪伤	轻伤	
刘×春	35	男	腿部枪伤	轻伤	
秦×祥	22	男	腿部枪伤	轻伤	
冯×清	45	男	腿部枪伤	轻伤	
郝×华	40	男	头部枪伤	轻伤	
马×芳	20	男	腿部枪伤	轻伤	
袁×玉	38	男	腿部枪伤	轻伤	
袁×印	29	男	脚部伤	轻伤	

资料来源:《微山湖矛盾斗争史》。

四、博弈——对店子事件的处理及对沛微纠纷的调解

10 月 15 日,江苏、山东两省,徐州、济宁两地专区,沛县、铜山、微山三县的代表:江苏省农办副主任吴连彩,徐州专署副专员汤海南,沛县革委会副主任洪睦显,铜山县代表贾桂荣;山东省农办副主任张次宾,济宁地区副专员景锡来,微山县革委会副主任杜忠仁等再次于徐州开会,协商解决微山湖边界纠纷问题。会议历时两个月,于 12 月 15 日结束。这次会议的主要内容是:继续落实"南京协议",妥善处理微山湖地区长久未解决的纠纷问题。

会议首先建立了由两区三县七位负责同志组成的"落实南京协议工作组",负责领导协议的具体落实工作。当时确定分五步进行:① 先出安民告示,稳定沿湖干群的思想,防止发生械斗;② 宣传教育,提高认识;③ 调查研究,协商处理纠纷;④ 总结经验,搞好边界团结;⑤ 对一些难以解决的问题,向上级报告。

经过一个月的工作,至 11 月 15 日,对当年湖内有纠纷的芦苇收割问题,双方取得以下一致意见:

(1) 微山县付村公社与沛县大屯公社,微山县高楼公社与沛县胡寨公社、湖西农场,微山县大捐大队与沛县店子大队有纠纷的芦苇,已收割的,互相谅解,各自处理。未收割的芦苇,去年是谁收的,今年仍由谁收。

（2）微山县沿河大队与沛县陈楼大队对坐落在官老埝以东,韩庄路以南,沿河以北,卫河以西这一片有纠纷的芦苇,今年各收50%的面积。

（3）其余有争议和无争议的芦苇,去年是谁收的,今年仍由谁收。

（4）以上意见,仅是今年收割芦苇的临时措施。①

当会议欲从根本上解决问题时,双方分歧始现,微山县仍坚持1961年第一次徐州会议意见:建议将铜、沛两县沿湖三、五华里以内的村庄划归微山县,其理由是:四湖必须统一管理;湖区与沿湖群众必须统一领导方有利于彻底解决湖区纠纷。沛县、铜山县的代表认为:湖区纠纷所以长期得不到解决,并且越来越尖锐,其根本原因,就在于一直没有具体落实1953年、1956年和1967年政务院、国务院批复和两省协议中规定的渔民的陆居问题、农民湖副业生产以及水利、税收、船只管理等问题。不同意微山县提出的重新调整区划的方案。

由于双方意见不一致,会议最后未能达成协议。但这次会议在控制械斗流血事件的进一步扩大、妥善解决当年芦苇收割问题以及缓和双方群众的对立情绪方面还是取得一些成绩,通过工作组的劝说,退还了在纠纷中互相扣留的物资,对死伤人员及家属进行了有效的安抚。

湖产纠纷从1973年店子事件发生后日趋紧张,1979年、1980年曾多次发生大规模的殴斗或武装械斗,炸房烧屋、抢船只、扣人员的事时有发生。据记载,从1980年8月12日起,至10月12日止,就发生冲突19起,沛县沿湖群众芦苇被抢割数千亩,炸毁和烧掉房屋、巷子46间,抢走船五十多只,生产工具、生活用品等一千多件。10月9日、10日两次械斗中,沛县群众被打死三人,打伤47人。江苏省派公安厅副厅长王汝宪、民政厅副厅长陆子敏、水利厅副厅长段锦洲、公安厅副处长李维达、济宁专署副专员师恒先等到现场协助两县处理。但由于根本问题得不到解决,矛盾虽暂时缓和,不久又趋紧张。

1980年11月20日,民政部、水利部就解决南四湖边界纠纷问题,向国务院负责同志作了报告,并提出了解决方案,摘录如下:

> 江苏省沛县和山东省微山县二十多年来边界纠纷不断,据不完全统计,22年中就发生大的械斗二百余起,死亡12人,伤残三百多人。造成纠纷的原因是湖田、湖产的矛盾。为了解决纠纷,双方曾多次会谈协商,未能解决。矛盾的焦点:山东坚持1953年政务院关于设立微山县

---

① 《会议纪要》,沛县档案馆藏。

的决议,要求将沛县沿湖村庄进一步划归微山县,江苏要求恢复旧界、撤销微山县。

我们研究了多年的经验,认为微山县的设置是当时反霸斗争的需要。过去的有关协议,不完全符合经济发展的规律,划界很不明确,这是造成纠纷的一个根源。从有利于沿湖群众的生产生活和有利安定团结,我们比较了多种方案后,初步意见是:微山县在二级坝以下原则上以湖中心线为界,湖中心线以东归微山县,湖中心线以西归沛县。这样划界,对解决湖田、湖产纠纷比较彻底,对解决水利矛盾也有好处。同时为了进一步解决南四湖地区的争水矛盾,还可以考虑将现由两省分管的重要水利工程实行统一管理。

11 月 24 日,万里副总理在两部报告上批示:"星垣、静仁同志,请你先把此方案和两省负责同志先说一下,看还有什么样不同意见,最后我再参加。"实际上等于否决了此意见。

12 月 4 日,江苏省人民政府在就解决苏、鲁南四湖地区边界纠纷问题提交国务院的报告中,提出如下方案(详附件6):

第一方案,恢复原省界,把原属江苏的昭阳、微山湖和湖西和湖东的土地、村庄全部划回江苏。这个方案的边界线是苏、鲁两省历史上形成的,界线比较清楚,把上下级湖属于江苏部分的管理权和使用权统一起来,既符合群众的习惯要求,又符合 1952 年中央人民政府关于恢复江苏省建制的决议精神。

第二方案,考虑到 20 多年已形成的现状,南四湖已分成上下两个湖,上级湖使用实际以山东为主,下级湖使用实际上以江苏为主。也可以实行上下级湖由两省分管的办法,上级湖由山东管理使用,下级湖由江苏管理使用。具体界线是:二级坝下古运河以西现属微山县的土地村庄,仍全部划归沛县、铜山县管辖;二级坝上湖东原属沛县的第七区部分,仍归山东管理,湖西原属沛县的七个村庄耕地一万亩,从有利于这个地区煤矿开发、塌陷地处理,以及行政管理出发,仍划归沛县管辖。

为了照顾大局,尽快求得这个地区的安定团结,有利于发展生产,我们也可以同意两部的方案,但需作必要的修正补充。

(1) 两部提出的划界示意图,北部界线是基本上沿卫河,这照顾了湖东、湖西两岸群众经营湖田、湖产的历史习惯和目前湖田、湖产经营现状,以卫河为界矛盾最少。我们建议文字上明确沛县与微山县的边界以卫河为界,卫河以西为江苏,卫河以东为山东。对二级坝以上湖西原沛县的七个村庄,要求仍划归沛县管辖。

(2)在蓄水用水问题上,实行上下游统筹兼顾,均衡蓄水,合理分配,统一管理。上级湖用水以山东为主,照顾江苏。下级湖用水以江苏为主,照顾山东。赞成两部提出的意见,关系两省的重要水利工程,必须由水利部统一管理。

但遗憾的是,两部方案及苏省方案最后均被万里副总理否定,其中原因应与山东省的坚决反对有关。

五、杨静仁副总理的努力

1981年9月8日,国务院杨静仁副总理以及民政部副部长李金德、水利部副部长张季农、国务院办公厅副秘书长王伏林等领导同志专程来徐州,召集苏、鲁两省有关负责同志一起研究解决南四湖地区的矛盾问题,山东省委书记兼副省长李振、江苏省委书记兼副省长周泽、副省长陈克天等负责同志参加了会议。

杨副总理提出,这次会议主要解决三个问题:一个是铜山县拆坝问题;一个是划界问题;一个是南四湖水利工程管理问题。会上,江苏省水利厅副厅长高鉴、副省长陈克天、省委书记周泽同志作了汇报。沛县县委书记徐振东同志参加了会议。杨副总理听取了两省、地县负责同志汇报后,还深入湖区看了围湖造田及二级坝工程。9月11日上午,杨副总理作了重要讲话(详见附件7),并对微山湖的纠纷问题讲了如下意见:

第一点,要讲团结。微山湖的纠纷总的来说是人民内部矛盾。处理人民内部矛盾,要按照毛主席讲的"团结—批评和自我批评—团结"的公式来解决。解决纠纷问题,出发点很重要,态度很重要;出发点不同,态度不同,就会在实践上产生不同的结果。我们一定要从团结的愿望出发,不利于团结的话不说,不利于团结的事不做,采取正确的方法,才能把问题解决好。我所说总的是人民内部矛盾,可能有个别敌人挑拨离间,制造事端,唯恐天下不乱,所以还要警惕。

第二点,思考和解决问题要力求全面,防止片面性。我们大家都要全面考虑问题,都要把对方提出的情况和意见认真地听一下,思索一下,我们应当力求全面,要从微山湖问题的全面着眼,从沿湖各县群众的集体利益出发,防止偏到只看本县本土。

第三点,要千方百计地缓和矛盾,缩小矛盾,而不要去扩大矛盾和激化矛盾。

第四点,要加强政治思想工作。希望两省、两地区的同志都要结合微山湖问题的实际,对干群进行深入细致的思想教育,提倡顺大局、识大体、讲团结、讲风格、讲遵守纪律、讲工作责任心。对挑起纠纷械斗的首要分子和打死人的凶手,要依法严办。

9月11日下午,杨副总理召集山东、江苏和民政部、水利部的领导同志就南四湖湖区群众在芦苇收割季节加强安定团结,搞好生产和防止发生武装械斗的问题进行了座谈,并达成了《关于加强微山湖地区安定团结的几项临时协议》(详见附录8),现摘要如下:

(1)为了防止群众发生武装斗争,建议山东、江苏两省人民政府责成微山和铜山、沛县,根据国务院1980年10月20日的规定,全部收回群众手中的民兵武器,并加强管理,防止流失。公安部门要加强湖区的管理,严格禁止携带枪支、弹药进入湖区;对湖区群众所必需的猎枪、鸭枪,各公社、生产队要指定专人进行造册登记加强管理,社队干部保证群众不用于武斗。

(2)关于解决湖田纠纷。在种麦和收草季节,由山东济宁行署、江苏徐州行署(各两人),民政部、水利部(各一人)组成工作组,本着互谅互让、协商一致的原则,妥善解决有争议地段湖田、湖产的纠纷。

(3)关于用水安排,仍按国家农委1980年5月7日批转水利部的方案执行。

六、杨副总理离徐以后的情况

徐州会议结束后,沛县县委即召开了一系列会议,传达贯彻杨副总理的指示和临时协议精神,并按照协议要求,采取有力措施收缴民兵枪支。至9月17日上午,县武装部已集中起民兵枪支282支,还有13支枪没有收回。

但是,9月18日早上,沛县李集公社看芦苇的群众与微山县看芦苇人员发生冲突,双方打了许多枪,李集公社社员韩大信、徐道中被自动步枪打伤。从9月15~22日,在卫河西侧连续发生了五次大面积火烧芦苇事件,被烧的芦苇绝大部分在沛县李集、大屯两个公社培植经营的苇地上。火带南从沿河以南,北到挖工庄河,长达12华里,宽500~700公尺,共被烧芦苇面积七千多亩。微山县部分社队的芦苇也有被火烧的。从10月9~13日,又先后发生了6次火烧芦苇事件,烧掉芦苇四千多亩,当年沛县共被烧芦苇一万一千七百多亩。

械斗和火烧芦苇事件发生后,省市和国务院都比较重视,民政部李金德副部长曾亲自到现场察看。但由于事关两省,问题较为复杂,放火的原因及放火人一直未能查清、处理。

七、从 11 号文件到 109 号文件

之后,国务院又多次召开会议,专门解决微山湖问题,简列如下:

(1) 1983 年 10 月 23～28 日,济宁会议。

(2) 1984 年 5 月 16～25 日,徐州会议。

(3) 1984 年 7 月 18 日,济南会议。

(4) 1985 年 3 月 18～21 日,北京会议。

由此可见,会议的级别越来越高,说明中央解决问题的决心越来越大。与此同时,中央先后下发多个文件,计有:中发[1984]11 号文件(附件 10)、一九八四年六月十二日的国务院办公厅文件(附件 11)、国发[1984]109 号文件(附件 12)和国办发[1985]61 号文件等,民政部和水利部微山湖问题联合调查组也先后提出解决方案(附件 14、15),可惜都未获最终解决。

之后,为了降低上级湖水位,解决二级坝阻水问题,山东欲开挖湖西新河,但方案被水利部否定,随后又提出湖腰扩大工程。这次工程的兴建,既没有与湖内清障、扩大二级坝泄水断面等方案进行认真分析比较,又没有经过合理的经济论证,便仓促上马。湖腰扩大后,实际上将降低南四湖 1957 年型防洪水位 1.1 米,1963 年型防洪水位 0.45 米。除此之外,还要实施韩庄运河、新沂河扩大工程,估计需要经费 5 亿元,比用机电排水解决因洪致涝的费用要高出 4 亿多元,是十分不经济的。湖腰扩大和西股引河工程施工十余年,耗费上亿元资金,目前只挖了一段 9000 多米长,800 多米宽的大水塘(西股引河),建了一座千米的旱闸(红旗四闸)。计挖废沛县沿湖群众的 2 万多亩土地,直接影响了 6000 多人的生活。①

此后,两省又出现对煤炭资源的争议。进入九十年代,矛盾更向多方面发展,双方在湖产、矿产、用水、防洪排涝、航道通航、旅游资源及大堤使用权限上均有分歧,至今无法完全弥合。

八、铜、微纠纷简介

微山湖向南伸入铜山县腹地约 15 公里,呈"V"形楔入铜山境内,湖岸线长约 61 公里,铜山县湖东有 125 平方公里的山丘区降雨排入湖中,湖西则有 200 平方公里的平原径流排入湖内,铜、微纠纷主要是在渔民陆居问题上。

---

① 姚念礼、项立雪:《沛县水利志》,徐州,中国矿业大学出版社,1986 年,第 180 页。

1966 年秋，微山县渔民耕种铜山县马坡公社丁集、玉堂、双楼大队的湖田，铜、微湖田纠纷由此开始。[①]

1967 年，南京协商会议形成《关于处理微山湖地区纠纷会议纪要》。6 月22 日，国务院、中央军委批转了会谈纪要，其对湖田、湖产及渔民陆居问题作了规定。

铜、微两县商定在郑集河与戴海河之间安置渔民 5000 人，该段土地（含32.5 米高程上、下部分）由微山县渔民耕种，32.5 米高程以下的土地，以微山县渔民使用为主，适当照顾铜山、沛县沿湖农民，由微山县统一分配，双方协商确定。铜山县象山附近之退水土地，由铜山县向下延伸耕种。

1973 年 3 月 18 日，铜山县马坡公社丁集大队秦庄生产队群众在湖田整地，微山县高楼公社永胜大队出动渔船，携带鸭枪，从郑集河、戴海河两面包抄，开枪打伤铜山县马坡公社丁集大队群众 6 人。

1976 年，微山县渔民在铜山县戴海河以南、郑集河以北占地 8000 余亩，陆居渔民万人，并越过郑集河在铜山县沿湖农场的湖田开挖鱼塘，越过戴海河抢种湖田，造成铜、微边界纠纷加剧。同年 7 月 26 日，铜山县马坡公社丁集大队群众火烧微山县渔民草棚，炸毁翻水站，烧毁貂场。事后铜山县公安机关依法逮捕丁集大队肇事人并判刑 3 年，由铜山县赔偿损失 10 万元给微山县。"七·二六事件"后，微山县渔民当年抢种丁集大队土地 2955 亩，在戴海河以南、郑集河以北筑起三道坝子，围垦铜山县沿湖社队耕种的湖田数千亩，建房 510 间，陆居渔民 213 户 850 人，收割铜山县社队经营的大量湖产。

1980 年 4 月 24 日，微山县高楼公社永胜大队群众用鸭枪封住航道，耕种铜山县马坡公社丁集大队的苇地，打伤丁集大队群众 5 人，失踪 2 人。[②]

本 章 小 结

本章由清末的湖田案入手，讨论了微山湖问题的来龙去脉及解决过程。沛、微纠纷所以久拖不决，一是清末的客民占垦，二是民国时期的权属之争，三是新中国成立初期的仓促划界，最后导致问题愈演愈烈。对于清末公案的解决，有学者认为："在沛、铜湖田案的萌生阶段，基层官府迅速承认外来

---

① 铜山县水利局：《铜山县水利志》，徐州，中国矿业大学出版社，1995 年，第 127 页。

② 江苏省地方志编委会：《江苏省志·民政志》，北京，方志出版社，2002 年。

移民占地的事实,其中既有增加财政收入的动机,也是出于对民间事务的放任和尊重。为应对战乱纷起的时局,基层官府对乡村社会自我组织、自我保卫的做法也采取支持甚至鼓励的态度,唐守忠、王孚等民间士绅则起到组织者的重要作用。"①因此,曾国藩在解决该问题时照顾了客民情绪,允许其继续占垦,在当时可以为双方接受,但历史问题就此产生。

我国开展勘定省、县两级行政区域界线工作从 1996 年开始,历时五年。在党中央、国务院及地方各级党委政府的高度重视下,通过勘界工作者历经千山万水的艰苦劳动和千百次的艰难谈判,取得了巨大的成就。截至 2001 年 8 月 31 日,我国 68 条省级行政区域界线除一处待解决,其余已全部勘定并报国务院审批。至此,全国省界勘界任务基本完成。而这一处"待解决"的界线即是苏鲁边界微山湖段。为解决该段边界问题,由国务院牵头,民政部、水利部等 8 部委组成联合调查组,到湖中实地调查,于 2003 年初形成纪要,但由于未能从根本上解决两地的分歧,问题至今仍然搁置。其原因当然是多方面的,但是微山县的设置时的草率,不能不说是一个主要原因。

其实边界争议并非是无法解决的顽疾,只要争议双方从国家利益、群众利益出发,本着互相谅解、平等协商的原则,适当作出让步,争议是可以弥合的。如晋蒙西段有 450 公里以黄河为界,"两省区 1980 年各自报的线是以当时的黄河主流中心线为界。但十几年来,由于黄河东淘西涮,河道变化很大……若以历史习惯线或 80 线为界,将给两省区对黄河的治理、利用和群众的生产生活带来不便"。在勘界时,工作组从大局出发,"共同确定以现行黄河主流中心线为两省区的行政区域界线。……对双方逾百户群众的跨界居住,上万亩跨界经营的耕地以及修建的公路,两省区本着承认历史、照顾现实的原则,在明确行政界线的同时保持现状……对正好跨界修建的大型水利设施,考虑到对当地群众的生产生活影响较大,适当改变了历史习惯线和 80 线的走向,将现有水面划归修建一方所有"②,从而顺利地解决了问题。

笔者以为,苏、鲁两省现阶段两地间的分歧,集中表现在行政管理权与使用权的分离上。目前,微山湖湖面名义上由微山县管辖,但却无法阻止沿湖群众下湖经营湖产,对新涸出的湖田滩地也无法一一监管到位,同样更无法阻止地下蔓延的矿井巷道,管理处在无序状态,不仅造成矛盾的激化,还

---

① 仲亚东:《国家权力干预下的妥协:咸同年间沛铜湖田案中的利益博弈》,《吉首大学学报(社会科学版)》2013 年第 4 期。

② 李大宏:《全面勘界如何面对边界争议》,《瞭望新闻周刊》1997 年第 17 期。

造成国家税收的流失。而解决这一问题唯有重新划定界线，以保证管理的有序。

　　由于微山湖近年严重缺水，湖面迅速缩小，大片湖田涸出，如果按照双方基本达成协议的、依据国务院 1984 年 11 号文件和国务院办公厅 1985 年 61 号文件划定的"两省界在湖西大堤东堤脚向东 60 米处，有山东村庄则以村庄为界"的界线（实际并未完全落实），现在则遇到实际操作上的难题，即湖田耕种权限和湖产经营权利问题：沛县群众耕种的湖田是否可以随涸出的滩地向湖中延伸？新增滩地上的湖产是否依然可以遵循谁培植谁收获的规定？如果是的话，岂不是又会引起新一轮的争夺？因此，笔者呼吁双方适当放弃本地区的既得利益，建议两省参照 1981 年水利部处理方案，以湖中卫河为界，或参照海域划界的中间线法以及拐点最少原则划界，江苏方面应以若干村落或资金作为补偿；同时，山东方面必须将水权全部移交淮河水利委员会，由淮委会依照国家防总的有关规定和指令进行管理；对于矿产资源，则按照地质矿产部有关规定，凡过境开采者，需向资源所在地缴纳税收的办法执行；双方都应该抓住南水北调东线过境的机遇，通力合作，枯水期时将有限的水源集中于湖区众多航道里通航能力较强、设施较好、航程较短的一至两条上，如伊庄河、不牢河等，以保证该段运河水源充足，全线贯通，实际获利方亦应给对方一定的经济补偿。我们相信，只要争议双方以大局为重，再大的分歧也是可以弥合的。

第六章 行政区划对水利单元的适应
——以东明改隶山东为例

第一节 作为水利纠纷解决手段的区划调整

行政区划是国家对行政区域的划分,是国家权力的空间或者地域的分割和配置体系的主要方面。[①] 行政区划一方面是对国家行政区域的划分,涉及管理的范围;另一方面是对国家行政区域级别的划分,涉及管理的权限。按照分级管理的原则,各行政区域设置相应的国家机关。这是地方政府行使自主权与自治权的前提条件,也是产生地方保护主义的基础。[②] 1949年中华人民共和国成立以后,近30年时间内,沂沭泗流域的行政区划变动频繁,包括地、县的合并、分立和市、县的建立、撤销,以及行政区界线的调整和政府驻地的迁移等。这一方面是由于当时的政治形势多变,另一方面是因法规的缺乏和废弛,使行政区划的调整随意性较大。至1978年末,随着中国正式开始改革开放进程,行政区划工作始重新进入规范化轨道,行政区划的调整变更也逐渐有了法律、法规的依据。

行政区划调整作为解决水利纠纷的手段历史上早有先例,前述虞、芮二君"相让所争地以为闲原"应该算是一例,不过是将争议地带闲置而没有明确其归属。史上因河流水系变迁引起的行政区划变动很多,不过史书记载不甚明确。《金史》有"楚丘国初隶曹州,海陵后来属,兴定元年以限河不

---

①　刘君德、冯春萍、华林甫等:《中外行政区划比较研究》,上海,华东师范大学出版社,2002年,第2页。
②　彭澎:《行政区划、地方权力与地方保护主义》,《理论与实践·理论月刊》2003年第2期。

便,改隶单州"及"砀山兴定元年以限河不便,改隶归德府"两条明确记载①,为本观点加了一个极好的注解。清代"自宁晋泊以上,滏水所经州县多引流种稻,沿河闸座甚多,而磁州之民欲专水利,以致下流稻田多废,争讼累岁不休"。为避免争端,雍正四年(1726年),怡贤亲王允祥奏请"将磁州改归广平府,则滏阳一河全由直隶统辖,均水息争,自是而广平以下,均沾河润"②。乾隆四十六年(1781年)秋,黄河在河南仪封青龙岗决口。次年,"阿桂乃相地势,请于青龙岗南岸凿新河百七十余里,开南堤导河入,起兰阳三堡,历考城县出商丘七堡仍归故道。改南堤为北堤而别筑南堤,徙考城县治于北岸张村集,属卫辉府,以南岸考城地隶睢州,改北岸仪封汛地属考城,改曹仪通判为曹考通判"③,可见史上类似事件并不孤立。

新中国成立以后,类似的例子更是不胜枚举。例如,1964年4月11日,"为利于解决水利纠纷,经安徽、河南两省商定,将本县东南边沿地区,即黄楼公社所辖的胡屯、胡老庄、卢屯、李庄、锵屯、汪庄6个行政村划归河南省夏邑县"④。1952年以前,金堤河流域范围均在平原省内,这一地区的水事纠纷并不突出。平原省撤销后,金堤河分属豫、鲁两省,该流域失去了统一的管理,矛盾日渐突出。范县地处金堤河入鲁处,汛期上游水大量下泄为害,范县及寿张两县不愿意无代价地接收上游客水,承受水灾,便于边界筑坝拦阻,这样便形成跨省区的水事纠纷。1963年8月上旬,金堤河流域连降暴雨,酿成严重水利纠纷,"为了治理金堤河并解决边界水事纠纷,1964年经国务院批准,调整了行政区划,以北金堤为界,将现在的范县和台前县由山东划归河南省管辖"⑤,金堤河水利纠纷基本平息。不仅如此,整个冀鲁、豫鲁边境地带可以说均是以区划调整和互换以适应水利单元的。而江苏对洪泽湖的相对完整的治理权利则是通过苏省萧县、砀山与皖省盱眙、泗阳互换得到的。

在日益频繁且规模日大的水利建设中,区划调整也常被用来作灵丹妙药使用。如石梁河水库拦洪蓄水涉及苏、鲁两省,1967年9月15~18日,根据水库防洪水位28米、兴利水位26米的设计要求,由水电部主持,苏、鲁两省达成《关于石梁河水库蓄水和库区移民问题的会议纪要》,确定

---

① 《金史》卷二五《地理中》,北京,中华书局,1975年,第591页。

② 佚名:《畿南河渠通论》,见《清经世文编》卷一〇七,北京,中华书局,1992年影印本,第61页。

③ (清)孙鼎臣:《河防纪略》卷三,《中国大运河历史文献集成》第10册,北京,国家图书馆出版社,2014年,第7页。

④ 砀山政府网(http://www.dangshan.gov.cn/class.php? classid=1)。

⑤ 汤树国:《浅谈金堤河治理对策》,《山东水利》2004年第10期。

临时水位 22.5 米,并开始进行区划调整工作。1970 年 11 月 11 日,苏、鲁两省联合向国务院提出《关于石梁河水库库区调整行政区划的报告》。1971 年 4 月 26 日,国务院批复,将山东临沭县在石梁河水库库区防洪水位 28 米上下,共 20 个村划归江苏省。[①] 本流域仅济宁地区类似事例屡见不鲜,详见表 6 - 1:

表 6 - 1 济宁地区因河渠水利发生的改划事件(部分)

县名	时 间	改 划 情 况	出 处
邹县	1948 年	将澹台墓至小疃一带泗河以西共 46 村划归滋阳县	《邹城市志》第 38 页
邹县	1956 年 3 月	郭里区北部的北薄、南薄二乡及黄路桥、马坡等村划属微山县	同上
邹县	1960 年 12 月	将尼山水库区的苏家村、王家村等 8 村划属曲阜县	同上
邹县	1968 年 9 月	将尼山水库区的张马庄、新村、南王等 10 村划归曲阜	同上
泗水	1959 年 11 月	因修华村水库,将新泰县华村、两泉沟、小辛庄等 6 村划归泗水	《泗水县志》第 43 页
泗水	1948 年 6 月	将泗河北中册以西 75 个村庄划归曲阜	《泗水县志》第 44 页
泗水	1948 年 8 月	上述村庄划回	《泗水县志》第 45 页
泗水	1964 年	因修尼山水库,将夫子洞、周家庄划归曲阜	《泗水县志》第 46 页
东平	1985 年 12 月	将梁山县斑鸠店、昆山、戴庙、大安山等 7 乡及银山镇划属东平,以统一东平湖管理	《东平县志》第 33 页《梁山县志》第 48 页

　　反之,区划调整以后产生矛盾的亦不乏其例,前述丰、沛与萧、砀即是。再如枣庄驿城区于 1962 年建区后,峄城区吴林公社和台儿庄区兰城公社渐渐发生矛盾。因吴林公社中部地区坡水经潘安、米庄到兰城公社汪庄、红瓦屋屯排入王场新河入燕井河,1964 年汪庄群众亦怕受其害,将该水沟全部截死,米庄一带水无出路,致使双方发生纠纷。同年 5 月 22 日,由枣庄市市长、市水利局局长会同两区领导和有关负责人亲赴现场察看,后到台儿庄区

---

　　① 连云港市水利史志编纂委员会:《连云港市水利志》,北京,方志出版社,2001 年,第 267 页。

委共同协商,得以解决。

1968 年,济宁微山县韩庄公社部分大队将山洪水道桥大坝堵死,致使驿城区陶官南部和周营西南一带 15 平方公里的雨水流入刘桥干渠,造成干渠淤积。经双方协商,最后结论:驿城区另做排水工程,废除山洪水道桥。沿干渠北向东开挖排水沟一条长 3200 米,将北水跨渠送入一支沟,同时需要在马古汪村北,刘桥干渠修建平交闸一座,作干北排水沟的跨渠工程。为此,枣庄市不仅价值 6 万元的山洪水道桥作废,而且挖沟、建闸又消耗了近 20 万元,其中建平交闸投资 17.91 万元。

1976 年,韩庄公社在刘桥站东 1000 米处,山洪水道桥上,建六孔节制闸一座,完全控制了刘桥总干渠。同时在站门东向南开挖支渠一条,还将官庄引渠扩大。以上三项工程,因对刘桥灌区不利,枣庄市委主动邀请济宁专区派人来枣庄解决,在薛城招待所双方达成协议。枣庄市委副书记秦修学主动提出:"今后韩庄用水,与枣庄用水同等看待,已经用过的水不再追交水费,今后用水,水费照付。"

1980 年,驿城区八里沟大队截微山韩庄四街排水沟尾水浇地,洪水到来,八里沟未将坝子扒开,致使四街土地上水,韩庄遭受一定损失。四街提出几百亩土地被淹,枣庄应赔两年产量。性义中村向刘桥站索要占地款。8 月 16～23 日,在峄城招待所由南四湖工程指挥部副指挥杨树林主持召开济宁、枣庄两地市水利局长及有关县、区、社、队、站负责人会议,最后达成协议,由枣庄市赔四街淹地款四万元,赔性义中村占地款 0.5 万元。[①]

第二节　东明的行政区划及水利单元

一、东明建置沿革

东明始置于西汉建元元年(前 140 年),始称"东昏",公元 9 年王莽反其义改为"东明",县治原在今兰考县境内,金兴定二年(1218 年)迁至今县境内,后驻地亦几度变迁,"或废或存或改属于开州或仍归于大名"[②],明弘治三年

---

① 山东省枣庄市驿城区水利局:《驿城区水利志》,第 140、141 页。

② 任传藻修,穆祥仲纂:《(民国)东明县新志》卷二《沿革》,《中国地方志集成·山东府县志辑 86》,第 22 页。

(1490 年)方设治于今址,其间两度废置。明清两代均隶直隶大名府,民国初年府改道,隶大名道。1928 年废道,东明隶河北省。1948 年东明解放,1949 年8 月属平原省菏泽专署,1952 年 12 月平原省撤销后隶河南省郑州专署,1955年改隶河南开封专署。1963 年 4 月,国务院为解决河南、山东两省交界地区水利问题进行区划调整,将河南省东明县划归山东省。作为补偿,1964 年将山东省范县建制及所辖金堤以南地区、寿张县金堤以南地区划归河南省。

二、水系变迁

东明的水系和水利单元的变化是与黄河的变迁密切相关的。南宋建炎二年(1128 年),杜充决河以御金军,黄河始经东明。[①] 元至顺元年(1330年)六月,河决大名路长垣、东明二县,是为东明决河记载之始。[②] 时黄河流经东明之焦园、三春、马头(杜胜集)入曹县界汇泗入淮。至正二十六年(1366 年),黄河主流又北徙东明、曹州、郓城一带,直至明初再次溃决于东明:"太祖洪武元年,东明、曹州等处河决,溺死人畜,坏官民庐舍不可胜计。二年,人民以河再泛滥遂四散。"[③]时黄河迳(东明县之)三春、刘楼、沙窝、张寨、鱼窝、武胜、海头入菏泽县界。[④] 终明一代,黄河始终在东明境内南北滚动,时时泛滥为灾,民不胜其苦,为时 124 年之久。

清顺治元年(1644 年),堵塞开封决口,揽河归汴水故道。至 1855 年,东明境内无黄河。咸丰五年(1855 年),河决铜瓦厢,黄水漫溢,菏泽以下,东阿以上,尽被淹没。"东明、菏泽、鄄城、郓城、巨野、金乡、范县、寿张等县均被淹没,大清河沿河的东平、平阴、东阿、长清、齐河、历城、济阳、齐东、惠民、蒲台、滨州、利津等县亦被淹及。"[⑤]时东明因境内无堤防,河水四处泛滥,"溜分两股,一由赵王河下注,一由长垣县之小清集行至东明县之雷家庄,又分两股,至张秋镇穿运"[⑥]。同治二年(1863 年)六月,河再决兰阳,"一股直下开州,一股旁趋定陶、曹、单、考城、菏泽、东明、长垣、巨野等州县被淹"[⑦]。同治十二年(1873 年)六七月间,"河决东明之岳新庄、石庄户,溜

① 《(乾隆)东明县志》,《中国方志丛书》,台北,成文出版社,1976 年,第 545 页。
② 东明县水利志编委会:《东明县水利志(1288—1995)》(内部资料),菏泽地区新闻出版局,1997 年,第 47 页。
③ 《(乾隆)东明县志》,《中国方志丛书》,台北,成文出版社,1976 年,第 672 页。
④ 同③。
⑤ 山东省水利史志编辑室:《山东省志·水利志》(内部资料),1992 年送审稿,第 49 页。
⑥ 东明县水利志编委会:《东明县水利志(1288—1995)》(内部资料),菏泽地区新闻出版局,1997 年,第 121 页。
⑦ 岑仲勉:《黄河变迁史》,北京,中华书局,2004 年,第 745 页。

分三股,南溜最大,由石庄张家支门冲漫牛头河、南阳湖入运,经金乡、嘉祥,趋宿迁、沭阳等处入六塘河"①。至光绪元年(1875年),丁宝桢抚鲁事,在堵塞菏泽贾庄决口后,动工修筑堤防,东明境内自李连庄至黄庄计长六十里,时东明隶直隶,故名直隶大堤。光绪三年(1877年),山东巡抚李元华自谢寨至河南考城圈堤筑堤五十余里,称山东小堤。至此,东明堤防方告完整。②

1938年6月9日,国民政府为阻日军,炸开黄河花园口大堤,黄河南泛达9年之久,直到1947年3月方堵口复堤,河复经东明北去至今。

由于黄河屡次泛滥东明,境内河道变化剧烈。在1855年以前,东明境内尚有济河、贾鲁河、枯河、洪河、雍河、濮河、漆河七条较大河流。③ 至咸丰五年所编《畿辅通志》中,东明县及开州条下仅记有漆河、洪河两条过境河道。④ 民国《东明县新志》记载的有以下几条河道:① 刘楼渠,即咸丰、同治间黄河所经;② 杜胜集渠,由杜胜集至柳林分为南北两股;③ 黄庄渠,自黄庄经夹堤王、许寺至张斗宏入山东界;④ 极南渠,由董庄、吕沟等处抵金堤集入山东境;⑤ 雍(灉)河,经牛八屯、李六屯、东西夏营间,至孙化屯抵山东。⑤ 1933年8月11日上午,黄河水量骤增,东岸几与堤平,旋于庞庄圈堤内决口,抢堵不及,大溜由徐集、程庄入东明,同时"兰封之耳巴寨、考城之四明堂等处亦同时决口,分流而下,水势汹涌,县境全入洪流"⑥。故此,受以上黄河泛滥决口影响,东明境内以上的早期河湖荡然无存。

1958年大兴水利之前的河道,"全是黄河决口溜道,亦称坡河或自然流势"⑦。要之如下:① 赵王河:原枯河,源于黄河大堤背堤沟,经张营、马桥、马头集、夹堤王南于柳林村东入曹县太行堤水库。境内长22公里,流域面积44.7平方公里;② 夏营河:1933年前称雍(灉)河,1933年考城四明堂决口之主要溜道。自黄河大堤背河堤沟向东北偏东向,横穿境内,长26公里,流域面积54.4平方公里,经孔寨北、大营、牛八屯、李六屯南,经东西夏营之

① 岑仲勉:《黄河变迁史》,北京,中华书局,2004年,第747页。
② 东明县水利志编委会:《东明县水利志(1288—1995)》(内部资料),菏泽地区新闻出版局,1997年,第48页。
③ 《(乾隆)东明县志》,《中国方志丛书》,台北,成文出版社,1976年,第547~548页。
④ 《畿辅通志·大名府》,石家庄,河北人民出版社,1985年。
⑤ 任传藻修,穆祥仲纂:《(民国)东明县新志》卷一《山川》。
⑥ 东明县修志委员会:《东明县志》卷二〇,1960年油印本。
⑦ 东明县水利志编委会:《东明县水利志(1288—1995)》,菏泽地区新闻出版局,1997年,第53页。

间于游屯东、李八屯村北入菏泽,称沙河;③ 紫荆河:1933年前之杜胜集渠,1933年河决时,在东境分为三股,此为中股,于长垣小青集向东过张表屯、龙山集入菏泽,始称七里河,因流经紫荆村北得名。是河自西至东贯穿东明全境,长33公里,流域面积209.1平方公里,有车乌岗河、裴子岩河、五营河三条支流;④ 东明集河:即1933年前的刘楼渠南股,1933年黄河在二分庄决口之主要溜道之一。西起刘楼乡二分庄附近,向东北经刘楼、杨庄南,分两股,一折转东南,过焦楼、半坡杨村、袁长营、东明集、丁寨、马主簿等村,于五霸岗村东南入菏泽,始称贾河,建国前又称马夹河。东明境内长32公里,流域面积96.6平方公里。平时无水,汛期排涝。另一股折转东北偏北,经临河店东南、大屯东、高满城、大鱼沃、陈屯、后张楼,于大坑王庄东北入菏泽,又称鱼窝河、渔沃河,菏泽圈头以下称七里河北支。有于州屯河、后张楼沟等支流。鱼窝河东明境内长34公里,流域面积173.1平方公里;①⑤ 天爷庙河:介于东明集河与鱼窝河之间的一股溜道。境内长27公里,流域面积42.7平方公里;⑥ 七里河北支:为县最北的一条河道。1929年黄庄决口主要溜道。流经菜园集北,东南至玉皇庙村北转正东,经海头南折东南,于杨庄东北入菏泽,曾于1957~1964年称东南排水沟。有幸福河、南底河、武胜北沟、牛口沟等四条支流。境内长24.5公里,流域面积201平方公里;⑦ 除以上几条外,尚录有南底河、阎庙河、朱庄河、清水河、卢庄河、紫荆河南支、屈屯河、韩屯河、清凉店河、北柳河、新冲小河等11条单独出境流域面积不足30平方公里的自然河流。② 另《菏泽地区水利志》载有古柳河一条,系同治五年(1866年)八月大雨,东明河决之溜道,自东明至定陶城南王店,③但此次河决未见他书记载,此河亦未见于东明的有关志书,不知所指,录此存疑。

由以上记载可以看出,黄河北徙以后多次决口泛滥,已将东明、菏泽一带水系完全打乱。

第三节　东菏、东曹水利纠纷

东明由于地处黄河苏鲁豫皖直五省交界地带,且靠近黄河干流,水利纠

---

① 《菏泽地区水利志》认为,以上二河系民国六年(1917年)旧历七月二十二日河决长垣之范庄及八月七日河决谢寨两次所冲泛道,待考。见菏泽地区水利志编委会:《菏泽地区水利志》,南京,河海大学出版社,1994年。

② 东明县水利志编委会:《东明县水利志(1288—1995)》,菏泽地区新闻出版局,1997年。

③ 菏泽地区水利志编委会:《菏泽地区水利志》,南京,河海大学出版社,1994年,第63页。

纷由来已久。早在明朝嘉靖年间,潘季驯向下属布置工作时,列举了几项重要修守工作,其中强调了存在已久的长(垣)东(明)矛盾,即直隶大名府属长、东二县旧有长堤一道,延亘一百三十里,东至山东曹县白茅集,西至河南封丘县新丰村,堤外有淘北河一道,"万历十五年河由河南封丘县荆隆口决入,挟淘北河冲决本堤之大杜口,两邑昏垫。该工科都给事中常(居敬),会同抚按题,奉钦,依修筑堤完。然堤外有月堤三坝,名曰三尖口、吴家口、刘家口,在长垣利在泄水,不肯闭塞,在东明惧其受潦,坚欲堵截,两相掣肘,虽有坝名终属虚应"。潘氏即专设府佐驻守黄河杜胜闸长堤,"画界分理,长垣县管九十七里,东明县管三十三里,建铺设夫以时修守"。认为"堤既固矣,三坝有无不足较也,夫坝之有无,系于长堤",而"堤之利害全在荆隆一带","荆隆坚守则长堤无事,长堤无事则三坝不用",故又于荆隆口添设开封府同知一员专司驻守,"虽卫河南,实卫长东二县也",希望"二县之民永帖袵席"①。但是,数年之后,因裁革管河通判,遂将本堤尽属长垣,新的问题又产生,潘氏认为"地分不明,易得推诿",提出应"复旧规,照地分管,庶修守各有专责,而临事不致推诿"。②

民国时期,有濮县民众代表宋贤卿等赴东省建设厅呈讼:"为筑堤害邻恳请派测绘专员彻底查勘,以定疏堵标准而免数县水患。"建设厅批示:"查此案业经本厅派员前往查勘,仰候呈覆到厅再行核办。"③即为濮阳与东明间纠纷。

新中国成立初期,东明属河南省开封专署,与山东菏泽专署的菏泽市、曹县共有65公里边界线。至1957年,因河道未治理,靠自然流势排水,尚无大的纠纷。仅在1953年,曹县祥符寨与东明朱岗寺有过排水纠纷,当时即协议解决。1957年开始纠纷持续不断,如4月东明丁嘴、李唐桥与曹县祥符寨、郭小湖之间,因东明从李六屯至朱岗寺开顺水沟,山东曹县从大马王至李唐桥以西南北堤修拦水坝阻截来水,引起纠纷。1957年4月20日在治淮委员会监督下,经山东省水利厅代表裴天明、河南省水利厅代表刘建民、菏泽专署代表邢展协调,曹县代表张自强与东明县代表王东岳签署协议,保证在上述纠纷范围内上不挖沟,下不堵坝。曹县祥符寨与东明朱岗寺排水纠纷,仍按1953年所订协议执行。如实地查勘有新意见时,由两县另行协

① 菏泽地区水利志编委会:《菏泽地区水利志》,南京,河海大学出版社,1994年,第63页。
② (明)潘季驯:《议守辅郡长堤疏》,见《河防一览》卷一〇,台北,广文书局,1969年,第293页。
③ 《山东省政府建设厅批文(第八号)》,《山东建设行政周报》,1929年2月23日第一期。

商解决,若意见不一致,仍按原协议办理。①

6月,东明县丁嘴、李唐桥与曹县祥符寨、郭小湖之间产生纠纷,双方7月1日于河南民权协商,在河南省代表郭培均、山东省代表戴心宽的调解下,达成如下协议:

东明县后寺和严寨以西之两个坡洼,东至王茂寨娘娘营之间的菏泽、兰封公路,北至孟大府、丁嘴,南至赵王河堤。双方同意将该范围以内从1951年至1957年所挖之排水沟,所抬高或加深之路基以及所筑之拦水坝全部平复或拆除,旧沟有挖深开宽或填垫情况者,应恢复1951年原状。排水沟平好后,其填土须高出两边地面二公寸,拦水坝及抬高或挖深之路基应与两侧地面平(但道路和填过沟处应恢复原沟形)。东明县后寺、严寨两个坡洼以西至马头,经检查如有1951年后所挖向该坡洼进水的排水沟,应由东明县按上述标准加以堵复。曹县祥符寨东北之排水沟在此平复后,如仍然过水威胁丁嘴、胡窖安全时,东明群众可将丁嘴东流水口处之公路扒开使水下流。流后填平以维持交通。祥符寨以东、张寨以南之流水沟(包括公路桥底),应由曹县加以疏浚,恢复1951年原状。东明县李唐桥北,南北大路附近之一段老河,1955年曾加以疏浚,现须恢复1951年现状,施工标准和长度交两县县长实地研究确定,但不能影响整个协议的进行。

8月,又有菏泽市杨镇集北七里河北支的蓄排纠纷,因双方及时协商,纠纷很快获得解决。

1958年以后,由于大搞农田水利建设,10月菏泽市建成25孔、设计引水流量260秒立方米的刘庄人民驯黄闸,其南干渠从王河圈闸以下沿东菏边界南行至吕陵店西南折向东,穿过菏泽、定陶、巨野三县,并于干渠西边平行开挖一条黄万运河,北起黄河大堤,南至万福河,长约18公里,二河渠于望河圈闸以下并行,成一河一渠四堤之势。然南干渠修成通水后,因劳力不足,黄万运河并未挖成,而且"打乱了原来的排水系统,截断了多数交通干线,而计划兴建的建筑物工程,由于财力物力和人力的所限,没能及时配起套来"②,尤其是"二河渠切断了白庙河、七里河北支、渔沃河、天爷庙河、阎庙河五条排水河道,将万福河以东433平方公里的排水出路堵死"③。原本

① 《对河南省东明县李唐桥与山东曹县郭小湖一带排水纠纷问题的协议》,见山东省曹县水利志编纂组:《曹县水利志》,1989年,第173页。
② 菏泽地区水利志编委会:《菏泽地区水利志》,南京,河海大学出版社,1994年,第134页。
③ 东明县水利志编委会:《东明县水利志(1288—1995)》,菏泽地区新闻出版局,1997年,第77页。

是一个水利单元的东明被隔在二河渠以南。同时,菏泽在北起梅庄,南到王茂寨的两县边界上"修筑了一条 19 公里长的边界堤,底宽 20 米,高 1.5 米,除东明集河外,其他的自然流势全部被堵死。在每条排水河道中,都筑起了拦河坝"①。而且排水压力不仅来自菏泽,南部的曹县随后也"修筑一条高1~3 米,顶宽 2~5 米,边坡 1∶2,长 7.5 公里的边界堤。1959 年,曹县自太行堤水库引水,沿边界自南而北修建了纸房西干渠,切断了赵王河、新冲小河的排水出路"。为了阻挡来自东明的客水,在"赵王河上还修筑起四道拦河坝,坝高 2.5 米,顶宽 6~9 米,坝长 80~120 米。为防东明扒堤,曹县方面派武装民兵看护,汛期昼夜值班"②。

至 1959 年底,东明与菏泽、曹县全长为 65 公里的边界线上,筑堤打坝竟达 44.5 公里,能排水的河道原有 23 条,至此除东明集河以外,全被截死,涝水无处可排,这种局面自 1958 年一直持续到 1962 年。在涝水无处宣泄的同时,1957 年东明建成高村虹吸,设计引水 3~6.9 立方米/秒。1958 年底,又建黄寨闸,设计引水 20 立方米/秒,同年又建成三义寨东明三春引黄工程,设计引水 20 立方米/秒。以上三处工程平均年引水 8000 万立方米左右③,来水量剧增,却没有统一规划排水出路,地下水位急遽升高,次生盐碱地大片出现,东明便在下游开挖一批退水沟、排水沟,下游菏、曹便行堵筑,双方互不相让,矛盾十分尖锐。

人祸的同时,天灾也不断。1960 年 7 月 1 日至 28 日,连续降雨361 mm,其中最大一次达 210 mm。④ 内水下排受阻,加之境内蓄水工程及灌溉渠系阻水,"全县村庄 164 个被淹,倒塌房屋 67414 间,积水面积 96.27万亩,受灾面积 66.1 万亩"⑤。沿东部边界南北几十里,东西 2~3 公里,一片汪洋,袁庄、李庄周围水深 2 米左右,损失极为惨重。

东明、菏泽、曹县三县交界的北柳河上游地带边界插花,互为上下游,一到雨季你扒我堵,纠纷不断(见表 6-2)。⑥

---

① 水电部:《关于解决东明与菏泽、曹县水利纠纷的意见(1961 年 6 月)》,菏泽市档案馆藏。
② 东明县水利志编委会:《东明县水利志(1288—1995)》,菏泽地区新闻出版局,1997 年,第78 页。
③ 菏泽市水利志编委会:《菏泽市水利志》,济南,济南出版社,1991 年,第 159 页。
④ 东明县水利志编委会:《东明县水利志(1288—1995)》,菏泽地区新闻出版局,1997 年,第414 页。
⑤ 同②。
⑥ 同①。

表 6-2　东菏、东曹主要纠纷事件

纠纷双方	地点	类型	时间	纠 纷 简 况	后　果
豫东明①与鲁菏泽	七里支河	蓄排	1957.4	东明李唐桥与曹县祥符寨、东明丁嘴与郭小湖	
同上			1957.8	东明与菏泽杨镇集交界处	
同上	边界	蓄排	1958	黄万引河堤切断从王河圈闸到吕陵店东明5条河道排水出路,中部从梅庄到王茂寨河沟亦被菏泽修建阻水堤堵死	
同上	天爷庙河		1963	东明陆圈公社陆圈村扒天爷庙河堵坝与菏民械斗	东明死3人,是年东明划归鲁省
豫东明、鲁曹县	边界	蓄排	1958~1959	曹县筑阻水堤及纸坊西干渠	
豫东明、鲁菏、曹三县交界	北柳河	蓄排		边界插花,互为上下游	

第四节　改隶及水系调整

1961 年,中央召集北方防汛会议,自 5 月 30 日~6 月 2 日,专门讨论了东明与菏泽、曹县边界水利纠纷。时河南省水利厅刘一凡副厅长、山东省水利厅戴心宽副厅长、开封专区王心甫副专员、菏泽专区田克明副专员等参加了会议。1961 年 6 月 29 日,水利电力部党组提出了"关于解决东明与菏泽、曹县水利纠纷的意见"②,指出了当前治理原则:以蓄为主,以排为辅,减少地面径流;河道治理标准上下游必须相适应;上游不许乱挖,下游不许乱堵,边界不合理工程必须废除和改建,同时对具体的边界工程进行了具体的规定。

同年 8 月,水电部党组组成工作组,协同两专县负责人组成联合小组,经现场勘查,反复协商,取得一致意见。9 月 1 日,双方专县签订了"关于解

---

①　按:1963 年前东明属河南。
②　东明县志编纂委员会:《东明县志·大事记》,北京,中华书局,1992 年,第 38 页。

决东明与菏泽水利纠纷的意见"的方案。10 日，由开封地委代表王欣甫、东明代表王缵三与菏泽地委代表田克明、曹县代表张自强签订了"关于解决东明与曹县水利纠纷的意见"的方案。随后，东明即将距边界线 10 公里以内的排水沟分段堵闭，菏、曹亦拆除距边界 1.5 公里内之阻水堤坝，恢复自然流势。但由于菏、曹二县执行不力，只扒开少数口门，大部不够标准，东明平沟亦未完全达标，在执行协议过程中，双方又做了一些新的工程，如"菏泽在距边界 0.5 ~ 1.5 公里，从通固到黄集筑一条长 13.5 公里，顶宽 5 米，高 2 米左右的堤坝，以不同形式筑起第二道阻水工程"①。曹县亦然，双方又多次协商废除上述工程未果，纠纷依旧。

1962 年春，国务院副总理谭震林、水电部部长钱正英，会同省、专、县主要负责人亲自到边界查勘。3 月 20 日，双方签订了"关于河南省开封专区、商丘专区与山东省菏泽专区边界水利问题的协议"，经双方贯彻执行，矛盾暂缓。不料，当年汛期一到，菏、曹又将陆圈、马头两公社的 10 余处口门重新堵死，矛盾再起。1963 年 4 月，国务院最终决定将东明划归山东省菏泽专区，并责令山东省水利厅及菏泽专区统一规划，制定出新的河道治理方案，以解决该地区的水利纠纷。

随后，东明在菏泽专署的主持下，本着上下游统一治理的原则，对边界水系作出了重新规划和调整。1965 年起，又按照省南四湖流域工程局编制的《山东省南四湖流域近期治理规划》和水电部、淮委、山东省水利厅的设计规划要求，进行了大规模的水利建设。主要调整的河道有：① 开挖洙赵新河、幸福河、五里河，将原七里河北支的支流在上游改入幸福河、五里河，在下游改入洙赵新河；② 开挖东鱼河北支（万福河），将七里河北支、鱼沃河的支流，如堤沟、齐王集河、天爷庙河上段、阎庙河上段、贾河、紫荆河下段等在中游改入东鱼河北支；③ 开挖贾河（跃进河），将原东明集河及鱼沃河的支流，在上游改道汇入贾河；④ 开挖东鱼河、裴子岩河、夏营河，将紫荆河上段、原营子河及支流改入东鱼河。

调整后，全县共有骨干河道 13 条，从北至南：洙赵新河、幸福河、五里河、鱼沃河下段、东鱼河北支、鱼窝河、贾河、苏集抗旱沟、东鱼河、紫荆河、裴子岩河、夏营河、赵王河等，分别隶属洙赵新河、东鱼河两大水系。水系调整前后的东明水系详见图 6-1、图 6-2。

---

① 东明县水利志编委会：《东明县水利志（1288—1995）》，菏泽地区新闻出版局，1997 年，第79 页。

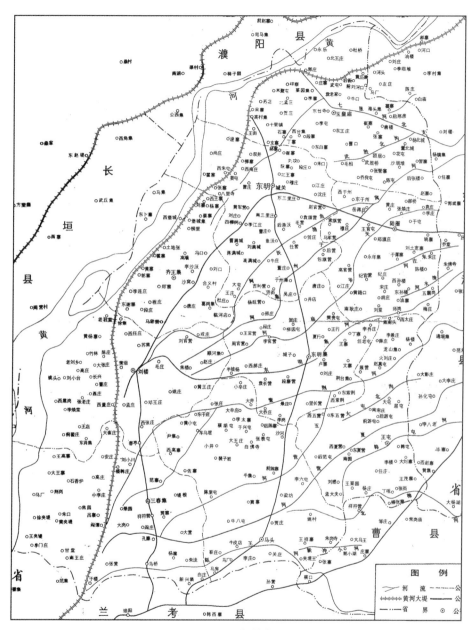

图6-1　1958年的东明水系

资料来源:《东明县水利志》。

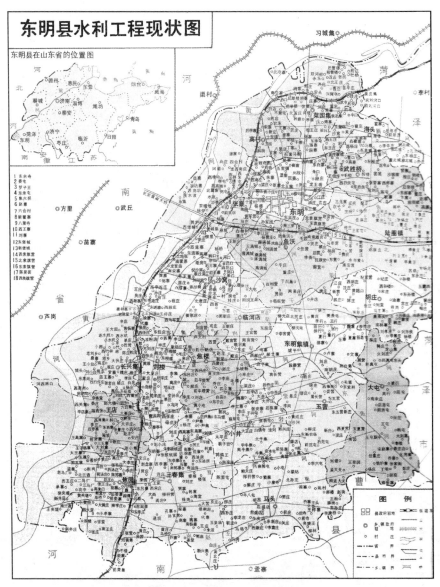

图 6-2 1985 年的东明水系

资料来源:《东明县水利志》。

本 章 小 结

筆者以为,水利纠纷之所以屡禁不止,上述各种解决手段之所以不能一劳永逸,主要因为在水利纠纷中,各级政府、流域管理机构尚未自觉地运用

水利单元这个有效工具,正如济宁专署水利局在其《1956 年水利纠纷总结报告》中提到的:

> 水利纠纷连年来随着工程的兴建和连年的解决本应逐渐减少,但相反且较往年增多,【以】(与)1954 年发生的起数相比则多 80%,经研究分析其主要根源,是与去冬今春各地轰轰烈烈的兴建沟洫工程分不开的,原因就是在举办沟洫时缺乏技术指导、全面规划,甚而有些干部假借沟洫之名修路开河,堵客水放己水,到处开沟筑路所致,如宁阳与汶上的纠纷就是例证。再则就是在整修工程时对下县情况生疏,审查计划粗糙而引起的纠纷,如洛坊河问题,以及在大河的治理上对洼地积水的排除照顾不周,涵洞建设的少所引起的,如峄县燕井河前王家公路汛期的看守就是这个原因,因此今年汛期纠纷较往年为多……具体表现就是沟洫分布愈广,纠纷则愈多的实例。

从中不难看出报告中对各行政单位之间破坏水利单元的做法颇有微词,不过在总结经验教训时却没有将水利单元调整上升为解决问题的手段,仅是肤浅地提出几点体会:

(1)领导重视,亲临现场是顺利解决的保证;

(2)加强区乡干部的教育,打通思想是顺利执行决议的重要步骤。凡每一纠纷的形成都与当地乡村干部的利益直接有关,因此他本身就有本位主义思想和狭隘观点,如不加强教育,弄通思想,即使双方上级协议成功,而且具体执行亦有困难,从金、嘉两县贺李庄纠纷问题上很明显看出,纠纷的形成,就是九子乡支书为了保护本村利益,领着将贺李庄去年流水的路口堵死;

(3)书面协议是监督执行的有力根据。

不过,由于水利单元的客观存在,故在以往的水利纠纷解决过程中,我们可以看到很多的不自觉地运用水利单元来解决水利纠纷的事例。

行政区划调整虽然可以作为解决水利纠纷的有效手段之一,但是往往并不一定意味着矛盾的彻底解决,事实上,区划调整如果没有考虑到"水利单元"这个因素的话,就会引发新的矛盾。前述范县和台前县由山东划归河南省管辖后,因区划调整中规定"地随人走"的原则,靠近北金堤附近居住的村民划归山东省管辖,而这些村民的土地九千多亩,又多在北金堤以南,形成两省土地插花错壤,给金堤河治理带来困难。另外,1964 年行政区划调整时,将鲁省寿张、范县的大片土地划归河南省管辖,金堤河 90%以上的流域面积在河南境内。1965 年以后,金堤河流域及其相邻地区降雨量减少,气候干旱,河南省陆续恢复了原有的引黄灌区,增建引黄闸,大力发展灌溉,造成位于金堤河附近的山东阳谷县干旱严重,引起灌溉引水的矛盾。①

---

① 　汤树国:《浅谈金堤河治理对策》,《山东水利》2004 年第 10 期。

第七章　洪水情形下水利单元
　　　　突变与水利纠纷

第一节　自救还是祸邻——
　　　　灾变与水利纠纷

　　水利单元突变是指在异常情况下，如堤防溃决、过量降雨、干旱等因素导致的原有单元界限的改变，这类情形尤以堤防溃决为甚。1935 年 7 月 10 日，风雨交加，黄河水位陡涨，下午 4 时，山东鄄城县李升屯、南赵庄一带民堰开始溃决，晚上 8 时，董庄至临濮集官堤决口。11 日，水益涨，先后决 6 口门。至 8 月初，口门宽约 3～3.5 公里①，夺溜七成以上。大溜"大部向东南流，漫菏泽、郓城、巨野、嘉祥、济宁、金乡、鱼台等县，沿洙水、赵王河注入南四湖"②。微山湖水位突破历史最高，据当时韩庄水文站测报，微湖水位由 7 月 24 日的 30.92 米（废黄河零点），至 9 月 8 日最高水位 36.36 米，上涨 5.44 米。入湖洪水惟经湖口双闸及蔺家坝入不牢河汇中运河，然运河一时难以容纳，于是滨湖沿运之鲁南苏北多个县市受灾严重，"受灾面积 12215 平

---

① 1935 年 9 月 4 日《大公报》载《许世英考察鲁豫冀水灾报告原文》称决口"宽达八百余丈"，折合市里约 5.34 里，与此出入较大。该报同年 9 月 15 日载《本年江河水势及堵口复堤情形》称，"宽约二千余公尺"，存疑。

② 曾庆臣、吴修杰：《1935 年和 1957 年大水灾简述》，见济宁市水利局、济宁市政协文史资料委员会：《济宁市文史资料丛书》之十二，1994 年，第 320 页。大溜具体走向各书记载略异，河决之后，"由临濮口门分两股奔流：正东一股，以赵王河及赵王南河为界，宽约七十里，经菏泽、钜野、嘉祥、洙水口河至南阳湖，济宁、鱼台、金乡均遭泛滥。东北一股，沿宋金河经郓城、寿张，折至东平湖，汶上亦有波及"。（《大公报》1935 年 9 月 5 日）其中，注于东平湖之东北一股属小股，"合汶水复归正河"。正东一股为大股，"又由南阳湖、昭阳湖递注于苏鲁接界之微山湖"，进入江苏。（郑肇经：《中国水利史》，第 100 页）其鲁省泛滥区域，包括"鄄城、菏泽、钜野、嘉祥、济宁、鱼台、金乡、郓城、寿张、东平、汶上、成武、定陶十三县，南至万福河，西北至宋金河，东北至小清河，纵横各三百余里，灾民达二百三十余万人"。（《大公报》1935 年 9 月 5 日）

方公里,涉及苏鲁两省 27 个县……鲁西南……受灾面积 7700 余平方公里,淹没耕地 810 万亩,淹没村庄 8700 余个,倒塌房近百万间,灾民 250 万人,淹死 3065 人,淹死牲畜 4 万余头,外出逃荒灾民达 48 万余人"①。其状甚惨,行政院不敢怠慢,7 月 16 日即通过水灾救济案,设立救灾准备金。同日,行政院水利委员会在南京召开紧急会议,商讨对策。7 月 17 日,韩复榘亦赴鲁西南视察水灾。②

政府救济毕竟遥不可期,各地百姓惶惶急图自保,各种紧急措施仓卒上马,大水面前自然顾不了其他,各种潜在的水利纠纷因子,当此黄水漫漫之时一起诱发。巨野、嘉祥二县,本于洙水河上就有纠纷,此次"决口水入洙水河后,巨野、嘉祥两县民众,因守堤、扒堤利害不同,将起械斗"③。时江苏省府正协助导淮委员会办理苏北淮沂沭分治工程,忽当此浩劫,急谋防御之计。"铜山行署督察专员邵汉元命筑建大堤防水,长堤自丰县北境起,循沛县北境经龙固集向东南,沿微山湖西岸至张谷山止,共长 160 里。铜山县境内由县长王公玙监工,征集民夫,历时两月完成,号称苏北大堤。"④不想招致争议。

7 月 23 日、24 日,济宁运河东西堤先后决口,黄水四处泛滥,山东民众一片恐慌。7 月 24 日上海《时事新报》转载济南电:"鲁黄灾会电中央语苏省筑堤截黄,强抑水性,即苟安一时,非同舟共济之道。鲁患未弭,岂苏之福?!"⑤《申报》亦载:"济南:(鲁)各界黄灾救委会今日再电中央,请统筹治黄善策,不分畛域,苏人在微湖南岸修闸,虽苟安一时,但非同舟共济之道。"⑥将鲁省受灾归结于苏省苏北大堤的修建上。同日,鲁省主席韩复榘

---

① 山东省水利史志编辑室:《山东省志·水利志》,1992 年送审稿,第 49 页。关于具体受灾情况,各书记载略有出入。魏光兴、孙昭民《山东省自然灾害史》载:泛滥区域达 12215 平方公里,淹及山东、江苏 21 个州县,受灾人口 341 万人,伤亡 3450 人,经济损失达 1.95 亿元(银元),其中山东省有 15 个县受灾,淹没耕地 54 万 hm²……席家治、王文俊在《黄河史志资料》1983 年第二期撰写了《黄河下游 1933、1935、1938 年决口灾害资料浅析》一文,其中对 1935 年的水灾有所叙述:1935 年洪水,花园口洪峰流量 14900 秒立方米,山东鄄城县董庄决口。《黄河下游修防资料汇编》对此记为:"鄄城董庄决口……共 21 县市,被淹面积 48849 方里(折合 12212 平方公里),淹死人口 3750 人,财产损失 195022904 元。"另 1936 年 3 月出版的《黄河水利月刊》第 3 卷第 2 期中《民国二十四年山东董庄黄河决口各县受灾状况统计表》一文记载:此次决口,受灾县 27 个,受灾面积 48849 平方里,受灾人口 341 万,伤亡 3750 人,损失约 1.95 亿(银)元。

② 《中华民国史事日志·民国廿四年七月乙亥》,香港,大东图书公司。

③ 《济南电》,《申报》1935 年 7 月 17 日。

④ 徐州市水利局:《徐州市水利志·大事记》,徐州,中国矿业大学出版社,2004 年,第561 页。

⑤ 《济南电》,《时事新报》1935 年 7 月 24 日。

⑥ 《济南专电》,《申报》1935 年 7 月 25 日。

致电国民政府文官处并苏省主席陈果夫:"洙水赵王各河复因连日水势高涨先后决口,究其原因,实由苏省境内筑堤修闸,迎截黄水,使下游不得宣泄,南阳湖水倒漫所致,今民气易动,深恐别生枝节,复橥以此事所关至重,不敢壅于不闻。"①有意夸大事态,向国民政府及苏省施压。

作为呼应,鲁南一带绅民纷纷通电上书。例如:滕县居民代表张宗淶等呈文《为苏北筑堤堵水以邻为壑吁请垂救事》:"为近日黄河决口,水入微湖,往南而下,讵苏省以邻为壑,于鲁(鱼)台县至张坞(谷)山,筑堤一道,又由蔺家坝重筑十五里之堤,致黄水倒流泛滥,以吁请迅饬苏北立毁所筑之堤,并饬苏鲁行政水利机关,挖开蔺家坝,以资拯救。"原呈认为蔺家坝系"前清时代官吏李凤秋因天旱,十字河水浅不能行舟,将该坝堵塞,以蓄十字河之水接运"。他认为:"若将蔺家坝扒开,微湖之水顺流而入淮河,鲁南苏北世世可无水患",指责"苏北之民不学夏禹之疏河使水患胥平,偏效白圭之治水以邻为壑"②。

又有山东济宁灾民高祥符、东平县灾民代表崔永锡、巨野县灾民代表赵广第、郓城县灾民代表王朝栋等请愿:"鲁西各县卷入狂澜……推源其故,盖因苏省北界为防黄水南浸起见筑坝截留,使涓涓不能顺流入海",又云"各县灾民得此消息,群情愤慨,咸欲相率南下,誓死堙平苏堤,籍谋一线之生路"③,事态有逐渐扩大之势。

对此,时任江苏省主席的陈果夫急忙回应:"查黄水如入微夺运,不外由韩庄下之湖口双闸入中运河及由微山湖南端之蔺家坝入不老河汇注中运,现在铜、沛等县民众就微山湖西岸原有堤坝加高培厚,仍保留蔺家坝口门以资宣泄,其作用仅为防微湖之西溢,减少滨湖一带于黄水过境时人事上可避免的损失,此堤本与鱼台堤衔接,与鱼台同滨南阳湖之西岸,防南阳湖水之西泛,情形相同,并非正面抑逼黄流,此其一。黄如南徙,应顺其就下之性,缩短路程引之归海,稍有常识,类能知之,若筑堤截抑,荡决益甚,苏在下游,糜烂地区应比鲁省更广,匪特理论不通,事实上更不可能,此其二。微湖西堤之建,因为铜、沛局部的屏蔽,尤能束水归槽,使不过分泛滥,加增大溜速度,促其宣泄,于鲁苏同为有利,此其三。此堤范围至小,于黄河改道南行事绝不相涉,报纸上号此为苏北大堤,一若横截苏北,此不特称呼不确,亦且名不副实,误会之来,抑或由此,此其四。临濮

---

① 《鲁、苏两省对于洙水赵王河决口 筑堤修闸及黄河改道发生争执处理情形》,中国第二历史档案馆藏,全宗号一,案卷号3275。

② 同①。

③ 同①。

决口,虽逾兼旬,正在漫溢,地面愈广,水行愈缓,近日微湖容量并未十分溢满,微湖西堤今独未发生屏蔽铜、沛之作用,乃语鲁境洙水赵王各河现在高涨由于苏境筑堤迎截使不能宣泄,实离事实太远,此其五。总之,自来治水,每以上下游所见各异,往往发生意见,职意地方政府应以国家整个利害为前提,通力合作,迅予补救,力图避免意外枝节,已电韩主席请其派员来苏实地踏勘,则水情地势俱在,一经案复,误会不难立解。……尤盼中央通盘筹画,毅然主持。"①

　　江苏省府亦频频向新闻界辟谣:"徐属各县防范黄水,修筑苏北大堤,鲁省官民以为将壅扼黄流,使鲁灾加重,函电交驰,两省人民极为注意。29 日据沈建厅长(沈百三,时任江苏建设厅厅长)谈,鲁水南下,经微湖入运,系以湖口蔺家坝等处为口门……此次苏省防黄,仍按历届成案办理,至铜、沛各县……于微湖西南堤埝加高培厚,意在使水流归漕……(今)微湖容量尚未饱满,既未漫溢堤岸,屏障亦未发生功用,更何论壅扼上流,加重邻灾? 此堤仅限于微湖西岸,自宜正名为微湖西堤,与鲁境黄灾,绝无关系云。"又载:"南阳湖水大部向东北泛溢,故连日微湖停涨,水位尚在岸内,距新筑之苏北大堤尚远。"②但鲁省并未因此消除怀疑,随着水势继续上涨,"鲁乡村建设研究院一分院长孙则让,受鲁西人民委托,偕鲁西民众代表两人来徐,调查苏北建堤形势"③。8 月 9 日,又有李仪祉偕鲁省委孔令瑢、苏建厅技师及经委会、导淮委员会人员,来徐与邵汉元会晤后,10 日午往蔺家坝视察口门及微湖西堤。④

　　不独微湖地区纠纷激烈,随着黄水沿运河下泄,苏鲁交界之邳县、峄县两县的矛盾一时激烈起来。先是"导淮委及邳县民夫,在邳境王母、胜阳二山间续筑阻水耳坝"⑤,峄县一方则急欲泄水出境,"昨(30 日)突来鲁民二千余,强将两堤挖溃……双方发生激烈械斗,结果互有损伤"⑥。

　　黄水肆虐,政府未及筹划堵口,却已引起两地官员互相猜忌,民众互相攻讦,实令政府十分尴尬。为解决这一争议并商讨黄河堵口事宜,行政院召集鲁苏两省主席、导委会、黄委会、委员长、副委员长及水利技术专家,于 8 月 5 日开会商讨,决议一方面使黄河由决口南流之水分两条途径导泄,一是

① 《鲁、苏两省对于洙水赵王河决口筑堤修闸及黄河改道发生争执处理情形》,中国第二历史档案馆藏,全宗号一,案卷号 3275。
② 《苏北大堤即将竣工》,《申报》1935 年 7 月 30 日。
③ 《鲁派代表调查苏北筑堤情形》,《申报》1935 年 7 月 31 日。
④ 《李仪祉等勘查苏北大堤》,《申报》1935 年 8 月 10 日。
⑤ 《申报》1935 年 8 月 29 日。
⑥ 《时事新报》1935 年 8 月 30 日。

命黄委会及山东省政府负责将流入南旺湖之水设法流入东平湖,挽归黄河;
二是命导淮委员会及江苏省政府负责将流入微山湖之水由湖口蔺家坝导经
中运河、六塘河、灌河入海。自微山湖入运水量,以中运河所能排泄最大流
量为标准。同时决定再由黄河委与山东省政府迅速派员实地勘查地形,拟
定引溜地位及挑溜挂淤办法,设法引溜归入正河,以期减少口门夺溜数。①
并指定黄委会孔祥榕副委员长督察办理堵口事宜。会后即开始筹备工料,
着手实施,但事情远没有就此结束。

　　转眼至11月1日,国民党四届六中全会开幕,韩复榘于会上提出河复
苏北故道之议,一时苏北大哗,绅民纷纷上书言事。据当年11月4日国民
政府文官处转江苏徐扬淮海人民徐钟令等11月1日通电:

　　　　本年山东黄河疏防决口,灾及鲁、苏,鲁西之菏、濮等县,苏北之铜、
沛、丰、邳各地方均争先筑堤阻遏南阳微山诸湖,使已受黄水不致漫溢
泛滥,此在两省救死不暇之灾黎暂顾目前,出此下策,其为惨痛,尚何忍
言! 因鲁作俑在先,吾苏不得已而效尤,衡情自属可原,论理外无二致,
不意山东韩主席号称当世贤者,竟至派队越境毁坝捕人。今黄水已穿
运河、微湖奔腾而下,自淮阴以北,淮徐海三属若大疆宇,不啻全境陆
沉,是认鲁民准其自救而羊替牛灾之苏民转不准其救死也? 从前倪嗣
冲②都皖时,仅有派兵毁坝恫吓空言,而韩主席则已实行也,贤者固如
是乎?

徐氏责问:

　　　　河在东省岂无负责官吏,岂无(疑漏一修字)防专款? 自因事前备
御不充,演此惨剧,乃时已三月有余,未闻将失事之文武工员加以惩儆,
亦未闻有正当善后办法,任由该一班负咎河官恣行残害吾苏之计⋯⋯
钟令等同居苏北,与鲁为邻,宁愿妄起争议,不顾邻愿?"指责鲁省政府
及韩复榘延误堵口工期及复河南流之计,所论甚是专业:"顾黄河溃决
在历史上为大故,在东省尤非细事,向来决口之后,除先盘裹头等,亦堵

①　《鲁、苏两省对于洙水赵王河决口筑堤修闸及黄河改道发生争执处理情形》,中国第二历史
　　档案馆藏,全宗号一,案卷号3275。
②　倪嗣冲(1868~1924),原名毓桂,字丹忱,安徽阜阳县倪新寨人,北洋军阀。二次革命时镇
　　压讨袁军,自任安徽督军,支持袁世凯称帝,后又支持张勋复辟,被溥仪封为安徽巡抚,后
　　复任省长兼督军,并升任长江巡阅使,1920年皖系失败后解职。

筑大工外,其他应办事宜尚多……似该省尚无计划,特以改道分流之说移动。……殊不知改道分流二者,早经前贤实地研究,久已废弃,请言概略:河自回复山东故道,历今八十余年,中间丁文诚宝桢、张勤果曜,二公俱贤能表著,抚东颇久,又俱承办黄河漫决工程,亲见灾民伤心惨目,故丁公主张改道,张公主张分流……叠经曾国藩、曾国荃、崧骏、荣光、卢世杰、边宝泉等会勘确实,先后奏复,以挽河南下与疏导束行逐条比较,结言规复南河,势属难行……其他故道,尚有数说……即使能行,苟一一预算费用,能有此财力否耶?

徐氏引经据典,权衡利弊,驳斥韩复榘改道南行之议:

衡古量今,黄河入海义务为东省应负,与吾苏承受江淮入海均无可如何,此对于吾苏民生不容推卸者,一全国盐税两淮最巨,近自淮南缺产,两淮岁税数千万大多取给于淮北,而淮北盐区实紧逼河淮故道,此次黄河南下,不知湮没若干,存盐揣其数目当可惊人,计淮盐之裨益,度支恐不在山东全省收益之下,此对于中央国计不容推卸者又一。

最后,徐氏呼吁:"第一,从速堵口免致灾民长此昏垫,有误春耕。第二,苏民认为生死关头,誓死终须抵抗。……至改道分流系东省以邻为壑政策,于苏北关系太重,请予驳斥。今闻韩主席已提出改道分流议案呈送六中全会公议,万一议决准行,则苏北为保全生存起见定当誓死奋斗。"①

又有同年 11 月 3 日扬州济南场制盐七公司②股东联合会致国民政府情愿电:

---

① 《鲁、苏两省对于洙水赵王河决口筑堤修闸及黄河改道发生争执处理情形》,中国第二历史档案馆藏,全宗号一,案卷号 3275。
② 清光绪三十三年(1907 年),两江总督兼盐政大臣端方在海州(今连云港)丰乐镇西(灌云县洋桥)增铺新池滩,接济淮南销售,故名济南场。光绪三十四年(1908 年),海州县丞汪鲁门、淮南盐商叶瀚甫,在淮北垆子口苇荡左营以东地区成立同德昌制盐公司,后改名为济南场大德制盐公司。宣统元年(1909 年),南通张謇集资,委托淮南盐商徐静仁,在淮北垆子河口南成立大阜公司。宣统二年(1910 年),淮南盐商徐静仁始筹办大有晋公司。民国元年(1912 年),淮南盐商陆费颂、周扶九、萧云浦等人,在燕尾港成立济南场公济制盐公司。民国三年(1914 年),场区大有晋、大源、裕通、庆日新 4 公司相继成立。至此,济南场共所属 7 个公司。

鲁倡黄河改道分流入苏,实系以邻为壑之政策,尤害苏北数千万以上之民命财产,并淮北各盐场数千万盐税之国课,上妨国税下碍民生,一发千钧,关系綦重,请钧座立予严厉取有效之制止,并由鲁省限期举办堵口工程,以维国税而救民生。①

面对鼎沸之民声,全经委表示:"以黄河改道分流之议,关系綦重,本会自当审慎考虑,至堵筑董庄决口,业经本会商请鲁省政府负责办理并由黄委会协助进行,现已购运物料,着手施工,本会正在督促赶办,期早合龙。"②

但当时国民政府内忧外患交加,财政十分困难,加之口门过宽,堵口工程进展缓慢,从 9 月 28 日董庄堵口工程处成立始,至翌年 3 月 27 日,历时半载,经各方艰苦努力,决口最终合龙,苏鲁之争方告平息。

第二节　攻与守——邳苍郯新水利纠纷

在我国东部地区,由于降雨量集中,因此汛期以防汛减灾而引起纠纷的水利纠纷类型占很大部分,现试以邳苍郯新地区为例,对灾害环境下水利单元突变引起的纠纷及其解决进行分析。

邳苍郯新四县主要范围包括陶沟河及其以东、沭河以西、中运河和新沂河以北、枋河流域及分沂入沭水道以南的地区,流域面积 4957 平方公里(包括沭河以东,黄墩河面积 117 平方公里),现有耕地面积 3825 万亩③,其中以农业人口居多,包括山东省苍山县全部、郯城县大部、枣庄市和临沂市一部,江苏省邳州的中运河以北及新沂市的沂沭河之间的广大地区。由于地处沂沭断裂带,多条断裂、凹陷形成了沂河、沭河、枋河、东汶河、陶沟河、运女河、燕子河、涑河等多条河流,且有中运河穿流其中,水系复杂,尤其各条河流均是一出沂蒙山即跨苏、鲁省界,上游山洪下泄,源短流急,跨界时转入平原,自然阻滞,排水不畅。历史上此区缺少统一规划,农田水利基本建设进展缓慢,水利纠纷严重。

邳苍边界长 38.2 公里,但跨省河道竟有 12 条之多,即兰陵沟、运女

---

① 《鲁、苏两省对于洙水赵王河决口筑堤修闸及黄河改道发生争执处理情形》,中国第二历史档案馆藏,全宗号一,案卷号 3275。

② 同①。

③ 苏广智:《淮河流域省际边界水事概况》,合肥,安徽科学技术出版社,1998 年,第 200 页。

河、刘家沟、西洳河、东宋沟、汶河、白家沟、东洳河、吴坦河、燕子河、邳苍分洪道(又有东西两偏泓)、小涑河。纠纷最为集中;邳郯边界长40公里,主要跨省河道有武河、黄泥河、沂河、八里长沟、白马河、浪清河等;新沂郯城边界长27.4公里,其中跨省河道有:浪清河、小山排水沟、沭河、郯新河(新墨河)、老墨河、柳沟河、臧圩河(脏围河)、大房沟、黄墩沟(黄皿沟)等(见表7-1)。

在邳苍郯新水利纠纷中,山东一方多处在上游,往往在纠纷中较主动,属攻方;邳县、新沂在下游,较为被动,属守方。每届汛期,攻守双方上排下堵,你挖我堵,故上述河流几乎无河不争议,无处不分歧,实乃一大奇观。兹仅就1954年主要纠纷事件简述如下:

一、邳县与苍山古寨附近之古宅横堤纠纷

武河与燕子河之间的广大地区,因江风口的大量分泄沂水,年年受淹,群众想能救一块是一块,因此于1942年3月,在武河之辛庄向西开挖一条横河,经古宅至索埠与燕子河相接,并将挖河之土堆筑南岸,想防止沂水南浸,但由于江风口没有控制,来水很大,该堤年年溃决,汛后又加修补,以前因属同省,并未发生过纠纷。1953年初,邳县划归江苏,是年江风口分水达1650立方米/秒,该堤决口八九处,汛后拟结合浚河堵复缺口。适淮委沂沭河查勘组到达该地。山东代表曾提出意见,后由临沂专署向淮委提出该工程不能做,淮委指示苏省停工,即通知邳县执行(事实上并未开工)。因此,该河未挖,后群众按历年旧规,将缺口堵复并向东略微延长。因此,山东临沂专署即向华东局反映,请求解决,在协商会议上,邳县代表反映苍山县涑河东堤也加高培厚,并向南延长,经各方四代表核对情况没有大的出入后,即协商解决办法。

协议情况:徐州代表意见:该堤大水挡不住,堤南仍要被淹,小水对山东之芦塘亦无妨碍,而堤北年年积水,因此尚有荒田约三万亩(其中邳县一万亩),同时淮委对邳苍规划中,有将该处作蓄水之用的计划。山东代表认为此举会加重芦塘一带灾害。最后双方同意古宅横堤及涑河东堤一律恢复至1954年汛前状况,并由邳县及苍山两县负责执行。

淮委根治意见:邳苍是老灾区,解放后,江风口打坝,沂水不大,灾情已减轻,如沂水大,江风口坝一开,灾情如旧,现江风口分洪闸将于1955年汛前完成,可以控制沂水的来量,如有计划的泄蓄,该处灾情可以解决的,建议在古宅以北及古宅以南辟两个滞洪区,得视水情,逐步开放,该横堤可以利用,因此有加强及向东延长口门堵闭之必要。

表 7 - 1　邳苍郯新地区苏鲁省界河道统计表

水系	河道名称	长度（km）	流域面积（km²）	上 游			下 游			说 明
				县名	长度（km）	流域面积（km²）	县名	长度（km）	流域面积（km²）	
大运河	伊家河	18.8	124.2	铜山	11	74.2	台儿庄		50	
大运河	引龙河	16	104	铜山	8.2	85	台儿庄	7.8	19	
大运河	龙　河	15	72	铜山	3.3	29	台儿庄	11.7	43	
大运河	于沟河	11	67	铜山	2.5	42.2	台儿庄	8.9	25.2	
大运河	小新河	5.6	49	铜山	5.6	45.7	台儿庄	5.6	3.3	
大运河	陶沟河	27.1	679.2	苍山	24.5	129.7	邳县（州）	13.4	92.7	
大运河	兰陵河	29.2	19.3	苍山	12.4	19.3	邳县（州）			
大运河	运女河		107.5	苍山	16	41.7	邳县（州）	13.2	65.8	
大运河	刘沟河	40	34.6	苍山	10.1	29	邳县（州）	4	8.6	
大运河	西泇河		691.4	苍山	36.8	642.2	邳县（州）	18	52	
大运河	东苁河	27.1		苍山	12.8	27.2	邳县（州）	8	1.6	
大运河	汶　河	35.8	164.6	苍山	26.2	163	邳县（州）	16.1	1.6	
大运河	白家河	29.7	68.4	苍山	19.4	50	邳县（州）	16.4	18.4	
大运河	东泇河		37.2	苍山	23	29.9	邳县（州）	6.7	7.3	

续表

水系	河道名称	长度(km)	流域面积(km²)	上游 县名	上游 长度(km)	上游 流域面积(km²)	下游 县名	下游 长度(km)	下游 流域面积(km²)	说明
大运河	吴坦河	56.2	530.6	苍山	48.7	511	邳县(州)	7.5	19.6	
大运河	燕子河	62.5		苍山	38.4	311.6	邳县(州)	24.1	56	
大运河	邳苍分洪道	75	2643	苍山	40	490	邳县(州)	34		
大运河	小涞河	39.5		苍山	20.9	72	邳县(州)			
大运河	武河	42.9	48	郯城	22.3	8.6	邳县(州)	20.6	39.4	
大运河	黄泥沟	36.5	113	郯城	29.1	96.3	邳县(州)	27.9	16.7	
沂河	沂河	333	11500	郯城			邳县(州)			
沂河	八里长沟			郯城			邳县(州)			
沂河	白马河	39.3		郯城	39.3	441.3	邳县(州)	13.5		
沂河	浪清河	20.9	86.3	郯城	5.5	12.6	新沂	15.4	73.7	
沂河	小山排水沟			郯城	8.4	17.8	新沂			
新沂河	沭河	196.3	4530	郯城			新沂	47	448	
沭河	郯新河	35.5	357	郯城	16.5	63.6	新沂	19	293.4	新墨河
沭河	老墨河	19.4		郯城	19	21.3	新沂			

续表

水系	河道名称	长度(km)	流域面积(km²)	上游 县名	上游 长度(km)	上游 流域面积(km²)	下游 县名	下游 长度(km)	下游 流域面积(km²)	说明
沭河	柳沟河	41.3	106.3	郯城	39.6	100.8	新沂	1.7	5.5	
沭河	臧圩河	19	104.6	郯城	7.1	49.5	新沂	6.7	55.1	
沭河	大房沟	11.7	29.6	郯城	10.5	28.8	新沂	1.2	0.8	
沭河	黄墩河	21.3	117	郯城	8.5	34.4	新沂	12.8	82.6	黄皿沟
东海	新沭河	80	836	临沭	22	500	东海县	53	145	
新沭河	石梁河			东海县			临沭	6	27	石梁河水库上游
新沭河	穆疃河	80		临沭	18	55	赣榆			小塔山水库上游
黄海	青口河			莒南	16		赣榆	64	466	
黄海	龙王河	81.5	621.7	莒南	54	470.7	赣榆	27.5	151	相郸河
黄海	绣针河	46	380	岚山	23	133.3	赣榆	8	10	上游莒南23公里

资料来源：据《淮河流域边界水事概况》制。

二、苏、鲁两省因江苏新沂河及白马河打坝纠纷

纠纷地点：江苏新沂华沂。

纠纷原因：江苏为了保证骆马湖麦收,在华沂新沂河内打拦河大坝,并将白马河新道堵塞,穿过沂河堤的旧道扒开,使沂河及白马河的桃汛完全由老沂河下泄入运,不致为害骆马湖。

协议情况：山东对江苏打坝提出意见,因将抬高上游水位,增加排水困难,淮委于4月间召开双方代表在蚌埠协商,对白马河打坝回水影响,经淮委推算在大埠支堤处仅抬高二三公寸。山东代表意见：由于该处筑了横堤,灾情很重,政治影响不好,因此不同意。在会上未获协议,后经淮委报请华东及抄告两省省委,始获解决。

根治意见：骆马湖自导沂后即辟为临时防洪水库,为了解决群众生活,必须确保麦收,现每年打坝,系临时措施,因此必须从速解决。否则不仅骆马湖麦收难保,苏鲁两省矛盾亦不能解决。我们意见：沂河及白马河桃汛(六月十日以前的来水)不能入骆马湖。现华沂节制闸已决定明年兴建,计划分水处水位26.2公尺时,可泄桃汛250立方米每秒,其余请淮委考虑在上游解决。

三、江苏与山东因山东新沭河引河打坝纠纷

地点：山东临沭大官庄。

原因：山东为了建造新沭河陈家堂路桥,将新沭河打坝堵死,使沭河底水及桃汛均由人民胜利堰下泄入老沭河至口头入新沂河入海。江苏因新沂河偏泓仅能泄40立方米/秒,再大就要漫滩,30万亩麦子势必受淹。经向淮委提出意见,淮委在其所召集的解决新沂河、白马河打坝纠纷会议上,一并讨论解决。

协议情况：双方同意以新安镇大官庄两站的雨量及流量为标准,即大官庄以下不降雨,下泄流量不能超过60立方米/秒;如下游降雨60毫米,大官庄就不能下泄,上游来量及下游雨量的关系,流量与雨量相加的数字为60毫米,超过60毫米,新沭河坝即须开挖。

根治意见：沭河桃汛在1950年估计约在700立方米/秒以上,而新沂河偏泓仅能泄40立方米/秒,大官庄人民胜利堰在200立方米/秒时即分水。因此,沭河桃汛对新沂河麦子威胁很大,建议在人民胜利堰上加做控制,使沭河桃汛完全由新沭河下泄入海。①

---

① 《江苏省治淮总指挥部报送1954年淮河下游水利纠纷初步总结》,苏淮总计字第842号,徐州市档案馆藏。

第三节 公与婆——对事件的不同表述

在水利纠纷中,我们常常看见这样一种现象,即事件双方的是非对错极难判定,得利与吃亏、有理与无理、主动与被动交织在一起,往往令人不明就里,这一点在纠纷双方的申告或者上报材料上最为明显。双方都是一副义正词严的形象,或者是一肚子苦水的嘴脸,仅凭一方的材料难以看出事件的原委,只有将双方材料结合起来,加以实际调查方可见端倪。本节欲就对江苏新沂县瓦窑乡与山东郯城县墨河乡关于同一起事件的各自材料进行解读,还原发生在五十多年前的一起纠纷。

先呈现给读者的是新沂县水利局呈送徐专水利局的一份《关于瓦窑、墨河二乡水利纠纷的调查报告》,签发时间是 1958 年 5 月 12 日。报告中详细列举了自 1957 年底以来的历次纠纷,现抄录如下,原文件中的姓名皆隐去,括号内为笔者的解读:

(1)截水沟原决定(挖于)大陆庄南边,在 1957 年 11 月 13 日未遇墨河乡交涉,瓦窑乡进行测量,陆庄社派人将我县测量员毒打一顿。(解读:郯、新两县 1955 年、1956 年曾有协议于此开挖截水沟一条,但郯城方面恐未传达到村级,故乡一级未出面干涉,但村民因开沟挖压土地思想不通。)

(2)12 月 5 日,我瓦窑乡乡长刘某和本县农业科科长梁某从瓦窑到王刘社去的途中,路过陆庄前,被陆庄社干部、群众打了一顿,刘乡长腰受重伤,不能行走,住院数月方愈。梁科长眼被打破。但他区区委蛮不讲理,并不进行过问处理。(解读:乡长和县农业科科长一起在敏感时期"路过"邻县,无论一起散步还是交流思想,在敌对一方看来都有窥探地形、打探情况,为进一步开沟做准备之嫌,一旦被发觉,被打恐怕逃不掉了,而郯城方面作为区乡一级领导,总是处在很尴尬的位置上:上级的命令不好违抗,下面百姓的利益也不好不顾,于是只得装聋作哑。)

(3)经上两次事件后,瓦窑乡测量及施工工作即将全部停止,后经省里来人进行协议,决定截水沟走十三家社和瓦窑乡房庄之间,并绘制施工图样,瓦窑乡遵照施工协议,执行施工测量,可是墨河乡仍不执行协议,在 1958 年 1 月 10 日十三家社带领群众,抢去瓦窑乡大新社洋镐、车子,并打大新社青年书记佟某一顿。(解读:开沟对新沂有利,且挖压了郯城的麦子,在切身利益面前,别说是省里,就是中央的决定,该不执行还是不执行。)

(4)1958 年 1 月 11 日,瓦窑乡民工正在施工,有墨河乡李庄社社长李某带领六十余人,五支步枪,廿多颗手榴弹,前往施工地点,打瓦窑乡民工,并放枪,带去大新社工程员杜某、中队长桑某,抢去洋镐、皮尺各一个。(解读:20世纪50年代全民皆兵体制下,枪支弹药是很普遍的,而在水利纠纷中,掌握着占优势的武器往往意味着掌握了话语权。另外,当时的基层,尤其是偏僻的乡村,对法律的漠视有时是惊人的,农民为了维护自身的利益,会不惜自己的生命,当然更不要说别人的。)

(5)第四次事件发生后,瓦窑乡停止施工,由郯、新两县负责人进行协议议定,截水沟再次南移至小山以南,可是墨河乡不执行协议,又派四支步枪及六七十人堵住瓦窑乡民工后路,并打民工傅某、刘某、刘某某(几乎被打死),打破车子16辆,带去土车一辆、洋镐一把、拉车绳20根、蒜3.5斤、皮带六条、腰带一条(以后并未送还)。(解读:县里的协议显然没有很好地传达,虽然再次南移,但地和麦子还是郯城的。而且,以前挖占的算是白挖,现在开始再挖新的地和麦,两县的决策人显然欠考虑。)

(6)2月29日晚,有李庄社社长带领群众拆瓦窑乡、大山乡工棚4个,拿去43根棒(只还21根),草两千余斤,拉车绳子13根(以后未交还),并利用刑满释放分子苏某来进行激烈殴打。(解读:拆工棚、抢东西的事情肯定是发生了,至于数字,虚实并不是主要的问题。)

(7)由于以上事件发生,墨河乡委贾书记和供销社王主任到瓦窑乡王刘社冒充县工作组,于是民工找他们要被他们所拿去的棒、绳、草等物资,可是他们两人并不向民工解释反而说被烧掉了。民工听了十分气愤,绑起王主任。在这时瓦窑乡马乡长已到,叫群众放了王主任。马乡长把贾、王两人请回到瓦窑乡人委会给予安慰。(解读:墨河的干部到王刘社的目的估计应该是进行协商的,是不是冒充无从考证,但说县委工作组待遇会好一点,如果说墨河的估计要被打,这点两人心中有数。至于民工怎么会找到他们并绑、打(既然绑了,打是少不了的),显然是瓦窑方面的安排,而马乡长"及时"赶到解围,目的是送对方一个人情,以便以后挖沟工程可以顺利进行。)

(8)在2月中旬,由郯、新两县公安、水利局长,又进行了协议,决定仍然依照前次两县负责人协议精神执行,但墨河乡社干部仍不执行协议,继续打瓦窑乡民工,不退回所抢去的瓦窑乡民工物资。(解读:本条按时间来看似乎应该放在第4或5条,或者应是3月中旬,总之,分歧依旧。)

另一封是郯城墨河乡人民委员会5月24日发往江苏省水利厅的告状信(由于语句啰嗦,文理不太通顺,故节录之),信中说:(郯、新)水利问题在1955年、1956年经过双方专署、县和水利有关部门在徐州开会达成的协议,规定"双方不得在交界地之间扒沟筑堰,如有变化,需经双方共同研究方可变动"。1957 年 1 月,瓦窑乡计划在两省之间扒一东西向大沟,未经协商即于陆庄(属郯城)以南施测放线,准备动工,陆庄群众认为此沟"不但占用陆庄很多土地而主要是到雨季陆庄湖里的水不能由小沟往下排水,再加河堰堵塞,将使附近的几千亩土地受到严重的水灾"。(解读:郯城陆庄在上游,瓦窑位于下游,陆庄有一片洼地名陆庄湖,每届汛期积水,陆庄开小沟下泄,瓦窑年年受淹,便欲于陆庄南侧开东西向沟一道,既要开沟,弃土必形成横堤挡水,且占压耕地。)矛盾激化,纠纷不断,"后经两专、县多次协商,达成协议,可是瓦窑乡不按照协议办事,造成当地群众不满"。其反映的主要矛盾分歧简述并解读如下:

(1)双方沟南沟北的土地,因扒沟之后不易耕种,经双方协商,"将沟边的土地进行调换,对于双方所种的小麦,仍是谁种谁收,让(舍弃)麦茬子,现在土地已经换好,等待收麦,可是瓦窑乡又在沟南、陆庄种的麦田内划为水池,现已开始动工,将陆庄的麦子挖了很多,目前麦子已经成熟,眼看就要收割……这样挖了以后,一定影响到陆庄群众的生活。"(解读:协议规定互换的土地似乎没有争议,但新沂一方应该等对方收割了地上的麦子以后再行开挖水池,或者对挖占的麦田给予一定的赔偿。)

(2)河占地问题:协议规定,如占用 50 亩以内者,补钱不补地,如果超过 50 亩者补地,然此河"光河身就占用 89 亩,直到现在钱地都没补,在占用89 亩地当中就占用了 60 多亩麦"。(解读:土地是农民的生存根本,无论是钱还是地,理应及时补偿,60 多亩麦在 50 年代应该是 10 户人家一年的口粮,数字依旧存疑待考。)

(3)修涵洞和水闸问题:"协议中规定,从十三甲到瓦窑西大沟共修六个闸门涵洞,由瓦窑乡负责修,以便在汛期到来向沟里排水",但至今一个未修,"现【离】汛期将近,如再拖延下去,陆庄一带几千亩土地,一定会(有)严重的水灾侵袭,甚至会造成房屋倒塌"。(解读:"十三甲"应即前述之"十三家"。边界横堤自会阻水,开沟对瓦窑乡有利,涵洞自应由瓦窑修,"至今一个未修"显然是因工程受阻且未完工,此条理由纯属强词夺理。)

对照两个文件,可以获得以下信息:首先,排水沟大部沿边界开挖,但有一段在墨河陆庄;其次,1958 年大跃进时期,财政经济状况极差,挖占的陆庄土地没有及时补偿大约是没钱,陆庄人闹事阻止民工施工即因此而起:瓦窑方面没有及时赔付即行施工,墨河方面坚持先赔付再施工,不给钱就打人砸东西,其一个目的是要钱,另一个目的很可能是以此为借口使瓦窑的沟开不成。可见新沂瓦窑挖沟筑堤,郯城墨河感到威胁,尽可能地找理由阻止开挖。总之,在纠纷事件中,双方总是力求利益最大化,因此有时显得不择手段,也是可以理解的。

第四节 基于防洪减灾手段之下的 水利纠纷解决模式

邳苍郯新水利纠纷,因其本身的复杂性,解决的难度很大,对此中央、华东局、淮委及苏、鲁有关省专县都花费了大量的人力物力,经过反复的酝酿、协商,多次提出方案,经过数次会商,最终基本解决。现仅以邳苍分洪道为例,就该河段水利纠纷及其解决过程作一简要分析。

邳苍分洪道是1958年为分泄沂河洪水而修建的一条人工水道,自李庄东江风口折向西南,在蝎子山以上借武河旧道,蝎子山以下平地筑堤,束水漫滩行洪,于邳县油坊村入于中运河,全长74公里,其中山东境内40公里。① 该地区历史上就是水利纠纷频发地带。如民国二十四年(1935年)河决董庄,黄水沿中运河片漫而下,邳民筑埝挡水,峄县民众群起而扒堤,双方曾发生械斗。②

分洪道修建以后,截断了原有南北向河道的自然排水流势,虽然将其西侧河流诸如西迦河、燕子河、东迦河、吴坦河、汶河、白家沟、新沭河、陷泥河等进行了调整归并,纳入分洪道,但洪涝灾害和水利纠纷并未因此减轻,20世纪六七十年代双方围绕分洪道及交界区其他河流做了大量的工作。

1962年春夏,因邳苍交界陶沟河、西迦河、文河等及三沟河至幼鹿山间排水问题、邳郯白马河排水问题、郯新瓦窑截水问题、韩庄截水沟问题、柳沟河至臧圩河之间排水问题、臧圩小沟问题等,由山东省水利厅江国栋、江苏省水利厅熊梯云、临沂专区薛亮、徐州专区汤海南及苍山、郯城、邳县、新沂等县负责人协商数日,于1962年5月19日签订了《山东、江苏两省苍、邳、郯、新边界地区水利问题的协议》;1963年5月24日又签订了《苏、鲁两省检查1962年协议执行情况的补充协议》。

1963年4月起,由水电部上海勘测设计院负责,经过实地查勘,于10月提出查勘报告,并于次年10月做出《邳苍郯新地区统一排水报告(初稿)》③,1965年以后一系列治理工程开始施工。在施工治理过程中,新的问

① 水利部淮委沂沭泗水利工程管理局:《沂沭泗河道志(送审稿)》,1991年,第274页。
② 《邳、峄两县农民械斗风潮已平息丰沛水势平稳微西套堤告竣》,(民国)中央日报,1935年9月3日第六版。
③ 《邳苍郯新地区统一排水报告》(初稿),江苏省档案馆藏江苏省水利厅档案,全宗号1214。

题仍不断出现。

1976 年 3 月 19 日至 4 月 5 日,淮办召集两省及有关专县水利部门于蚌埠会商,将会商结果形成《关于苏鲁邳苍郯新边界水利工程方面的两个问题处理意见》[1]并下发两省。

1979 年 3 月 19 日至 28 日,水利部、淮委在京召集两省及相关专县再次协商,最后达成《关于解决苏鲁邳苍郯新地区水利问题的协议》。

1987 年夏季连续阴雨,7 月 17 日至 18 日,邳县四户镇以山东地段西泇河左岸决口危及自身,擅自加高阁村至东宋家沟边界阻水堤。8 月 1 日,夜,当地降雨达 160~233 毫米,沟水上涨。2 日凌晨 4 时,苍山县南桥乡小湖村群众未经与对方协商,即将堤扒开 15 米的口门。10 时许,邳县方面又将口门堵复。双方随即由争吵转为推打,场面一时混乱。此时,四户镇公安人员出面干预并鸣枪两响,引起群众愤怒,混乱中枪被小湖方面夺走。[2]

为了统一规划、统一治理这一地区,水利电力部要求淮委再次进行规划协商,至 1992 年 6 月,最后形成了《邳苍郯新地区水利规划报告》,该报告突出了防洪治涝两个主要问题,反映了各河的最新情况,调查深入,规划细致,较为客观可行,此后水利纠纷大为减少。

本 章 小 结

水利单元突变是指在异常情况下如堤防溃决、过量降雨、干旱等因素导致的原有单元界限的改变,这类情形尤以堤防溃决为甚。民国年间,因堤防少修,加之内忧外患交加,财政十分困难,造成 1935 年董庄决口后的苏、鲁纠纷,此次纠纷是从两省政府到双方民众的一次全面对抗,对抗围绕苏北大堤、黄河北归、董庄堵口等问题全面展开,至黄河堵口成功后方告解决。

在我国东部地区,由于降雨量集中,因此汛期以防汛减灾而引起纠纷的水利纠纷类型占很大部分,本章主要以邳苍郯新地区为例,对灾害环境下水利单元突变引起的纠纷及其解决进行分析。

邳苍郯新地区主要范围包括陶沟河及其以东、沭河以西、中运河和新沂河以北、枋河流域及分沂入沭水道以南的地区,流域面积 4957 平方公里,其中以农业人口居多,包括山东省苍山县全部、郯城县大部、枣庄市和临沂市

---

[1] 《淮办(76)规字第 5 号文》,江苏省档案馆藏江苏省水利厅档案,全宗号 1214。

[2] 苏广智:《淮河流域省际边界水事概况》,合肥,安徽科学技术出版社,1998 年,第 220 页。

一部,江苏省邳县的中运河以北及新沂市的沂沭河之间的广大地区。由于地处沂沭断裂带,多条断裂、凹陷形成了沂河、沭河、枋河、东汶河、陶沟河、运女河、燕子河、洳河等多条河流,且有中运河穿流其中,水系复杂,尤其各条河流均是一出沂蒙山即跨苏、鲁省界,上游山洪下泄,源短流急,跨界时转入平原,自然阻滞,排水不畅。历史上此区缺少统一规划,农田水利基本建设进展缓慢,水利纠纷严重。因纠纷的长期性和复杂性,解决的难度很大。对此,1949 年以后,在中央、华东局、淮委及苏、鲁有关省专县的努力下,花费了大量的人力物力,经过反复的酝酿、协商,多次提出方案,经过数次会商,最终基本解决。

邳苍郯新地区水利纠纷的解决模式是基于防洪减灾手段下的综合治理,经过统一规划、统一治理至 1992 年 6 月,最后形成了《邳苍郯新地区水利规划报告》,基本解决了该地区的水利矛盾。

余　论

水利纠纷在我国是普遍存在的,从内地到海岛到草原皆有,而且近年来随着经济的发展和资源的紧缺,相邻地区的冲突还会长期存在,这就更加凸显本书的研究价值。

本书并不企望对以上所列各个纠纷的有关方面的是非对错做出价值判断,不仅仅是因为这种判断本来就很难做出,更主要是因为这些事件都是发生在特定时期、特定地点和特殊环境之下。但是本书还是要做出一种价值判断,因为在上述1949年以后发生的纠纷中,我们不无遗憾地看到纠纷地区村民们所进行的大规模械斗,其背后往往有村党组织,甚至更高层政府支持。一些村甚至在村支部领导下,写下明确条文,对参加械斗人员的待遇、死伤待遇及过后因此受国家法律追究受刑人员的优抚条件等都加以规定①,这不能不说是一种遗憾。而且,在纠纷中,各级政府袒护自己辖区一方已成通例,省一级政府也难例外,这使我们不得不对这些问题作出反思。

笔者以为,沛、微纠纷之所以久拖不决,其中原因不外是湖田、湖产纠纷,亦与该处界线不清有关。我国从1996年开始开展勘定省、县两级行政区域界线工作,历时5年。在党中央、国务院及地方各级党委政府的高度重视下,通过勘界工作者历经千山万水的艰苦劳动和千百次的艰难谈判,取得了巨大的成就。截至2001年8月31日,我国68条省级行政区域界线除一处待解决,其余已全部勘定并报国务院审批。至此,全国省界勘界任务基本完成。而这一处"待解决"的界线即是苏鲁边界微山湖段。为解决该段边界问题,由国务院牵头,民政部、水利部等八部委组成联合调查组,到湖中实地调查,于2003年初形成纪要,但未能从根本上解决两地的分歧,问题至今仍然搁置,其原因是多方面的,但是微山县设置的草率不能不说是一个主要原因。对此,笔者建议苏、鲁两省以湖区人民长远安宁计,暂时抛开本方眼前利益,必要时撤销微山县,将湖区就近划归两省周边县市,以期一劳永逸。

---

①　靳尔刚、苏华:《职方边地——中国堪界报告书》,北京,商务印书馆,2000年,第219~225页。

应当看到,水利纠纷之所以屡禁不止,正是因为在水利纠纷中,各级政府、流域管理机构尚未自觉地运用水利单元这个有效工具。我们希望在今后的纠纷调解和行政区划调整中,有意识地引入水利单元解决模式,使行政区划尽量适应水利单元,抑或在水利工程设计修建时考虑到行政区划状况,避免因工程建设而破坏完整的水利单元,引起不必要的纠纷。我们应当看到,中国历史上"犬牙交错"的边界划分方式,虽有效地避免了分裂割据,但也人为地破坏了经济区与自然地理单元的完整和统一。对此,民国时期傅角今在《重划中国省区论》一书中对此一语道破:"元、明、清划省之目的在于统治及控制。故纵的方面,指挥系统务求严密,惮于阶层复杂;横的方面,区域划分肯重率制,不厌支离破碎,自难求其符合地理。"①"犬牙交错"的边界划分方式是与当时的生产力状况,尤其是交通状况、信息传播手段相适应的。而今天,随着科技的巨大发展,由历史上的平面、迟缓的交通变为立体、高速的交通,通信手段更是便捷高效,中央对地方的控制更加有效,依据地理单元进行割据不仅是不现实的,也是不可能的。因此,行政区划的划分完全可以依据"山川形便"进行,充分考虑"水利单元"因素。

水利纠纷并非无法解决的顽疾,只要争议双方从国家利益、群众利益出发,本着互相谅解、平等协商的原则,适当做出让步,争议是可以弥合的。各级各类政府及相关部门在处理纠纷中应注意以下几点:

第一,在纠纷处理中应正确处理人民内部矛盾纠纷,妥善处置群众性突发事件,依法严厉打击闹事者、策划者。地方基层干部要积极协助有关部门做好各种不安定因素的疏导化解工作,对业已发生的各种群体性事件,坚持"宜早不宜晚、宜快不宜慢、宜散不宜聚、宜顺不宜激、宜解不宜结"的处置原则,把握处置时机,避免事态扩大。对少数幕后策划者、组织者,"要进行深入的调查取证,在取得确凿证据后,要集中力量依法处置,向群众以案释法,就事说理,以达到教育群众,震慑犯罪、弘扬法制、稳定社会的效果"②。

第二,地方各级水行政主管部门要积极配合,贯彻"预防为主"的方针,坚持长期、深入、持久的水法宣传教育,有针对性地宣传水法及相关法规,使人们了解自身享有权益和义务,对发生的水事纠纷采取正当合法渠道解决,把各项矛盾纠纷化解于萌芽状态,避免矛盾激化。对于侵犯他人合法权益的,应采取相应的补救措施,做到依法管理,有效预防水事纠纷的发生。同时,环境部门要加强水源保护,防止水源污染,认真抓好源头的防污,从根本

① 转自卜算子:《体国经野之道——中美行政区划比较》,《地图》2002 年第 02 期。

② 焦东海、石岩:《对农村自然资源纠纷的调查情况》,《河南公安学刊》1998 年第 04 期。

上解决因水体污染产生的纠纷,做到依法治污。

第三,地方政府应大力调整农业结构,改变农业用水现状,重点发展节水型农业,努力推广各种节水设施,发展喷灌、滴灌、微灌等节水技术,提高水的利用率,缓解水资源供需矛盾,减少因水资源短缺引发的纠纷。

第四,流域管理机构应认真落实管理责任制。在纠纷调处中,强化流域管理机构的监督协调职能,减少工作中的盲目性、随意性,促进相关职能部门的协调和各项工作的开展,正确处理水事纠纷,实现依法治水、依法管水、依水用水。

另外,在水域勘界及纠纷解决实践中应充分利用现代科技手段,尤其是"3S"技术,即遥感(Remote Sensing, RS)、地理信息系统(Geographic Information System, GIS)和全球定位系统(Global Positioning System, GPS)等技术。如利用遥感技术获得勘界水域及周边空间地物的分布。利用GPS技术对遥感影像进行几何纠正,以提供可靠的控制点及对数字化的地形图进行检测,确保勘界分析过程中工作底图的可靠性。利用GIS技术可以将取得的遥感资料、野外调查资料(测深调查、底质调查、地貌调查、底栖生物调查、岸滩综合调查、岸滩稳定性调查)进行综合空间分析,得出资源的合理评价。还可以利用目前国际通用划界数学模型迅速提供出初步的勘界方案,并对双方得到的资源、面积分配提供初步的评估,供决策者使用。目前,该技术在省际间海域勘界工作及中越陆地边界勘界与管理中已得到初步运用。[1] 我们热切期望这一成果可以得到广泛的推广和运用。

在本书写作期间,传来一个令人欣慰的消息:微山湖区苏鲁徐州、济宁两市领导近年来实现友好互访,此举也带动了两地部门、县乡之间的友好交往。山东微山、鱼台、金乡三县与接壤的江苏沛县、铜山、丰县三县分别互结友好县,有关乡镇、村也互结友好乡镇、村,为从根本上解决微山湖地区矛盾纠纷提供了坚实的组织保障。这些活动的开展也加强了两地群众之间的联系沟通,增进了理解,缓解消除了两地群众间的不信任。边界两侧干部及群众由原来相互告状、相互指责、相互较劲,变为互谅互让、互信互敬、互帮互助。[2]

我们相信,将来的沂沭泗流域一定是一个更加团结、充分和谐的地区。

---

① 刘振民、李四海、骆静新:《"3S"技术在省际间海域勘界中的应用》,《海洋通报》2004年第2期;梅志雄:《边界勘界与管理GIS的建立与应用》,《国土资源科技管理》2004年第1期。

② 陈泽伟:《地方创新化解边界纠纷》,《瞭望》2006年第22期。

环 境 变 迁 与 水 利 纠 纷

附 ｜ 录

附录1　台湾“中央研究院”历史语言研究所清朝大内档案卷

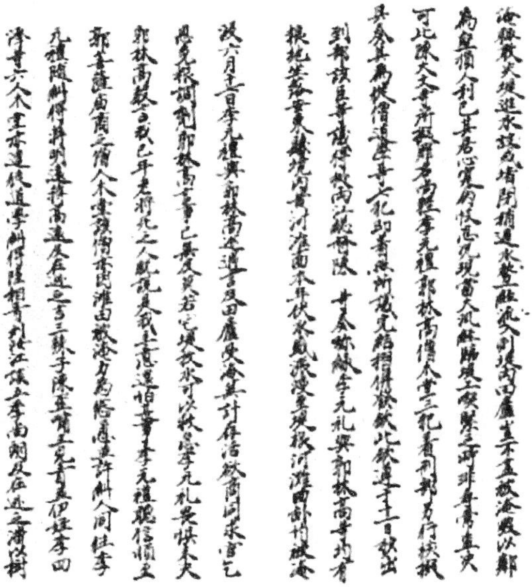

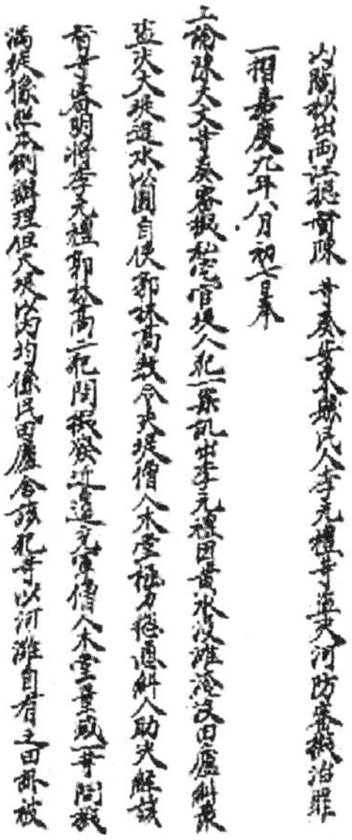

附录2　　民国《沛县洛房河查勘报告》

沛縣洛房河查勘報告

附录3　　江苏省治淮指挥部《邳苍郯新四条小河处理意见》

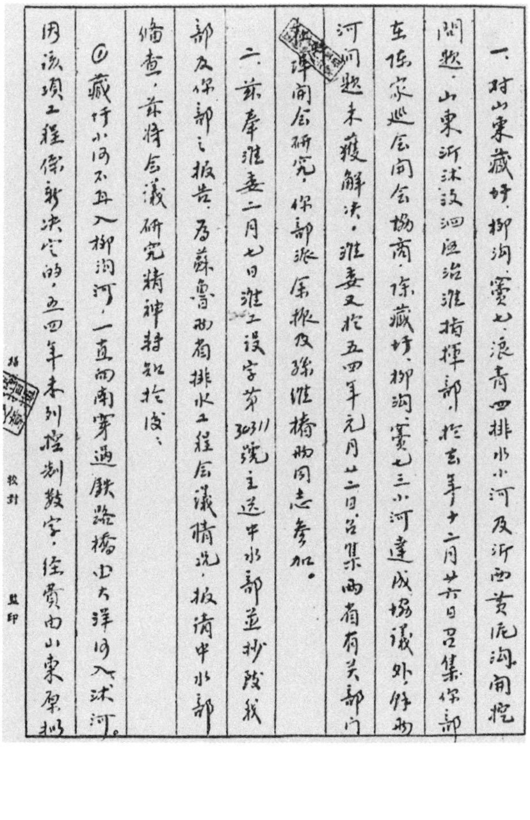

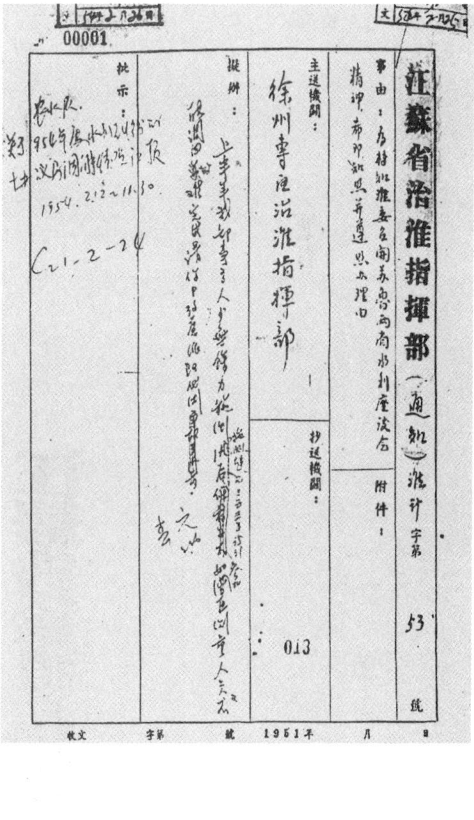

00002

闹挖浚青排水沟四亿元，每仟该工之用，其不足之数，左你部山东换给之。老沂吵藏岸工程经费内匀支。

②柳溪及窦七排水沟，同意引入新墨河。

以上三同规则，由山东及你部共同收费到淮盎设计（本部已电知你部）计划统一编到，注明两省经费及工程数量，各自负责境内之施工。

③浪青排水沟因江苏下好无法提其出路，同时牵涉到白马河与新墨河的问题，决定去白马河全面规划未决定前，该溪河与新墨河挖的问题，须持白马河计划完成後再办。

④黄泥沟闸挖问题，须待江凤口工程决定後，与印蓟蓍座规

剞同时玖应，亦予缓办。

三、淮姜对铁路桥以南原属龙门水库范用内的地形查江苏方面尚未测量，现因有关两省的水利问题，希你部左年内完成；另峰山以北至龙门水库边的一段地形，无旧查可用，希左测量龙门水库时间南测至峰山。

四、以上各点，希即知照，并遵办为要。

江苏省沿淮指挥部

附录4　　山东省人民政府《关于山东省与江苏省划界初步意见》 （节录）

原属江苏省战时划归山东省所属之赣榆、东海、邳县、沛县、丰县、华山、铜北等七县及徐州市（省辖市）与新海连市（专署辖市）现已移交江苏省。但在两省界线问题上……有个别村庄需作适当调整，民政厅王子彬副厅长特于一月二十日亲赴徐州专署与江苏省府派去之科长及临沂、滕县、湖西三专署以及各有关县市遵照中央决定原属江苏的仍划归江苏，如有飞地及插花地，为了便于领导作适当的调整的原则，以及根据山脉河流的自然地形、经济关系和群众意见进行了划界初步研究协商……报告如下。

（一）山东日照与江苏赣榆县之界线

山东日照西南部现辖约十三村（东、西吴公村，响石村，东、中、南林子村，东、西辣子荡村，大、小王坊村，马站村，盘古岭村，分水镇）原属江苏省赣榆县旧辖境，研究仍归赣榆。

（二）山东省临沭县与江苏赣榆县之间界线

山东临沭县东部现辖之徐家朱樊、姚家朱樊、王家朱樊等村原属山东、江苏两省辖境，在抗日时期该三村全部划归临沭领导，因群众已有多年习惯，研究仍归山东临沭不变。

山东临沭县东部与赣榆县交界处之新集村，按旧界系一村分割两省，为领导便利起见，研究划归于赣榆县。

（三）山东省郯城县与江苏东海县之间界线

山东郯城县东部现辖有九十一村，原系东海县旧辖境，该地因处于马陵山以东，郯城领导不便，研究意见再划回东海。

山东郯城东北部现辖之穆哥寨、团山、鲁老庄、山南头等村，原系东海县旧辖境，因隔沭河领导不便，研究仍归郯城。

（四）山东省临沭县与江苏东海县之间界线

山东旧郯城东部（现在的临沭县南部）约有四十余村，战时划归东海县，因该地处于莫山、羽山北部，东海领导不便，研究仍划回临沭。

（五）山东省郯城县与江苏邳县之间界线

山东郯城现属之西南部有约七十五村，位于沂河以东，原属江苏省邳县旧辖境，邳县现属之东北部约二十五村，位于沂河以西，原属郯城旧辖境，研究各再划属旧辖。

（六）山东省郯城县与江苏新驿县之间界线

山东郯城现属南部六区之沙墩、八墩等村，原系江苏宿迁旧辖境（现改为新驿县），研究再划回江苏。

（七）山东旧临沂县与邳县之间界线

山东旧临沂县境有飞地四村（大埠、新庄、小堡、徐桥），战前划归邳县，为便于领导，研究再划回山东郯城领导。

（八）山东兰陵县与江苏邳县之间界线

山东兰陵县现属之二、六区大部，三区全部，原系旧邳县辖境，研究再划回邳县。

山东兰陵县现属之九区之石埠、董杨庄、程家庄、蒲×（原字不清）庄、小湖子等村，原系邳县旧辖境，研究再划回邳县。

山东兰陵县现属八区泇河西岸、朱家楼、李圩等村，原系邳县旧辖境，研究再划回邳县。

（九）山东单县与江苏砀山县之间界线

山东单县现属六区约有八十四村，原系砀山旧辖境，研究再划回砀山。山东单县西南部黄河故道以南，按旧县治原辖有一部村庄，战时为了隔河领导不便，划归砀山，研究仍以黄河故道为界，归砀山不动。

山东单县与江苏砀山之交界处有马良集、禄王庄、杨庄集、贾庄、武河、姜庵等六村，按旧界均系一村分割两省，为领导便利，研究除武河划归单县外，其余五村划归砀山。

（十）山东鱼台县与江苏沛县之间界线

山东鱼台县八区旧辖内有程子庙、獾上（均十余个小庄）、孙庄等村，战时划归沛县，研究再划回鱼台。

（十一）山东兰陵、峄县与江苏旧铜山、徐州市之间界线

兰陵西南部现属之十三区一部、十四区全部原为旧铜山辖境，但在十三区有十余村，十四区有大王庄、西魏、北魏等村，按旧界系插花地，突出于铜山县境，为便于领导，研究划归江苏。兰陵现属一区之李山口原为旧铜山辖境，因隔山不便，研究不再划回江苏。

兰陵现属十二区之西奚、黑古堆、可怜庄、前马家等村，系旧铜山辖境，因隔山不便，研究再划回江苏。

兰陵西南部现辖之十三区（原系山东旧峄县境）的新集、北徐杨等村及十二区之杨庄、佛山庄等村突出于旧铜山，为领导便利，拟划归江苏。

峄县南部贾汪以北，利国驿以南一带地区按旧界系一插花地，突出于旧铜山县境，为便于领导，研究划归江苏。徐州市现辖之岘帖、大泉、官庄等村，原系旧峄县辖境，因地形突出，拟仍划归江苏。

以上问题因牵掣徐州市郊，在江苏未进行统一调整前，仅与徐州专署先作研究，以备参考。

（十二）湖区问题

独山湖、南阳湖、昭阳湖、微山湖等四湖均相连接，南北长约二百七八十里，按旧县界除独山湖、南阳湖全部属山东所辖外，昭阳湖、微山湖均属两省分辖。战时四湖即全部划归山东。为了统一领导，有利建设，研究全部湖区仍归山东领导，但昭阳湖、微山湖西岸与江苏沛县一、二、七、八区毗连，南部与铜北一、二、七区毗连，群众有纯以渔业为生的，有半农半渔为业的，过去不断为湖产发生纠纷，为此，山东曾成立"湖区办事处"组织，原则上研究将以上两种类型居民村全部划归"湖区办事处"领导，初步意见拟将江苏铜山县所属之陇子村、东马村、西马村、庙庄、厉湾、陈庄、后十楼、中十楼、前十楼、朱家湾前套等十一村，及沛县所属之刘楼、高楼、王楼、吴楼、官庄、甄王庄、聂庄铺、杨堂、小屯、东丁官庄、东陶官屯、张楼、北丁官屯等十三村划归山东，以便于领导。

1953 年 4 月 4 日

附录5 关于处理江苏沛县、山东微山县湖田纠纷问题的建议 （草稿）

根据国务院一九六五年四月三十日的指示,我们于六月底、七月初召集江苏、山东有关同志就湖田纠纷问题进行了座谈。江苏省省委书记处书记许家屯等同志参加,山东省省委候补书记穆林等同志参加,内务部部长曾三同志也参加了这次会议。

根据两省提出的情况和意见,本着国务院指示的有利团结、有利生产的原则,拟在一九五三年两协议的基础上,具体地解决当前存在的纠纷的问题,建议如下:

1. 以一九五三年江苏、山东两省协议上的报政务院的报告中所划界限为微山、沛县两县界。上述界限,即基本以现在的湖西大堤(即新湖堰)为微山和沛县的县界,在界线以西原来划给微山县的村庄和土地仍属微山县管辖。

2. 微山县境内的湖田,由微山县统一管理。关于湖田经营,应先给微山县所属湖西十五个村庄的生产队及渔业大队留足耕地,划定界限,落实到队,发给使用证。给沛县所属社队种麦的湖田,也要划定界限,落实到队,由微山县发给使用证。

3. 微山湖湖面湖产由该县统一管理。原以经营湖产作为副业的沛县群众,均可按照习惯,遵守微山县规定,到湖内采菱,种藕,捕鱼,培植芦苇等生产,微山县应在规定范围内给沛县群众以生产方面的便利。沛县进入微山县境湖区进行生产的船只和人员,均应遵守微山县的政命。

4. 在现有问题未彻底解决以前,双方应在干群和群众中进行照顾大局,互助互让,加强团结,共同建设社会主义的教育,保证不再聚众闹事,如发生新的纠纷,双方应及时派出负责干部迅速解决,不要扩大纠纷。

一九六五年七月

附录6 关于尽快解决苏鲁南四湖地区边界纠纷的报告

国务院：

苏、鲁两省在南四湖地区，二十多年来已发生大小纠纷和械斗事件二百五十多起，江苏方面累计死九人，伤三百多人，山东也有伤亡。今年十月，再次发生械斗，蓄水用水方面的矛盾也在继续发展。这个问题已经严重影响边界地区的安定团结和人民的生产生活，广大社员和有关地、县都迫切希望尽快解决。过去，虽然有关部和两省以及有关地县进行多次协商，都未能解决。在全国省长会议期间，已将具体情况和我们处理的意见专门向国务院和民政部、水利部的领导同志作了汇报。现特将正式报告，请国务院及早处理。

南四湖地区的边界纠纷，主要是两个方面：一个是湖田湖产的矛盾，一个是蓄水用水的矛盾。形成这两个矛盾的原因是复杂的。

历史上，南四湖中的昭阳、微山两湖是由江苏、山东两省分管的。昭阳湖大部分在山东，微山湖大部分在江苏，在昭阳湖和微山湖东，沛县还有一个区（七个乡、一个镇、十二万亩耕地）。一九五二年十一月十五日中央人民政府委员会第十九次会议，决定恢复江苏省建制，"将原属江苏后属山东、安徽的地区，仍划归江苏省属。"在执行这个决定过程中，山东省提出为了统一管理南四湖，要求成立微山县归山东统一管辖。一九五三年八月，经两省协议，政务院批准，同意南四湖统属山东，新设微山县管辖，并把沛县在微山湖东的第七区和湖西沿湖的十五个村庄划给微山县。鉴于沛县、铜山两县沿湖地区的群众历来有耕种湖田经营湖产的习惯，那时经营湖田湖产范围直至卫河边，土改时有些湖田已发证分给沿湖群众。因此在两省协议中曾规定："沿湖群众原在湖中耕种的国有湖田，允许其有使用权"，"以湖产为副业生产者，仍依其习惯不变"。当时江苏忙于恢复建立省制，时间匆促，协议时对这个地区的历史情况和群众生产要求考虑不够，也没有在群众中充分酝酿，征求意见。现在看来，这个协议把统一管理和实际使用权分割开来，又把湖西十五个村庄划给微山县，人为地形成两省、两县的插花地，由此带来许多矛盾和纠纷。

区划调整后，沛县、铜山两县群众认为对湖田有使用权和经营湖产习惯，依旧入湖生产。而微山县认为微山湖是由微山县统一管理的，于一九六一年单方面将微山湖卫河以西的所有湖田，包括土改中已经发证给沛县群众的湖田，全部分给微山县的社队和机关学校，引起湖田纠纷。当年经两省商定，百分之九十的湖田仍按习惯归沿湖群众耕种，百分之十的湖田照顾渔民。一九六五年，微山县又将卫河以西的全部水面，包括沛县沿湖群众长期经营的芦苇、苦江草等湖产分配给微山县的社队，并发了水面使用证，又引起湖产的纠纷，多次发生械斗。一九六七年，两省"南京会议纪要"重申湖田湖产使用管理的原则，并明确芦苇、苦江草等湖产按照谁培植归谁的原则进行处理。但是，以上几次协议，都没有解决管理权和使用权不统一的问题。关于蓄水和用水的矛盾，南四湖本来是一个统一的水面，一九六〇年二级坝建成后，把南四湖分为上级和下级湖两个部分，改变了来水和蓄水情况。而对上下级湖灌溉用水又缺乏统筹安排，上级湖经常超蓄，下级湖蓄水不足，有水也不让蓄高。同时对原属微山湖灌区的江苏丰县、沛县、铜山用水加上种种限制，而另一方面则大搞引水上山，扩大灌溉范围。一九七一年，山东搞邹西会战，引水上山灌溉，并发展枣南灌区，扩大使用下级湖水量。我省丰县也于一九七七年在复新河李楼建站翻用上级湖水。一九七九年，沛县从杨官屯河引上级湖水到沛徐河。这个地区的水源本来就不足，现在用水矛盾更加尖锐。

二十多年来的实践证明，成立微山县统一管理南四湖之后，矛盾非但没有减少，反而大大增加，并越来越尖锐复杂，难以处理。其根本原因在于管理权和使用权分属两省。这种建制没有考虑湖区生产的实际情况，违背了自然规律和经济规律，因而无法解决边界的矛盾纠纷。加之二级坝建成后，涉及两省的重要水利工程，由一省管理，对上下级湖的蓄水、用水分配缺乏统筹兼顾，矛盾变得更加突出，问题已到了非解决不可的时候了。由于这个地区的纠纷，关系到我省丰、沛、铜三个县沿湖二百多万群众生产生活的切身利益，因此在处理时，既要以大局为重，互谅互让，又要坚持从实际出发，照顾到群众的实际利益。为此，对解决这个地区的矛盾我们提出两个方案。

第一方案，恢复原省界，把原属江苏的昭阳、微山湖的湖西和湖东的土地，村庄全部划回江苏。这个方案的边界线是苏、鲁两省历史上形成的，界线比较清楚，把上下级湖属于江苏部分的管理权和使用权都统一起来，既符合群众的习惯要求，又符合一九五二年中央人民政府关于恢复江苏省建制的决定的精神。

第二方案,考虑到二十多年来已形成的现状,南四湖已分成上下两个湖,上级湖使用实际上是以山东为主,下级湖使用实际上也是以江苏为主,也可以实行上下级湖由两省分管的办法。上级湖由山东管理使用。具体界线是:二级坝下古运河以西现属微山县的土地村庄,仍全部划归沛县、铜山管辖,二级坝以上的湖东属沛县第七区部分,仍归山东管理,湖西原属沛县的七个村庄,耕地一万亩,从有利于这个地区煤矿开发、塌陷地处理及行政管理出发,仍划归沛县管辖。在蓄水用水上,采取上下游统筹兼顾,均衡蓄水,合理分配,统一管理。上级湖蓄水位由三十三点五米抬高到三十四点五米,江苏用水一亿五千万立方米。为了充分利用雨水资源,缓和这一地区水源不足的矛盾,下级湖蓄水位也要相应抬高到三十三点五米。在水位三十二点五米时,山东用水一亿五千万立方米。抬高蓄水位可分期实施,一九八一年冬先蓄到三十三米,这样也不需要堵做新的蓄水工程。最近,水利部批准山东在复新河上建闸控制,我们要求将下级湖蓄水用水问题一并加以解决。为了执行上述意见,建议水利部成立南四湖管理机构,把二级坝、韩庄闸、蔺家坝闸等关系到两省的建筑物统一管理起来,并拟定定理细则,贯彻执行。

这个方案的好处:一是把下级湖的管理和使用权统一起来,有利于安排农民、渔民的生产生活;二是解决了插花地的矛盾,有利于行政管理;三是可以合理使用微山湖,充分利用水资源,缓和当前的用水矛盾,有利于生产的发展。这样也能够比较彻底地解决这个地区的矛盾纠纷。

最近,民政部、水利部提出微山湖在二级坝以下原则上以湖中心线为界,实行上下级湖分管的方案。我们认为从长远来考虑,还以恢复原省界或者实行上下级湖两省分管的办法比较彻底。两部的方案虽然可以基本上解决湖田湖产的纠纷,但不够彻底。在蓄水用水以及渔业生产等方面,还会遇到一些困难。为了照顾大局,尽快求得这个地区的安定团结,有利于生产发展,我们也可以同意两部的方案,但需要作必要的修正补充:

一、两部提出的划界示意图,北部界线基本是沿着卫河的,这照顾到了湖东、湖西两岸群众经营湖产的历史习惯和目前湖田湖产经营现状,以卫河为界矛盾最少。我们建议文字上明确沛县与微山县的边界以卫河为界,卫河以西归江苏,卫河以东归山东。南部划界,按照示意图所标的边界线南端,把铜山县沿湖地区一分为二。在这条线以东直至韩庄附近两省交界处,沿湖有五万多亩的湖产,是铜山县经营的(其中只有微山县个别队的插花地)。如按两部方案的划法,又要带来新的问题。为了避免产生新的矛盾和减少插花,我们要求南部的边界线以微山岛到铜山县的黄山一线的中心,直线向东延伸至两省交界处,此线以南归江苏,此线以北归山东。对二级坝以上湖西原属沛县的七个村庄,要求仍划归沛县管辖。

二、在蓄水用水问题上,要求按上述我省第二方案所提的意见处理,实行上下游统筹兼顾,均衡蓄水,合理分配,统一管理,上级湖用水以山东为主,照顾江苏;下级湖用水以江苏为主,照顾山东。我们赞成两部提出的意见,关系两省的重要水利枢纽工程,必须由水利部统一管起来。

此外,对今年十月发生的严重械斗伤亡事故,请公安部派人会同两省进行调查,依法处理,以防止此类事件继续发生。

以上意见当否,请批示。

江苏省人民政府

1980 年 12 月 4 日

附录7 杨静仁副总理在解决微山湖 纠纷会议上的讲话

　　这次我们下来就南四湖的水利统管和微山湖地区的边界问题,听取了江苏、山东两省同志的意见。我在会议开始时讲了,这次会议要充分发挥民主,讲团结,讲顾全大局。经过几天会议,我看大体上是这样做了。两个省的同志,包括地、县的同志都发了言,民政、水利部的同志也讲了自己的意见,这对解决两个问题很有好处。我们还到围湖造田的现场去看了一下,也看了二级坝。铜山县委在受到水利部和江苏省委的批评后,很快平毁了大坝,并作了自我批评,这是好的。

　　微山湖纠纷的许多情况,我们过去知道的不是那么多。这次下来,了解得多了一些,但是谈不上什么深入调查。对两省同志谈的意见,我们带回去,再进行研究。这次会议是解决水利统管和边界问题过程中的一个必要的步骤。大家三头六面,开诚布公地交换意见,商讨解决办法,有利于问题的解决。

　　会议当中,大家对水利统管问题看法比较一致,都感到很有必要,事实也是这样,对大型的水利工程、跨省的水利工程实行统一管理,有利于团结治水,搞好水利建设,发展人民生产,过去之所以发生纠纷,没有实行水利统管是一个原因。在历史上,建全制国家的建立,一个很重要的原因就在于对大型水利实行统一管理的需要。实行统一管理,有很多好处,我看是势在必行。当然统一管理还是要靠苏、鲁两省。要认真尊重两省领导的意见,如有不同意见应当充分商量,和同志们商讨。

　　第一点:要讲团结。微山湖过去的湖产湖田和水利纠纷,影响安定团结,影响群众生产生活,而且死人伤人,在群众心中结下了疙瘩,这很不应该,今后要坚决杜绝。现在还潜伏着危险,我们对此是担心的。"心所谓危,不敢不告",所以两省同志都提到这个问题。搞四化建设没有安定团结不行。安定团结是大局,我们必须竭尽一切办法保护它,发展它,而不是损害它。微山湖的纠纷总的说是人民内部矛盾,处理人民内部矛盾,要按照毛主席讲的"团结—批评和自我批评—团结"的公式来解决。即从团结的愿望出发,经过批评和自我批评,在新的基础上达到新的团结。解决纠纷问题,出发点很重要,态度很重要。出发点不同,就会在实践上产生不同的结果。我们一定要从团结的愿望出发,一定要讲团结,不利于团结的话不说,不利于团结的事不做,并且采取正确的方法,才能把问题解决好。沿湖人民的团结,是我们做好一切工作的保证,大家都要深刻认识这一点。我说,总的说是人民内部矛盾,不是说不会出现敌我矛盾。可能有个别敌人挑拨离间,制造事端,惟恐天下不乱。当然,总的情况同民主改革和社会主义改造时期不大相同,敌我矛盾已经很少很少,但总还有一定程度的存在,所以还要警惕。

第二点:思考和解决问题要力求全面。唐朝魏徵曾说过:"兼听则明,偏听则暗。"解决纠纷问题,更是这样,我们大家都要全面考虑问题,都要把对方提出的情况和意见认真地听一下,思索一下。因为在有些场合下容易忽视对方的意见,所以这点要特别注意。当然,做到这一点不容易。但党性要我们一定要这样做,党和国家的利益、人民的利益要求我们一定要这样做。我们应当力求全面,要从微山湖问题的全局着眼,从沿湖各县群众的整体利益出发,防止偏到只看本乡本土。

第三点:要千方百计地缓和矛盾,缩小矛盾,而不要扩大矛盾和激化矛盾。在路线决定之后,干部是决定的因素。在矛盾面前,我们干部同志应该持什么态度? 是做好工作,设法排难解纷,息事宁人,缓和和缩小矛盾,还是推波助澜,纵容造就,扩大和激化矛盾呢? 是积极引导,采取有力措施,防止和制止矛盾的扩大和发展,还是放任自流,撒手不管,任其发展和激化呢? 这对我们各级干部是个严峻的检验。我们要求各级干部,对干部、对矛盾要采取正确的态度,加强领导,做好工作,能解决的一定要解决,一时不能解决的也要想方设法缓和和缩小它,尽可能将大事化小,小事化了。过去有个别地方的个别干部对纠纷不仅不制止、不反对,而且还积极参加,带头闹事,这是非常错误的,可是有的基层党组织对这样的干部作鉴定说好得不得了,带头闹事的干部应当受到党纪国法的制裁。为什么反而受到吹捧呢? 应当引起我们的深思。

第四点:要加强思想政治工作。要做到以上讲的几点,最根本一条要做好思想政治工作。思想政治工作是一切工作的生命线。解放以来发生的纠纷问题,一个很重要的原因是思想政治工作薄弱,群众思想混乱所造成的。中央最近指出,全党要克服思想政治工作领导软弱涣散的状况,这对微山湖沿湖同样适用。因此,希望两省内两个地区的同志都要结合微山湖问题的实际,对干部群众进行深入细致的思想教育,提倡顾全大局,识大体,讲团结,讲风格,讲遵纪守法,讲工作责任心。我们的制度和一些方针、政策有个逐步完善的问题。但是没有作出新的决定之前,过去的规定、协议仍必须严格执行,不能违反。对不完善的地方,我们要以实际行动作补救并防止出问题,而不要去突破它。因此,对违反中央规定和两省协议的事情,过去了的可以处理从宽,但今后发生的就一定要从严。对挑起纠纷械斗的首要分子的打死人的凶手,要依法严办。怎样去发展沿湖各地的生产,增加群众的收入? 这有两种办法,一种是非经济的"外延"办法,即突破规定的湖产、湖田使用权的范围,去扩大田地,抢收湖产;另一种是"内涵"的办法,即在规定的范围内,发展生产,提高经济效益,减少浪费。我看要采取的办法,前一种是违法乱纪,结果是劳民伤财。侵入对方的"内涵"之内,不仅不能增加群众的收入,反而损害了群众利益,铜山县这次修筑、平复大坝,浪费很大,这就是个教训,是拿钱买回来的教训。如果我们大家重视这个教训,大大提高责任心,不再重犯已经犯过的错误,那就把坏事变成了好事。

我就讲这么一些意见。为加强安定团结,防止可能发生的问题,根据两省同志的建议,我们下午还要研究几条具体的临时协议,以利大家遵守。

(一九八一年九月十一日上午)

附录8　关于加强微山湖地区安定团结的几项临时协议

九月十一日下午，杨静仁副总理召集山东、江苏和民政部、水利部的领导同志，就南四湖湖区群众在芦苇收割季节加强安定团结，搞好生产和防止发生武装械斗的问题进行了座谈。参加座谈的同志一致认为，要从有利于湖区及沿湖区人民安定团结，发展生产，改善生活出发，照顾全局，消除各种不安定因素，就以下问题达成协议：

一、为了防止群众发生武装械斗，建议山东、江苏两省人民政府责成微山和铜山、沛县，根据国务院一九八〇年十月二十日的规定，全部收回群众手中的民兵武器，并加强管理，防止流失，对流散在群众中或群众私藏的一些枪支、弹药，要认真调查，坚决收缴，如有私藏不交者，公安、司法部门可根据国家法令和有关规定予以处理。公安部门要加强湖区的管理，严格禁止携带枪支、弹药进入湖区，对于湖区生产所必需的猎枪、鸭枪，各公社、生产队要指定专人进行造册登记，加强管理。（在收割芦苇期间，可集中保管，停止使用。）社队干部要保证群众不再械斗。

沿湖各县领导干部，要自觉遵纪守法，为群众起表率作用。同时，要做好沿湖广大群众的思想工作，维护安定团结和正常生产的秩序，严禁哄抢湖产和参加武斗械斗，对肇事者依法从严处理。

二、关于解决湖田纠纷。在种麦和芦苇收割季节，由山东济宁行署、江苏徐州行署（各二人），民政部、水利部（各一人）组成工作级，本着互让、协商一致的原则，妥善解决有争议地段湖田、湖产的纠纷。工作级分别由济宁行署和徐州行署抽调得力干部轮流担任组长（半月轮换），工作将分别在微山、沛县办公，两县应积极支持工作组进行工作，并为工作组提供生活、交通方便，和保证他们的安全。

三、关于用水安排，仍按国家农委一九八〇年五月七日批转水利部的方案执行。目前，上级湖蓄水较丰，今年在种麦期间，由复新河闸放水给丰县，以解决丰县农业用水。同时，由上级湖放一部分水到下级湖，以解决下级湖周围工矿企业的用水。

　　参加座谈会的人员有：山东省委书记兼副省长李振同志,江苏省委书记兼副省长周泽同志、副省长陈克天同志,民政部李金德副部长,水利部张季农副部长,国务院副秘书长王伏林同志。

（一九八一年九月十一日于徐州）

附录9　　会议情况简报(二)

五月二十二日,民政部崔部长、李司长,水电部姚总,淮委谭主任,交通部水规院梁院长,国务院办公厅李处长等分别在上午和下午听取了山东、江苏关于微山湖问题的汇报。

下午参加汇报会的江苏省代表有凌启鸿、郭玉汉、戴澄东、苏士语、朱继荣、梁洪瑞等六位同志。

沛县朱县长、徐州市苏副市长和凌启鸿副省长先后汇报了情况,最后,崔部长讲了话,他说:"最后我讲讲,我们的位置和作用,全是协助,协助两省落实中央11号文件。落实中央11号文件是两省的责任。我们促进两省达成协议,现在看起来距离还是比较大的,本来想解决后还想多解决点问题,现在看是不可能了。还有两天时间我们将陆续返回,两天时间要尽量缩小距离,两县达成一条算一条,也是先易后难。明天两市县碰头时把图纸摊开一条一条地谈,达成一条协议就是一条协议。"

我谈谈共同的,有争议的我不谈了,由省里去谈。湖田问题,边界走向以湖西大堤为界,湖西有微山县村庄以村庄为界,你们研究一下,到时候我们充分考虑湖西大堤对江苏的作用。湖西农场问题,你们两县去谈,如果谈拢就拢,谈不拢我们也有个倾向性意见。

管理问题,是治安、税收、渔政三个问题。治安、税收基本一致。渔政我们意见沛县九个渔业队不让入湖捕鱼也不行,现有240只渔船。今后发展了按比例增加。这次达不成协议以后解决。

湖产问题,距离比较大,我今天就不谈了。要统一到文件上来,没有争议的,不论以湖产为生或以湖产为主要生活来源的原来是谁的谁管理。有争议的,还是按田纪云同志讲的,指争议最尖锐的地方。如果不是主要生活来源的也可不划,但不准再进入湖区经营湖产。要全面按这个执行。

水利问题,一是要无条件交接,二季度交接完毕。二是万里同志讲不让江苏用点水是不行的,万里同志这句话说得很重。一方面交接一方面研究办法。

煤的问题,中央领导同志几次讲话讲得很清楚,请江苏放心,万里同志几次说江苏缺煤,山东煤多,这点煤要给江苏,大屯周围的煤给江苏开,江苏放心。

铜山问题,过去有协议,中央有文件继续生效。不要用这次否定过去的。现在矛盾已够复杂的了,我们无意把铜山的问题再放进来谈,中央文件也没提到铜山,两省同意再搞个协议也可以。

附录10　　中共中央文件

中发[1984]11号
中共中央、国务院批转
国务院赴微山湖工作组《关于解决微山湖争议问题的报告》的通知

中共山东、江苏省委,山东、江苏省人民政府并各省、自治区、直辖市党委、人民政府、中央国家机关各部委、军委各总部、各军兵种党委、各人民团体:

中共中央、国务院同意国务院赴微山湖工作组《关于解决微山湖争议问题的报告》。现转发给你们,望遵照执行。

微山湖的争议问题,从一九五九年开始,已延续二十多年没有解决好,近年来矛盾越来越尖锐,连年不断发生械斗,伤亡达数百人,给沿湖地区的人民群众造成了严重损失。对这一问题久拖未决,我们是有责任的,江苏、山东两省也有责任。

对微山湖的争议,必须按照整党精神、坚持党性原则,以对人民高度负责的态度妥善解决。山东、江苏两省要从安定团结、有利于四化建设的大局出发,认真做好当地干部和群众的思想政治工作。根据国务院赴微山湖工作组《关于解决微山湖争议问题的报告》中所提的要求,迅速制定落实方案,尽快实施,并且规定严格纪律,共同遵守。今后如再发生湖田、湖产或水利纠纷,由于当地人民政府不及时解决而影响群众的生产、生活,以至造成群众生命、财产的损失,要追究有关省、市、县人民政府主要领导人的责任。

凡有边界纠纷之类问题的地区,也都必须按照整党精神,各自多作自我批评,互谅互让,加强团结,及时认真地把问题解决好,使全国各族人民在安定团结的大好局面下,努力发展生产,为四化建设和振兴中华更好地做出贡献。(此件发至省军级)

中共中央

国务院

一九八四年四月三十日

关于解决微山湖争议问题的报告

中共中央、国务院：

微山湖是南四湖的一个组成部分,从一九五九年以来,山东省微山县与江苏省沛县沿湖地区的群众,因湖田、湖产和水利矛盾,不断发生纠纷。二十四年来共发生大小械斗四百多起,伤、亡达数百人,给沿湖地区群众的生命、财产造成严重损失。为解决这一矛盾,国务院有关各部和山东、江苏两省虽做了很多工作,但矛盾始终没有彻底解决。

根据党中央和国务院的指示,我们于去年十一月赴微山湖现场,对微山湖争议问题的形成、现状和症结所在进行了调查,并与两省和有关市、县的负责同志交换了意见。我们认为在全党进行整党的今天,这一争议问题必须彻底解决,以便给沿湖地区的群众创造一个安定团结、发展生产的大好局面。为了解决好这个长期以来不断发生纠纷的问题,必须从全面出发,既要尊重历史,又要从现实情况出发,合理划分群众利益,做到有利于群众的生产和生活。据此,以一九五三年《政务院关于同意山东省以微山等四湖湖区为基础将湖内纯渔村及沿湖半渔村划设为微山县的批复》为基础,调整局部行政区划是必要的。具体意见如下：

一、关于湖田问题。湖西大堤两侧的湖田,不论现在由哪一方群众耕种的,均承认其使用权,并按照《中共中央关于一九八四年农村工作的通知》(中发[1984]11号文件)的精神,确定承包责任制,保护群众的切身利益。并以一九八三年的耕种情况为准,确定边界。其中位于湖西大堤西侧的湖田,由沛县群众耕种的归沛县管辖,由微山县群众耕种的归微山县管辖。位于湖西大堤东侧的湖田,由沛县群众耕种的,可继续耕种,其管辖权划归微山县。

湖田的所有权,仍执行一九五三年《山东省、江苏省关于微山、昭阳两湖辖领及其具体界线之划分的协议书》中关于湖田"未曾确权发证者,均属国有,只有允许其使用权,不得典卖赠送"的规定。

二、关于湖产问题。凡近三年来,由沛县群众收获芦苇、苦江草,没有发生争议的地段,仍由沛县群众继续收获,但在行政区划上仍属微山县管辖,微山县须保障这部分群众的经营利益,不得侵犯,沛县也不得再扩大收获范围。凡近三年来,发生争议和械斗地段的群众,以其居住的自然村为单位,连同以湖产为生或以湖产为主要生活来源的群众和土地一并划归微山县管辖,其中有的自然村的群众不是以湖产为主要生活来源的,又不愿划归微山县管辖的也可不划,但这部分群众不准再进入湖区经营湖产。对调整中出现的插花地,由两县协商划定边界走向。

　　三、江苏、山东两省在湖区的边界走向划定后,湖区的社会治安工作,统一由微山县负责,并建立水上派出所。

　　对一九七八年以来,因械斗伤、亡的群众,由微山县做好善后工作,除蓄意杀人者外,一般不追究刑事责任。

　　四、关于水利管理问题。仍按照《国务院批转水利部关于对南四湖和沂沭河水利工程进行统一管理的请示的通知》(国发〔1981〕148 文件)的规定执行。凡尚未移交的水利工程,必须无条件地于一九八四年第二季度内交接完毕。

　　两省应认真做好当地干部和群众的思想政治工作,加强团结,搞好睦邻友好关系,给沿湖地区群众创造一个安定团结、发展生产的大好局面。

国务院赴微山湖工作组

一九八四年四月九日

附录11   国务院办公厅文件

山东、江苏人民政府：

国务院赴微山湖工作组从徐州回来后，对两省继续落实通知（中发〔1984〕11号文件）等问题，提出来三点意见，并经国务院领导同志批准，现转告你们：

一、关于湖田问题。大堤两侧的湖田，不论是由群众或国营，集体单位耕种的，均按通知规定，以一九八三年实际耕种情况为准，承认其使用权。

二、关于湖区管理问题。社会治安和税收问题已解决。渔政问题可由山东制定具体管理办法，实行统一管理，但应允许江苏渔民进湖捕鱼。

三、关于湖产问题。应认真按通知规定办。至于沛县哪些村庄划给微山县，要以不再发生纠纷为原则，从实际出发，由江苏提出具体方案，山东应尊重江苏的意见，其中有的村不愿划归微山县管理，也可不划，但这部分群众不准再进入湖区经营湖产。今后如因未划村庄的群众进入湖区收获湖产而发生争议，则由江苏负责。对于历史上没有发生争议的地段，应按通知规定，仍由沛县群众收割。在湖产经营范围确定后，如有人有意挑起争端，危害群众利益，必须追究责任，从严处理。

国务院不再派出工作组，由两省同志在六月份内，把通知落实的结果，书面报中央、国务院。

国务院办公厅
一九八四年六月十二日十六时

附录 12　　国务院 109 号文件

国发［1984］109 号
国务院批转国务院赴微山湖工作组关于
解决微山湖争议问题的第二次报告的通知

山东、江苏省人民政府：

　　国务院同意国务院赴微山湖工作组《关于解决微山湖争议问题的第二次报告》，现转告你们，望坚决贯彻执行。

　　为彻底解决微山湖的争议问题，希望山东、江苏两省继续认真贯彻今年四月三十日中共中央、国务院关于解决微山湖争议问题的《通知》，并根据本通知的精神，教育干部和群众，一切从安定团结的大局出发，互谅互让，尽快地把问题解决好，创造一个和睦相处、团结互助的新局面。使沿湖群众经济上得到更快的发展，生活上得到进一步提高，为四化建设多做贡献。在实际工作中，会遇到这样那样的具体问题，只要沛县、微山县的领导同志从团结的愿望出发，积极做好各方面的工作，问题是不难解决的。

　　两省各级领导同志在解决微山湖争议问题上，必须同中央保持一致，不论是在第一线工作的同志，还是不在第一线工作的同志，都应以对党、对人民高度负责的态度，积极做好安定团结工作，促进争议问题的早日解决。任何人都不得违背中央《通知》精神，进行干扰。如果发现这类问题，一定要追究责任，严肃处理。

中华人民共和国国务院

一九八四年八月二十七日

国务院赴微山湖工作组关于

解决微山湖争议问题的第二次报告

国务院：

　　为了落实中共中央、国务院《批转国务院赴微山湖工作组关于解决微山湖争议问题的报告的通知》（中发〔1984〕11号文件），以下简称《通知》，我们于五月和七月先后在徐州、济南协助江苏、山东两省的同志研究了贯彻执行《通知》的具体办法。江苏、山东两省的同志于六月份在南京也协商过一次。经过前段工作，双方在湖田、湖产（芦苇、苦江草）、渔政管理和行政区划走向等方面，都取得了一定的进展，水利工程的统一管理问题，也得到了解决。但是有些问题尚未协商一致。最近，我们请两省有关负责同志来京再次协商，听取了双方的意见。我们认为，微山湖争议问题的基本情况已经清楚，收获湖产的季节又已临近，为了尽快解决问题提出如下意见：

一、关于湖田问题。湖西大堤东侧的湖田，无论是集体或国营单位耕种的，均按《通知》规定，以一九八三年实际耕种情况（包括春播、秋播作物、蔬菜、浅水藕、成片林和"三条"）为准，承认其使用权。

沛县、微山县在徐州会议后，对湖西大堤东已丈量过的湖田，应抓紧造册并由双方签字；尚未丈量的湖田抓紧丈量并造册、签字。

在明确各村庄的湖田经营范围后，如出现插花地段，经双方协商，可适当调整，并树立湖田经营范围的标志。

二、关于湖产问题。

（一）将在湖产问题上有争议的江苏省沛县所属的杨堂、孙庄、东明村、西平村、六营、曹庄、王庄、大挖工庄、赵楼、赵庙、张庄、侣楼、庞孟庄、中挖工庄共十四个村庄划给山东微山县管辖，但其地下煤炭资源的开采权仍属江苏省。

（二）沛县的前丰乐、后丰乐、安庄、店子、彭楼、马庄等六个村庄仍属沛县管辖，但这六个村庄的群众不再进入湖区经营湖产，原经营湖产的地段全部无偿交给微山县。

（三）沛县在微山湖经营湖产的其他村庄，应根据近三年经营湖产的实际情况，明确其经营湖产地段的范围。在明确各村庄的经营湖产地段的范围后，如出现插花地段，经双方协商，可适当调整并树立经营湖产地段范围的标志。

三、关于渔政管理问题。微山湖的渔政由微山县统一管理。沛县渔民队可以下湖捕鱼，渔船定为二百只，其他人员不得进湖用网箔等渔具捕鱼。微山县应根据国家有关规定，制定湖区渔政管理办法，对各方渔民队应一视同仁，同等对待。今后各方增加渔船的数量要按比例发展。

四、关于微山湖二级坝以下西侧江苏、山东两省的行政区划走向问题。湖西大堤西侧有微山县管辖的村庄和湖田的地段（包括这次由沛县划给微山县的村庄），应以村庄和湖田作为划定两区划走向的界线。湖西大堤西侧没有微山县管辖的村庄和湖田的地段,以湖西大堤东堤脚起向东延伸六十米处,作为划定两省行政区划走向的界线。

五、关于湖西大堤的维护问题。湖西大堤的维护工作,由水利电力部治淮委员会统一领导和管理,湖西大堤两侧堤脚外各划出六十米作为护堤地。在防汛、抢险期间,由淮委组织沿湖两省群众护堤抢险。经常性的维护工作,湖西大堤西侧有微山县管辖村庄的地段由山东省负责。湖西大堤西侧没有微山县管辖村庄的地段由江苏省负责。

希望两省同志在解决微山湖争议问题上,一切从安定团结的大局出发,互谅互让,尽快地把微山湖的争议问题解决好。在落实中央《通知》过程中,可能在具体问题上还会有争议,我们建议国务院把解决争议问题的权力和责任,交给沛县和微山县的县委书记和县长,其他人不要干预,并限期于九月二十日前达成协议。如果有人违背中央《通知》精神,不顾大局,任意扩大争议范围,节外生枝,干扰问题的解决,应追究其行政责任。如果有人制造事端、挑起武斗,给群众的生命、财产造成损失,应追究肇事者的法律责任。

以上意见当否,请批示。

国务院赴微山湖工作组

一九八四年八月二十三日

附录 13 沛县微山县关于贯彻落实中发 [1984]11 号文件和国发 [1984] 109 号文件的商谈纪要

为了贯彻落实中共中央中发 [1984] 11 号文件和国务院国发 [1984] 109 号文件,解决微山湖的争议问题,沛县县委、县政府和微山县县委、县政府主要负责同志于一九八四年九月七日至八日在微山县城进行了会商,现将有关问题纪要如下:

一、关于湖田问题

双方同意按国务院 109 号文件规定,湖西大堤东侧的湖田,无论是集体或国营单位耕种的,均按《通知》规定,以一九八三年实际耕种情况(包括春播、秋播作物、蔬菜、浅水藕、成片林和"三条")为准,承认其使用权。

沛县、微山县在徐州会议后,对湖西大堤东侧已丈量过的湖田应抓紧造册并双方签字;尚未丈量的湖田抓紧丈量并造册、签字。

在明确各村庄的湖田经营范围后,如出现插花地段,经双方协商,可适当调整,并树立湖田经营范围的标志。双方同意由两县派员协助有关乡村进行丈量。

二、关于湖产问题

(一) 根据国务院 109 号文件规定,沛县将赵楼、赵庙、张庄、侣楼、王庄、南挖工庄、曹庄、中挖工庄、六营、杨堂、东明村、西平村、孙庄、庞孟庄十四个村庄划给山东微山县,但其地下煤炭资源的开采权仍属江苏省。按照这一规定,双方同意从现在起,分别由一名副县长各自负责组织有关部门参加,积极做好村庄、土地、人口、学校、债权、债务等各项交接准备工作。尽快有组织、有秩序地进行对口交接,以免发生混乱。在交通、水利、用电等未形成体系前,相互给予方便。

(二) 根据国务院 109 号文件规定,沛县前丰乐、安庄、店子、彭楼、马庄六个村庄的湖产无偿交给微山县。根据这一精神,在丈量湖田的过程中将湖产转给微山县,从现在起,六个村庄的群众不再进湖经营湖产。

(三)国务院 109 号文件指示:"沛县在微山湖经营湖产的其他村庄,应根据近三年经营湖产的实际情况,明确其经营湖产地段的范围。在明确各村庄的经营湖产地段的范围后,如出现插花地段,经双方协商,可适当调整并树立经营湖产地段范围的标志。"根据这一规定,双方同意,明确经营范围的工作由两县分别派员协助有关乡组织相邻村的干部参加,本着互谅互让的精神,共同进行现场勘定界线打桩立标。任何人不得扩大争议范围,节外生枝,明确经营范围后,微山县保障沛县群众的经营权力不受侵犯。双方都应制定相应措施。

三、关于湖区管理问题

(一)执照中央 11 号文件规定,沛县同意湖区的社会治安统一由微山县管理,微山县也表示在湖区治安管理问题上对双方群众一视同仁。

(二)关于税收问题。沛县群众经营的湖产、湖田的税收,双方同意按照国家税法的有关规定执行。收税的具体办法,由双方财税部门协商。

(三)国务院 109 号文件指出:"微山湖的渔政由微山县统一管理。沛县渔民队可以下湖捕鱼,渔船定为二百只,其他人员不得进湖用网箔等渔具捕鱼。微山县应根据国家有关规定,制定湖区渔政管理办法,对各方渔民队应一视同仁,同等对待。今后各方增加渔船的数量要按比例发展。"根据这一精神,具体登记发证等工作,由微山县水产局同沛县林牧副业局协办理。

(四)今后,国家批准在湖内兴建工程,双方做好工作,并按国家规定的标准,对占压的湖田、湖产按标准赔偿给使用单位。属于地方兴建工程,可由双方商定。对占压的湖田、湖产也应按照国家有关规定的标准赔偿给使用单位。

四、关于二级坝下两省边界走向问题

双方同意根据国务院 109 号文件规定,建议两省责成有关部门尽快到现场勘定。

五、关于水利管理问题

双方同意根据中央 11 号文件和国务院 109 号文件规定,南四湖水利工程由淮委统一管理,涉及两县受益的水利工程的管理问题,由两县水利局分别请示淮委决定。不属于淮委统管工程,由所在地管理。具体管理办法,由

双方协商,达成协议。双方都应给予方便。

以上各条,于九月二十日前达成协议。

在未达成协议前,双方仍执行两省副省长的电报精神,群众一律不准入湖收割芦苇,违者追究责任。

中共沛县县委副书记(主持工作)吴明铎

沛县人民政府县长　　　　　朱继荣

中共微山县县委书记　　　　胡广连

微山县人民政府县长　　　　李　坤

一九八四年九月八日

附录14　民政部关于解决微山湖南北两段湖田湖产经营范围问题的报告

国务院：

我部受国务院委托，于今年三月十八日，约请江苏省徐州市和沛县、山东省济宁市和微山县的负责同志来京，协商微山湖南北两段湖田、湖产经营范围问题。之后，国务院办公厅领导同志又与两省领导交换了意见。经过充分协商，两省意见基本一致。现报告如下：

一、南段(房村河至沛、铜两县边界)。这段南北长约十公里，其中靠京杭运河以东的一片芦苇约一万亩及其东侧的一万五千亩湖田和湖产，共二万五千亩，由沛县经营，其余由微山县经营。

二、北段(二级坝下)。这段西起京杭运河，东至四道堤西堤脚，约有七千亩湖田、湖产，其中三分之二划归沛县，三分之一划归微山县，湖腰扩大已挖的部分不计算在内。为便于经营管理应划出界线，线西由沛县经营，线东由微山县经营。

我们建议，具体划界及有关遗留问题的解决，由两省自行协商办理。

以上报告如无不妥，请批转两省执行。

民政部

一九八五年八月十二日

抄送：中央办公厅、中央军委办公厅、民政部、水电部、交通部、公安部、国家计委、国家经委、农牧渔业部、人大常委会办公厅、全国政协办公厅、最高法院、最高检察院。

国务院办公厅

一九八五年九月六日　印发

附录 15　　水电部关于处理苏鲁南四湖地区边界水利问题的报告

国家农委：

苏、鲁两省在南四湖一带既有排水引水的水利矛盾，也有湖田湖产方面的矛盾，两种矛盾有时混在一起，问题比较复杂。水利上的两大矛盾，一是防洪标准低，洪水出路不多；一是灌溉水源不足，两省在蓄水、用水上有许多分歧。近几年来，两省工农业发展较快，用水量大大增加、水利矛盾突出。为此，我部于四月二日至八日，在北京召开了由两省农办、水利厅（局）和有关地区的负责同志参加的南四湖地区边界水利问题会议，主要研究了分水及其控制运用管理问题。现将商谈情况和我们的意见报告如下：

一、关于南四湖分水问题。鉴于南四湖水源不足，两省都应合理规划，节约使用。滨湖稻改应控制在沿湖低洼易涝地区。根据过去两省有关协议，及现在上下级湖蓄水情况，两省都同意下述分水原则：上级湖用水，以山东为主；下级湖用水，以江苏为主。两省分水量，上级湖蓄水位 34.5 米时，江苏可用 1.5 亿立方米；下级蓄水位 32.5 米时，山东可用 1.5 亿立方米。如果达不到这一蓄水位，两省分水量均按比例相应减少。死水位（上级湖为 33 米，下级湖为 31.5 米）以下的用水问题，视同干旱缺水情况，由我部淮委主持，会同两省协商解决。从今年开始，两省即本着这一分水原则，实行计划用水，为了充分利用水资源，请山东做好下级湖的渔湖民的安置工作，以便蓄水位提高到 33 米多，蓄水三亿多立方米。

二、关于分水的控制运用问题。为了更好地贯彻上述分水意见，在不影响防洪、排涝、灌溉用水和航运的原则下，根据过去两省商谈精神，我部认为，无论是当前，还是从长远看，沿湖的主要河流在河建闸运用是必要的。为此，我部同意山东在复新河和杨官屯河的河口上建闸，由山东提出设计，经批准后实施。江苏引用上级湖水应主要用于二级坝以上地区，在建闸以前灌溉季节，江苏省将沛徐河上的大王庄堵闭，杨官屯河通苏北堤河的闸严加控制，复新河上的李楼抽水站停止抽水。山东省在下级湖的潘庄、刘桥提水站、胜利渠首、韩庄闸和伊家河闸,亦按照上述分水原则实行计量用水。两省在上下级湖所管辖的分水建筑物和引水口在用水季节由所在省设站测流,我部淮委监督,另一省派员观察。

三、关于山东鱼台县正在复新河两省边界附近张垓建闸问题。经审查,设计不完善,应按这次审查意见考虑江苏排涝和灌溉引水的要求,重新编报,在设计批准以前,应停止施工,建行应停止拨款。鉴于目前已是春汛和灌溉用水季节,为不影响复新河的排洪,排涝灌溉用水和航运,我们的意见,拟请山东责成鱼台县立即拆除施工围垓,并限期拆除完毕,恢复原河道断面。

四、关于二级坝的管理问题。二级坝上建筑物较多,有些建筑物的管理范围过去没有统一规定,群众在坝上随意建房、种地,常有纠纷,严重影响工程的管理。最近江苏沛县在二级坝的红旗三闸以西坝坡上盖房六间,我们认为,这种做法,不利于二级坝的管理,拟请江苏责成沛县限期将新盖六间房屋拆除,并查处其他不利于二级坝管理的问题。今后,两省任何人,不经批准,都不允许在坝上建造或刨堤种地。

关于今后的管理问题,去年曾与两省商谈,提了一个管理范围,拟在今年召开的治淮会议上进一步研究确定。

五、南四湖水源不足的问题将愈来愈突出,为从根本上解决两省矛盾,单靠限制用水并不利于两省工农业的发展,需要积极研究增补水源的工作。为此,对江苏省的江水北调工程要予以适当支持,以便江苏在现有基础上逐步扩大抽引长江水的规模和范围,接济南四湖的水源。

现在正是春耕大忙季节,为利于边界安定团结,上述主要意见我部已向两省发了电报。以上电报,如无不妥,请农委批转两省执行。

水电部

一九八〇年四月十五日

附录16 关于山东苍山县与江苏邳县古宅子横堤和徐桥以西涑河东堤及苍邳边境二十条沟河水利纠纷协商会议记录

情况：江风口附近的涑河自北向南流，民国元年曾将涑河从古宅子东分一股经庄前扒至西南入燕子河，河南岸筑有河堤，堵挡北水，北岸无堤。过去横堤年年决口年年补修，今年邳县将该堤九处决口堵复，并将堤加高培厚，增加了堤北农田灾害，山东亦在古宅以东徐桥以西将　涑河堤决口堵复，并将堤加高培厚，威胁堤南村庄农田。

会商结果：江苏同意将古宅子横堤的高度、长度恢复至1953年汛前原状，以新老土为界，铲去新土，1953年九处缺口应堵至与旧堤顶相平。山东同意将徐桥以西涑河东堤的高度长度恢复至1953年汛前原状，以新老土为界，铲去新土。

邳苍边境二十条沟、河问题

情况：苍山县在苍邳边境开挖疏浚沟河20条至邳县边境，势必加重下游灾害，其中尤以陶沟河最为严重，因该河上游断面加宽过大，而下游并未治理，水势与来水量加大，有冲毁邳县长沟村及农田之虞。

解决原则：

1. 上游苍山所开之河沟，如能引入邳县（下游）已整理的河道或虽未治理但可以接受的河道的，要设法引入。

2. 凡经上下游被影响范围内的双方群众代表协议并经双方县一级政府同意的沟河应维持现状，按已有协议执行。

3. 上游开挖或疏浚的河沟，下游能解决的尽量解决，不能解决的，上游应恢复到1953年原状。

协商结果：2、6、7、8、10号沟，苍山已开挖，邳县可以接受。11、12、13、14号沟，属于运女河系，下游仅做初步整理，在不再扩大的原则下，邳县同意引入运女河。1、3、4、9、17号沟等恢复至1953年原状的旧河沟，在苍山境内沟下口向上,平复至1953年原状二华里,二里以上的上游沟河开挖段,每半华里打一活土格子,束至1953年断面,以免上游来水过猛,酿成灾害。15、16、18、19号沟,属于新开沟河而应平死的,在苍山境内沟下口向上平沟二华里,二华里以上部分,每半华里打死土格子一个。

(治淮委员会,1954年7月19日,徐州市档案馆藏)

陶沟河:

丁家滩以上刘家河沿附近须照1953年河形做坚固有效束水堤一座,应比原河床断面缩小,标准待定。

陶沟河山东本年所加高的两岸河堤,在束水坝以上十公里以内,一律铲平至1953年汛前高度。(详略)

江苏方面提出本协议所议定的各项恢复工程,应迅速完成,在未完成之前,因而造成的不应有的灾害,应由造成灾害的一方负责,山东认为协议议定的各项工程应迅速完成,但"造成灾害"与自然灾害无法划分,标准亦难以规定,未能同意,故此点未能取得一致意见,待请示华东局决定。

附:山东苍山县、峄县与江苏邳县关于苍邳边境二十条沟河问题会勘协商记录(节录)

出席者:山东方面,张清秋、王熙珉、战冶山、苗秀森、张相田、张同宗、郝明德、刘斌吉等。

江苏方面,朱群、吴振东、王景照、倪宝珍、张春田、周玉朋、李维贤等。

关于邳苍边境水利问题,依照本年7月19日在淮委初步协商记录精神双方代表于7月25日,在刘河沿村集合,至8月2日完成了实地勘查,并在邳县小良璧村达成协议,结果如下:

……

(一)附图第二十条陶沟河问题

1. **现状:**山东培修河堤,东岸长约9 km,南至十滩村前止,西岸长约7 km余,南至刘河沿村止,加高一般为四公寸至一公尺,未加及加高一公尺以上者,系个别现象,刘河沿村北至晁家桥一段长约五华里堤身较原状展宽一般为三至八公尺,个别亦有少于三公尺或多于八公尺者,因此排水将较原状迅速集中。苍山刘河沿村北河底现宽一般廿五公尺,在□□南长沟北,双方河槽断面大致相同,邳县长沟村河底一般约12公尺,刘河沿一节堤距未动,河底加宽很少,刘河沿以南西堤长约五华里亦未培修。

2. 协议结果—双方同意:

(a) 在刘河沿村北约八百公尺左右筑巩固有效的束水坝一座,束水断面为下口十四公尺,上口廿二公尺二公寸,可以刘河沿村最窄断面为标准。

(b) 在束水坝以北至晁家桥以南长约五华里一段为拆堤范围,在此范围内东岸旧堤加高部分应铲平至 1953 年汛前高度,其中退修的新堤总长不足一半时,即维持现状不拆,若总长超过一半以上时,可拆平新堤总长度的三分之一;新堤铲平后所余的新高应稍高于旧堤,西岸铲平后之新高度可与东岸同。以后上游"堵口护堤"等工程不受限制,但高度应与铲平原状同。

(二) 附图第十九条刘河沿村东的沟

现状:系旧沟,并非新开,上游曾经整修。
协议结果:双方同意维持现状,不予平复。

(三) 第十八条田家屯西的沟

现状:系旧沟,并非新开,本年曾部分培修。
协议结果:双方同意维持现状,不予平复。

(四) 第十七条田家屯东的沟

现状:在田屯村北长五十五弓子一段曾将沟底土清理加深一点,另外个别补修几处缺口。
协议结果:双方同意维持现状,尚有未堵之缺口应继续堵复,以防出水为害双方。

(五) 附图第十六条杨庄西的沟

现状:系旧沟,并非新开,下游自苍山县前刘家起至邳县浦子村一段,曾经苍山县前刘家和杨庄二村及邳县浦子村群众共同疏浚加深一点未加宽。
协议结果:双方同意维持现状,不予平复。

(六) 附图第十五条杨庄东的沟

现状:系旧沟,并非新开,系附图第十六条的一条小支沟。
协议结果:双方同意维持现状,不予平复。

（七）附图第十四条河南头村西的沟

现状：系旧沟，苍山群众曾在沟底取土平整一节。

协议结果：双方同意由苍山县引挖入运女河，望视水情决定。

（八）附图第十三条草湖西的沟

现状：系旧沟，未经疏浚。邳县建议苍山对该沟入运女河处再予浚深。

协议结果：双方同意维持现状，秋后疏浚。

（九）附图第十二条草湖东的沟

现状：系旧沟，苍山群众在草湖村北曾疏浚一节，草湖以南及邳县境内沟段均未变动。

协议结果：双方同意秋后会勘，并征求附近群众意见后，两县共同疏浚，具体计划之批准及掌握施工均由两县县府负责。

（十）附图第十一条洪山南的沟

协议结果：系旧沟，已入运女河，双方无意见，未进行勘查。

（十一）附图所示第十条苍山埠坦东的沟

系旧沟，下游入赵家沟，沟底宽2~4公尺，长800公尺。今年苍山县石埠乡在上游约500~600公尺一段加深0.4至0.5公尺，加宽约1公尺，下游200~300公尺一段未挖。

（十二）附图所示第九条苍山程圩村北的沟

现状：系旧沟，下游入赵家沟，沟底宽约三公尺，沟长五华里，今年苍山石埠乡清底三段计长约500至700公尺，加深一犁，未加宽。

（十三）附图所示第八条石埠北的沟

现状：系旧沟，位置在石埠南，长约3华里，沟底宽3公尺，今年苍山个别地段清底。

（十四）附图所示第七条苍山宋疃北的沟

现状：该沟系苍山1953年开挖至省界，今年春苍山未动，邳县接挖入小冯家东宋家沟,沟底宽约 3 公尺。

　　协议结果:以上四条双方同意维持现状。

（十五）附图所示第六条苍山卓庄东的沟

　　现状:该沟系原兰陵县 1953 年春疏浚,1953 年秋整理,今年苍山未动。

　　协议结果:由于该沟来源较长,苍山境内将河槽打一公尺长活土格五道,邳县将下游河槽适当加宽。

（十六）附图所示第四、五条苍山高埠南扒入邳县杨家沟两沟

　　现状:第四条未动,第五条今春苍山曾有一个村民工加深一锹,段长约140 公尺。

　　协议结果:以上两条双方同意维持现状。

（十七）附图所示第三条苍山界坊北接入白家沟的沟

　　现状:该沟原有旧沟底,宽约 7 公尺,深约 1 公尺(土头村西处),今春苍山一、九、十五,三个区自动疏浚,在土头村西处加宽至 14 公尺,未加深。总共长约 34 华里,下游至苍山边境赵家村北 1 华里许处截止,至该处河流分为东西两支,成漫散状态,邳县六区今春自赵家村南约 1 华里处,沿东支整修至杏树村。汤家庄一段,河槽不够规律,汤家庄以南底宽约十公尺左右。

　　协议:

　　（a）在赵家村北堵死西支。

　　（b）按汤庄西处河槽断面为标准,由两县负责疏浚东支,线路再由两县实地勘查定,以不为害村庄为原则,并在苍山土头村西旧桥之桥墩上加做柳枝裹头,作束水工程。

（十八）附图所示第二条苍山李宅至冯庄的沟

　　现状:系原有旧沟,今春苍山疏浚加宽约 2 公尺,加深约 0.5 公尺,下游邳县引入柴沟河。

（十九）附图所示第一条苍山长城南的沟

　　现状:系旧沟,今春苍山疏浚加宽约 2 公尺,加深约 0.5 公尺,下有无出路。

　　协议结果:如三沟河水位许可,则由苏庄北引入三沟河,并在苏庄北建

桥以维持苏庄交通。

如三沟河水位不许可,则根据淮委协议恢复至 53 年原状,具体待勘查决定。

山东临沂地委代表×××签名

苍山县县府代表×××签名

苍山县第十五区代表×××签名

苍山县第十六区代表×××签名

峄县县府代表×××签名

江苏徐州地委代表×××签名

邳县县府代表×××签名

邳县第六区代表×××签名

邳县第十七区代表×××签名

附录17 济宁专区与菏泽专区边界水利 问题协议执行情况概要

济宁、菏泽两专区边界水利问题,自6月上旬达成协议后,双方均已作了一定工作,为了进一步贯彻执行协议,7月下旬省派人会同两专及有关各县对工程逐项进行了检查。8月10日~17日在李澄之副省长亲自主持下召开了检查协议执行情况会议,两专区及有关各县均派了负责人参加,会议汇报了前段工作,研究了存在问题及今后执行意见,现将会谈情况纪要如下,作为贯彻执行的依据。

9月1日……经研究对以下问题再作如下补充规定:

1. 边界沟填堵问题:凡经协商应堵而尚未动工的边界沟均应在最下游填堵100米,然后按500米填100米的要求自下而上逐段填堵;在应堵的沟与沟交叉口以下并打坝堵流,其宽度十米,以防集流下泄增加下游负担;所有填堵段均应高出地面0.1米。已填的沟,下游尚未填堵的,应由原执行单位在沟的最下游再堵一段,其长度为未填段的五分之一;已填段高度不足的应补足至与地面平。

2. 边界堤、堰、路扒口问题:所有已扒缺口,凡与协议规定地点相符但长度不足的应向地势较洼的一端延伸补足,扒口地点与原协议要求稍有出入的,经双方可不另扒口,扒口位置与原协议不符的应予重扒,尚未扒口的应以最洼处为中心破堤,边界堤后协议规定应破处的其他阻水堤、渠、路等,原协议有具体规定或此次会议有商定意见的,按规定或商定的意见执行,没有规定的,其破口位置、长度均应与边界堤的破口位置、长度相适应,以利泄水。所有口门均应做足长度,高度应与原地面平,并采取破堤填沟的方法,以节约劳力。

3. 前已经过协商同意或在此次会议中商谈,对原协议内容作了明确或局部变更的,按新明确或变更的意见执行。例如截河集至羊山村路的南沟保留,北沟平毁;羊山至杨楼路基暂不平毁;金乡堵闭彭河北岸边沟涵洞,其余在巨野境内的两处涵洞由巨野处理;高洼桥闸槽改用洋灰砂浆填堵;苏坑围村堰及下庄至截河集排水沟维持现状;嘉祥县四条路基不平毁等。

4. 凡未经协商在边界五公里内新作的上游排水、下游拦水、阻水的工程,均应恢复到施工前的情况,如金乡县在彭河北豆腐李村南边堤扒口后部新修的边界渠,在昌洼排水沟入西沟处以下新修的小桥,单县在小桑河桥下新建涵洞等,均应按上述原则处理。

5. 对几项具体问题的处理意见:

(1) 边界堤的千分之十扒口问题,经研究按以下办法处理:

金乡—单县:从边堤东端开始向西量,每1000米扒口十米,如该千米内有路口一处可扒5~10米,有路口两处可扒5米,无路口可选择低洼处扒口10米,但遇村庄时可作适当照顾。

金乡—成武:确定共扒口5处,具体地点另附。成武同意朱集排水沟至西沟之间边堤不按千分之十扒口,金乡同意成武在李平庄附近改建入西沟的涵洞(过水断面不大于1.5平方米),并将田海以东排水区内(7000余亩地)的阻水高地根据自然流势略加整理,以便利用涵洞排泄积水。涵洞地点及平整地面的路线由成武县提出通知金乡后施工,金乡事前应向金乡群众说明情况,以免引起群众误会。

金乡—巨野:羊山至陶庙公路以北至小颍河的一段内,除在公路北10米处向北扒口10外,不再扒口,从该口向南则按每量1000米扒口10米。

嘉祥—郓城:确定共扒口四处,具体地点及长度另附。

嘉祥—巨野:确定共扒口七处,具体地点及长度另附。

以上千分之十扒口,均应由两县执行小组约定时间共同到现场勘定,其扒口高度应与原地面平。

(2) 小桑河新建桥净孔高3.4米,较原设计净孔高2.5米,超出0.9米。单县应加作护底,护底高程与桥孔两侧河底平。桥两段引路的高程与惠河堤顶高程同。

(3) 边沟与惠河连通处截堵问题:填堵地点应在惠河(小桑河)西堤与边堤交界处,由单县堵复,其高度、顶宽边坡与惠河西堤和边堤相同。

(4) 巨野县将尚村排水沟上的新济菏公路桥,但其过水断面应与上游老公路桥过水断面相适应。

(5) 朱集排水沟问题。朱集排水沟原设计长度为8公里,应自朱集排水沟与西沟的两堤相交处开始向西量8公里作为止点,其余部分,在公路口以上段因两岸无土,可在路口及其上游各打坝一道,宽10米,公路口以下段应自下而上每500米填100米以上,填沟均应高出地面0.1米。

(6) 袁庄排水沟南岸边堤扒口200米改在赵王河北堤以北350米处开

始扒口 100 米。

（7）嘉祥县张垓至尚寺、张垓至马庄、张垓至周河口三处路基各扒口三处，黄垓至北蒋路基扒口两处，三分干四支渠扒口两处，具体地点及长度详附表三。

（8）嘉祥白庄至张庄路基加高段，按 500 米平 100 米的比例在洼地平毁。

（9）洙水河工程嘉祥段应按省设计，将尾工于秋后完成。

（10）吕洼排水沟及小白河今年疏浚部分恢复原断面问题：按 500 米恢复 100 米的要求，已填好段不再动，不足部分在秋后沟内无水时将弃土全部回填踏实。

（11）金乡王程寺路基加高段，因主要流势已扒开，该路又系该村要道，阻水不大，不再扒口，但今后不得加高延长。

（12）白马河扒口，李双楼北扒口，杨楼村围堰延长，尚存排水沟疏浚复堤以及其他在协议中已有明确规定的工程，双方均应按原协议执行。

（13）东沟上支堤平毁问题：阮庄北沟下游一段应继续平毁，韩庄西沟及尚楼南沟因疏挖的时间有争执，可由两县现场调查，如系 58 年后新疏挖的应按要求平毁，如系 58 年前挖的可维持现状。

6. 本纪要各条连同附表各项，两专有关各县均应立即贯彻执行。今后在边界5公里以内若再发现不符合中央处理边界水利问题八项原则的沟、渠、路、堤、堰、桥、涵、坝等，两县可协商处理，若暂时协商不成，亦不应作为推迟执行　原协议及本纪要的借口。

7. 今后今后友邻县在边界5公里内不经上下游双方协商同意，上游不得挖沟排水，下游不得修筑拦水阻水工程。

　　附表一、二、三略　　　　签名：略

（鲁档：A121－02－106）

附录 18　　苏、鲁郯新边界排水工程问题的会议记录

时间：1954 年 1 月 23 日

地点：蚌埠淮委

出席人：略

决议事项：

一、关于宝七沟、柳沟河、臧圩小河问题：宝七排水沟及柳沟河线路，两省已取得协议，即顺自然向南开挖，流入新墨河。臧圩小河经江苏提议自红花铺开东西向截水沟，将上游改道入柳沟河。山东认为该段地势平坦，土方太多，提议改在上游苍烟子作东北西南向之改道入柳沟河，经会议讨论后两省协议：为减少新墨河开始汇水处流量以减少新墨河将来的疏浚土方，臧圩小河不改道入柳沟河，仍顺自然向南开挖穿过铁路桥以入新墨河。上列三条排水沟位于两省交界应统一设计分开施工，将来在技术设计中，注明各省负责之地段及掌握之工程数量与经费数字等，并决定由山东、江苏各派干部携带资料于 2 月 6 日到蚌埠淮委进行设计，有关流量水位等具体问题俟设计时加以解决，惟臧圩小河下流在江苏疏浚部分，施工由江苏负责该段疏浚，经费由山东将浪清排水沟经费四亿元拨交江苏，不足之数由山东拨给江苏的沂河护岸经费剩余数内解决。

二、关于浪清排水沟路线及大埠支堤问题：白马河以东，新墨河以西，北自浪子湖南至青石桥，流域面积 52.8 平方公里（根据老省界算得），山东拟开挖排水沟一条，南经花上小河入茅墩湖，江苏提议将上游之水 16 平方公里来水于新省界附近之王海子改道至东南经七孔桥小张庄引入新墨河，以汛期沂河水位高，茅墩湖内水泄不出，为了减轻茅墩湖的灾害，希望上游水量尽可能引到新墨河。山东意见王海子附近地面为 28.3 公尺，小张庄江苏原设计水位为 28.4 公尺，故新墨河小张庄水位太高，如欲改道，技术上必定困难，且不经济，如新墨河需要大量疏浚等，仍需自北向南疏浚入茅墩湖，经各方研究讨论后认为，浪清排水沟涉及大埠支堤以北四十余平方公里地

段之排水问题,大埠支堤为联(连)接白马河新墨河间的一段横堤,原来修建的目的为阻止横堤北部来水,实际上大水时,横堤北数十平方公里水仍可漫溢而下,该区涉及白马河流域治理,需俟白马河全流域规划通盘考虑后始可减免矛盾。如上游究竟来水若干,以决定新墨河的疏浚断面与向南流入茅墩湖及大埠支堤是否拆除等,以目前资料不够,白马河上游与骆马湖北陇海路以南区域均无详图,尚需补充测量等资料后始可全面规划,均同意该沟1954年缓做。配合白马河治理,争取在1955年解决,并希江苏进行铁路以南骆马湖以北地区之测量,山东进行白马河上游区的测量。

三、黄泥沟排水问题:黄泥沟介于大沂河及武河之间。上接山东省郯城,下游由江苏邳县之响水溜流入武河,山东意见拟1954年疏浚,以虽在沂、武河洪峰间隙时仍可排水。江苏意见1953年汛期江风口大量过水造成东至沂河大堤西至武河堤间的大水灾,故为了减少下游灾害,黄泥沟希望缓办。经讨论后,同意该区在江风口控制工程解决后再行处理。

(鲁档 A121－02－482)

附录 19　　人民来信选录

金乡吴坑《为治河不当屡次发生水患妨碍生产又不断闹意见恳乞早日调处或将河重修令水顺利畅流事》

　　窃维原告金乡五区吴坑村全体群众。伏查吴坑地居万福河以北彭河以南,地势低洼,每逢夏季阴雨连绵时,从西方和西北方所来之水流到本村,水势就很紧急,虽有一涵洞,仍不能畅通,再往东流到东边涵洞入河,这样水势稍缓,不至为患,不料在 1949 年被告金乡五区王排房村(村)长邵书印秋(邱)官屯村(村)长张名勋领导其村群众在吴坑正北彭河以南打一河堤将水阻止,以致倒流,吴坑以西之田地和村庄尽为泽国,那时有专署张科长调处,将其所修之河堤全部除去,不料又在 1951 年该二村长仍又在原地修堤,当时双方发生纠纷,该二村长亦曾用很多武装镇压,最后经专署朱科长县府刘科长调处,该二村长曾设席收买朱刘。二科长因受贿将彭河加宽,南岸那时仅五区民夫修河,本村不叫出夫,原说在上游修三个排水沟二个涵洞,最后亦未修成,因上游河势加宽,下游不曾加宽,水势较前更急,不料该二村长在今夏又领导民夫将北边原堤又行加高,以致水势全部阻止,将吴坑和以西之村庄尽成水灾区,各村群众都打了门堤,田地全部淹没,恐慌万分,为此特具文恳乞钩座鉴核速为派员视察详为了解,将该二村长依法按破坏生产和房屋论处,以解民愤,并再将河势顺流多建排水沟和涵洞水势一缓,则水患自减,亦合群众要求,不胜迫切待命之至。谨呈省长晁主席。

　　原告乡长:吴惠德　庄长　周宗田　张贵芝　周成海等(签名、手印)

　　被告村长:邵书印　张名勋

巨野田小集乡《呈请人民政府兹有田小集乡人民代表发言:我乡东有义楼、王牌(排)坊、秋官屯三个村在 1948 年由金(乡)县五区吴坑村后打拦水堰事由》

　　此事发生后,两县发生冲突,在无法解决当中,当时我乡代表群众申请专署派人解决,两县共同协议,才把堰扒了。在 1951 年六月,伏雨很多,上游水下流。有他边村长主动(带领)群众【抗】(扛)起钢枪十数支,拦水打堰,上游水过,多被冲开,到(19)52年3月,复打干堤,有他方刘区长亲自发动,携带起武装打堰,每天打数十发子弹吓唬我方群众,我方群众纷纷要求打架,我区干部动员任何人不能打架,谁打谁负责,叫群众上诉到专【暑】(署)。有朱科长盲目的论法。【有】(由)两县建设科科长共同协议,决定把堰围在河内,此处加宽将近三分之二,长百余公尺,接着宽处加宽一岸【直】(至)到万福河为止,才能把水顺利流走。当时写了协议书。结果把拦水堰处开宽了,下游没开。他方不按协议书的规定(做),直至今年。目前因雨水过多,不能顺利下流……田地淹了三千多亩……群众意见要求修通河道,西起小田集庄,北经过李家前坑外,东【直】(至)秋官屯村后送入彭河,按此办理,这样【以】(一)来可省百分之六十的良田,也能把积水田变成肥田,对下游也有很大利益……

　　农村人民代表:程庄×××苗庄×××战庄×××东坊子×××田刘庄×××田小集×××东庄屯×××河湾程×××田王庄×××冯楼×××张庄×××谢庄×××贺庄××　×　(钤印)

参 考 文 献

古籍文献

顾馨、徐明校点:《春秋穀梁传》,辽宁教育出版社 1997 年版。

《诸子集成》,中华书局 1954 年版。

《明实录》,台湾"中央研究院"历史语言研究所 1962 年影印本。

《清实录》,中华书局 1986~1987 年版。

郦道元著,杨守敬、熊会贞疏,段熙仲、陈桥驿校:《水经注》,江苏古籍出版
    社 1989 年版。

《河漕备考　历代黄河指掌图说　长芦盐法志援证　淮齑分类新编》,北京
    图书馆古籍珍本丛刊 57,书目文献出版社 1997 年版。

(清) 张廷玉等:《明史》,上海古籍出版社 1986 年版。

(明) 刘天和:《问水集》,水利珍本丛书本。

(明) 顾炎武:《天下郡国利病书》,龙万育蒉堂刊本。

(明) 陈子龙:《明经世文编》,中华书局 1962 年版。

(明) 潘季驯:《河防一览》,台北广文书局 1969 年版。

(明) 万恭著,朱更翎整编:《治水筌蹄》,水利电力出版社 1985 年版。

(清) 黄宗羲:《明文海》,中华书局 1987 年影印本。

(清) 张伯行:《居济一得》,丛书集成初编本,商务印书馆 1936 年版。

(清) 靳辅:《治河方略》,水利珍本丛书本。

(清) 康基田:《河渠纪闻》,水利珍本丛书本。

(清) 卢朝安:《(咸丰)济宁直隶州续志》,清咸丰九年刻本。

(清) 白璞臣修,马焕奎纂:《(宣统)四续汶上县志稿》。

(清) 李垒:《(咸丰)金乡县志略》,同治元年刻本。

(清) 凌寿柏修,宋明在纂:《(光绪)菏泽县志》,光绪六年刻本。

(清) 陈嗣良修,孟广来纂:《(光绪)曹州府曹县志》,光绪十年刻本。

(清) 凌寿柏修,叶道源纂:《(光绪)菏泽县志》,光绪十一年刻本。

(清) 赵英祚:《(光绪)鱼台县志》,光绪十五年刻本。

（清）吴昆田等：《淮安府志》，台北成文出版社 1968 年版。

（清）赵英祚修，黄承護纂：《（光绪）泗水县志》，光绪十八年刻本。

（清）毕炳炎、胡建枢修，赵翰銮纂：《（光绪）郓城县志》，光绪十九年刻本。

（清）潘时琮：《（光绪）郓城县乡土志》，光绪十九年抄本。

（清）周凤鸣修，王宝田纂：《（光绪）峄县志》，《中国地方志集成·山东府县志辑 9》。

（清）汪鸿孙修，杨兆焕纂：《（光绪）菏泽县乡土志》，光绪三十三年石印本。

（清）裴景熙：《（光绪）曹县乡土志（稿本）》，光绪三十三年抄本。

（清）章文华、官擢午：《（光绪）嘉祥县志》，光绪三十四年刻本。

（清）高士英修，荣相鼎纂：《（宣统）濮州志》，宣统元年刻本。

（清）高熙哲：《（光绪）滕县乡土志》，清末石印本。

（清）贺长龄：《清经世文编》，中华书局 1992 年影印本。

（清）傅泽洪：《行水金鉴》，国学基本丛书本，1936 年。

（清）黎世序：《续行水金鉴》，国学基本丛书本，1936 年。

论著专著

（民国）生克中：《（宣统）滕县续志稿》，民国初铅印本。

（民国）冯麟淋修，曹垣纂：《（民国）定陶县志》，民国五年刻本。

（民国）周保琛修，李曾裕纂：《（民国）东明续县志》，民国十三年铅印本。

（民国）郁浚生修，毕鸿宾纂：《（民国）续修巨野县志》，民国十五年刻本。

（民国）李继章纂：《（光绪）济宁直隶州志拟稿》，民国十六年稿本。

（民国）袁绍昂纂修：《（民国）济宁县志》，民国十六年排印本，台北成文出版社 1968 年版。

（民国）潘守廉修，唐烜、徐金铭纂：《（民国）济宁直隶州续志》，民国十六年铅印本。

（民国）周自齐修，李经野纂：《（民国）单县志》，民国十八年石印本。

（民国）王德年修，薛凤鸣、李曾裕纂：《（民国）东明县志》，民国十八年铅印本。

（民国）任传藻修，穆祥仲纂：《（民国）东明县新志》，民国二十二年铅印本。

（民国）高熙哲纂修，生克中续纂：《（民国）续滕县志》，民国三十年刻本。

（民国）余家谟等修，王嘉选纂：《铜山县志》，台北成文出版社 1970 年版。

（民国）于书云修，赵锡蕃纂：《（民国）沛县志》，台北成文出版社 1975 年版。

（民国）全国水利局：《全国水利局附设导淮测量处成绩目录》，1924 年

6 月。

武同举：《淮系年表》，民国十五年（1926）。

宋希尚：《说淮》，民国十八年三月（1929.3）。

建设委员会：《建设委员会整理导淮图案报告》，商务印书馆，民国十八年八月（1929.8）。

杨杜宇：《导淮之根本问题》，上海新亚细亚月刊社，民国二十年（1931）。

导淮委员会：《导淮工程计划》，民国二十年一月（1931.1）。

导淮委员会：《导淮工程计划附编》，民国二十年六月（1931.6）。

冯和法：《中国农村经济资料》，上海黎明书局，民国二十二年（1933 年）。

宗受于：《淮河流域地理与导淮问题》，钟山书局，民国二十二年（1933 年）。

导淮委员会：《导淮工程计划释疑》，民国二十二年十月（1933.10）。

丁显，徐砚农：《复淮故道图说》，中国水利工程学会，民国二十五年十二月（1936.12）。

李仪祉：《十年来的中国水利建设》，中国文化建设协会，民国二十六年（1937）。

导淮委员会：《导淮委员会十七年来工作简报》，民国三十五年（1946）。

导淮委员会：《导淮委员会复员后工作简报》，民国三十五年（1946 年）。

淮河水利工程总局：《淮域排洪灌溉航运修复及急要工程实施计划概要附图》，民国三十六年（1947 年）。

胡焕庸：《两淮水利》，正中书局，民国三十六年（1947 年）。

方修斯：《淮域及运域介于黄河及扬子江间之治导计划书》，油印本。

武同举等：《再续行水金鉴》，水利委员会刊印本。

武同举：《江苏水利全书》，南京水利实验处，民国三十三年（1944 年）。

全国水利局：《全国水利局裁兵导淮计划书》，民国本。

治淮委员会工程部淮河入海水道查勘团：《淮河入海水道查勘报告》，治淮委员会工程部，1950 年。

治淮委员会：《淮河中游治导工程第三队查勘报告》，治淮委员会工程部，1950 年。

水利部治淮委员会办公厅：《治淮汇刊》，1951 年。

中央水利部水利实验处：《淮河流域水文资料》，1951 年。

吉贤：《导淮入海》，开明书店，1951 年。

孟式加：《不让淮河再逞凶》，青年出版社，1951 年。

胡焕庸：《淮河》，开明书店，1952 年。

千峰：《淮河纪行》，新文艺出版社，1952 年。

于民生：《淮河漫记》，新文艺书店，1952年。

胡焕庸：《淮河的改造》，新知识出版社，1954年。

陈桥驿：《江淮流贯的安徽省》，地图出版社，1954年。

陈吉余：《洼地与洪水——沂河西岸地形调查报告》，新知识出版社，1954年。

陈吉余：《沂沭河》，新知识出版社，1955年。

郑肇经：《三十年来中国之水利行政》，台北京华书局，1967年。

电力工业部水力发电建设总局：《中华人民共和国水力资源普查成果黄河流域、珠江流域、海、滦河流域、淮河流域》，1979年。

武汉水利电力学院、水利水电科学研究所：《中国水利史稿》，水利电力出版社，1979年。

石元春：《黄淮海平原的水盐运动和旱涝盐碱的综合治理》，河北人民出版社，1983年。

金权：《安徽淮北平原第四系》，地质出版社，1986年。

刘志中、张益善、朱建鸣：《淮河巨变》，江苏人民出版社，1987年。

水利电力部水管司、水利水电科学研究院：《清代淮河流域洪涝档案史料》，中华书局，1988年。

水利电力部水管司：《清代黄河流域洪涝档案史料》，中华书局，1988年。

萧县地方志编纂委员会：《萧县志》，中国人民大学出版社，1989年。

山东省东平县志编纂委员会：《东平县志》，山东人民出版社，1989年。

姚念礼：《沛县水利志1911—1985》，中国矿业大学出版社，1990年。

泰安市水利志编纂委员会：《泰安市水利志》，1990年。

成武县水利局：《成武县水利志》，济南出版社，1990年。

淮河水利委员会：《淮河水利简史》，水利电力出版社，1990年。

成武县水利局：《成武县水利志》，济南出版社，1990年。

钱正英：《中国水利》，水利电力出版社，1991年。

枣庄市地方史志编纂委员会：《枣庄市志》，中华书局，1992年。

山东省东明县志编纂委员会：《东明县志》，中华书局，1992年。

中国大百科全书编委会：《中国大百科全书·水利卷》，中国大百科全书出版社，1992年。

山东省地方史志编纂委员会：《山东省志·民政志》，山东人民出版社，1992年。

山东省东明县志编纂委员会：《东明县志》，中华书局，1992年。

山东省新泰市史志编纂委员会：《新泰市志》，齐鲁书社，1993年。

铜山县县志编纂委员会：《铜山县志》，中国社会科学出版社，1993 年。

张义丰：《淮河地理研究》，测绘出版社，1993 年。

程维新：《洼地整治与环境生态》，科学出版社，1993 年。

李宗新、吴宗越：《淮河治理与开发》，上海翻译出版公司，1993 年。

山东省防汛抗旱总指挥部：《山东淮河流域防洪》，山东科技出版社，
　　1993 年。

朱福星、王金珍：《四维治水　黄淮海平原农业水资源综合治理配套技术》，
　　科学出版社，1993 年。

陈吉余、李建功、王成志：《江淮逸闻》，上海书店出版社，1994 年。

菏泽地区水利志编委会：《菏泽地区水利志》，河海大学出版社，1994 年。

铜山县水利局：《铜山县水利志》，中国矿业大学出版社，1995 年。

民权县地方史志编纂委员会：《民权县志》，中州古籍出版社，1995 年。

山东省邹城市地方史志编纂委员会：《邹城市志》，中国经济出版社，
　　1995 年。

陈显远：《汉中碑石》，三秦出版社，1996 年。

单县志、惠正法等：《山东省单县地方史志编纂委员会编》，山东人民出版
　　社，1996 年。

曹应旺：《中国的总管家周恩来》，中共党史出版社，1996 年。

金乡县地方史志编纂委员会：《金乡县志》，生活·读书·新知三联书店，
　　1996 年。

山东省鄄城县史志编纂委员会：《鄄城县志》，齐鲁书社，1996 年。

张义丰、李良义、钮仲勋：《淮河环境与治理》，测绘出版社，1996 年。

淮河水利委员会：《中国江河防洪丛书：淮河卷》，中国水利水电出版社，
　　1996 年。

水利部淮委沂沭泗管理局：《沂沭泗河道志》，中国水利水电出版社，
　　1996 年。

应岳林、巴兆祥：《江淮地区开发探源》，江西教育出版社，1997 年。

梁山县志编纂委员会：《梁山县志》，新华出版社，1997 年。

山东省沂南县地方史志编纂委员会：《沂南县志》，齐鲁书社，1997 年。

黄爱菊、郭满禄：《曹州春秋》，山东友谊出版社，1997 年。

张秉伦、方兆本：《淮河和长江中下游旱涝灾害年表与旱涝规律研究》，安徽
　　教育出版社，1998 年。

《水利辉煌 50 年》编纂委员会：《水利辉煌 50 年》，中国水利电力出版社，
　　1999 年。

韩昭庆:《黄淮关系及其演变过程研究——黄河长期夺淮期间淮北平原湖
　　泊、水系的变迁和背景》,复旦大学出版社,1999 年。

左慧元:《黄河金石录》,黄河水利出版社,1999 年。

淮河流域地图集委员会:《淮河流域地图集》,科学出版社,1999 年。

唐元海:《淮河 300 问》,黄河水利出版社,1999 年。

靳尔刚、苏华:《职方边地——中国堪界报告书》,商务印书馆,2000 年。

夏明方:《民国时期自然灾害与乡村社会》,中华书局,2000 年。

魏光兴、孙昭民:《山东省自然灾害史》,地震出版社,2000 年。

王鑫义、卞利:《淮河流域经济开发史》,黄山书社,2001 年。

山东省郯城县地方史志编纂委员会:《郯城县志》,深圳特区出版社,
　　2001 年。

王鑫义:《淮河流域经济开发史》,黄山书社,2001 年。

范天平:《豫西水碑钩沉》,陕西人民出版社,2001 年。

秦建明、吕敏:《尧山圣母庙与神社》,中华书局,2003 年。

董晓萍、(法)蓝克利:《不灌而治——山西四社五村水利文献及民俗》,中
　　华书局,2003 年。

黄竹三、冯俊杰等:《洪洞介休水利碑刻辑录》,中华书局,2003 年。

白尔恒、(法)蓝克利、魏丕信:《沟洫佚闻录》,中华书局,2003 年。

高峻:《新中国治水事业的起步 1949—1957》,福建教育出版社,2003 年。

宋豫秦:《淮河流域可持续发展战略初论》,化学工业出版社,2003 年。

陈潮、陈洪玲:《中华人民共和国行政区划沿革地图集 1949—1999》,中国地
　　图出版社,2003 年。

淮河水利委员会:《淮河志》,科学出版社,2004 年。

水利水电科学研究院水利史研究室:《再续行水金鉴》,湖北人民出版社,
　　2004 年。

林冬妹:《水利法律法规教程》,中国水利水电出版社,2004 年。

邹逸麟:《中国历史地理概述(修订版)》,上海教育出版社,2005 年。

郭成伟、薛显林:《民国时期水利法制研究》,中国方正出版社,2005 年。

杨勇:《淮河流域徐州城市洪水治理研究》,中国矿业大学出版社,2005 年。

毛信康:《淮河流域水资源可持续利用》,科学出版社,2006 年。

周志强:《青年治淮论坛论文集》,中国水利水电出版社,2006 年。

田东奎:《中国近代水权纠纷解决机制研究》,中国政法大学出版社,
　　2006 年。

资料(刊物)

曹县修志委员会:《曹县志》,稿本。

滕县修志委员会:《滕县县志》,稿本。

鄄城县修志委员会:《鄄城县志》,稿本。

郓城县修志委员会:《郓城县志》,稿本。

城武县修志委员会:《城武新志》,稿本。

定陶县修志委员会:《定陶县志》,稿本。

嘉祥县修志委员会:《嘉祥县志(提纲)》,稿本。

治淮汇刊编辑委员会资料室:《治淮介绍》,治淮委员会工程部,1951 年。

治淮员会办公厅资料室:《治淮剪影》,治淮委员会办公厅资料室,1951 年。

汶上县水利志编纂办公室:《汶上县水利志》,1991 年。

山东省水利史志编辑室:《山东省水利志(送审稿)》,1992 年。

水利部淮委沂沭泗管理局:《沂沭泗防汛资料汇编》,1992 年。

东明县修志委员会:《东明县志》,1960 年油印本。

金乡县修志委员会:《金乡县志》,1962 年油印本。

东平县水利局:《东平县水利志(内部资料)》,1983 年。

赣榆县农业自然资源调查和农业区划领导小组办公室:《赣榆县农业区划》,1983 年。

山东省地方史志编纂委员会:《山东省志·水利志(送审稿)》,1985 年。

胡焕庸:《淮河水道志(1952 年初稿)》,淮委《淮河志》编纂办,1986 年。

肖淑燃、王亚东:《微山湖边界矛盾史》,沛县档案馆,1987 年。

山东省菏泽地区行政公署:《菏泽地区综合国土规划》,1987 年。

鲍玉成:《夏镇史志资料》,微山县夏镇史志办公室,1989 年。

邳县水利局:《邳县水利志(内部资料)》,1990 年。

费县水利局:《费县水利志》,临沂地区出版办公室,1990 年。

水利部淮委沂沭泗管理局:《沂沭泗河道志(送审稿)》,1991 年。

山东省民政厅:《山东省省际边界纠纷资料汇编》,1991 年。

夏志高:《徐州自然灾害资料(1947—1991)》,徐州市档案局,1991 年。

山东省水利史志编辑室:《山东省志·水利志(送审稿)》,1992 年。

水利部淮委沂沭泗管理局:《沂沭泗防汛资料汇编》,1992 年。

微山县交通局:《微山县交通志》,1992 年。

郓城县水利志编纂委员会:《郓城县水利志》,1992 年。

济宁市水利史志编纂委员会:《济宁市郊区水利志》,济宁市新闻出版局1992 年。

单县水利志编纂组:《单县水利志》(内部资料),1994年。

刘逢钦:《东明县水利志 1288—1995》,山东省菏泽地区新闻出版局,
　　1997年。

水利部治淮委员会:《淮河流域水文资料》(1949~1978)。

期刊文章

治淮委员会政治部:《治淮通讯》,1951~

治淮委员会政治部:《治淮》,1952~

水利电力部治淮委员会办公室:《治淮汇刊》,1974~

水利部淮河水利委员会《治淮汇刊(年鉴)》编辑部:《治淮汇刊:年鉴》,
　　1974~

侯仁之:《续天下郡国利病书·山东之部》,《山东建设》第1卷第1期。

陕西省水利局:《陕西省各河流域历年人民水利纠纷案件处理情形统计
　　表》,《陕西水利月刊》第3卷第2~5期。1935年

导淮委员会:《导淮委员会工作报告》,1929~1934年。

编辑委员会资料室:《治淮介绍》,载淮委《治淮汇刊》,1951年4月。

治淮委员会:《关于治淮方略的初步报告》,《治淮汇刊》第1辑,1951年
　　4月。

白眉初:《少山多水之江苏利害谈》,《史地学报》1922年第2期。

张含英:《治理山东河道刍议》,华北水利月刊3卷9期,1930年9月,论著
　　1~3。

梁庆椿:《中国旱与旱灾之分析》,《社会科学杂志》第6卷第1期,1935年
　　3月。

王树槐:《清末民初江苏省的灾害》,《(台湾)"中央研究院"近代史研究所
　　集刊》总第10期,1981年。

王树槐:《中国现代化的区域研究:江苏省,1860—1916》,《(台湾)"中央研
　　究院"近代史研究所专刊》,1984年。

查一民:《陈定斋论黄河夺淮之害》,《农业考古》1986年第2期。

熊元斌:《清代江浙地区水利纠纷及其解决的方法》,《中国农史》1988年第
　　3期。

王日根:《明清时期苏北水灾原因初探》,《中国社会经济史研究》1994年第
　　2期。

李祖德:《评魏特夫的"治水社会"》,《史学理论研究》1995年第1期。

任重:《明代治黄保漕对徐淮农业的制约作用》,《中国农史》1995年第

2 期。

梅兴柱：《明代淮河的水患及治理得失》，《烟台大学学报》1996 年第 2 期。

杨洪、黄岭娟等：《中国行政区划的演变》，《湘潭师范学院学报（社会科学版）》1997 年第 6 期。

李大宏：《全面勘界如何面对边界争议》，《瞭望》新闻周刊 1997 年第 17 期。

王庆、王红艳：《历史时期黄河下游河道演变规律与淮河灾害治理》，《灾害学》1998 年第 1 期。

卞利：《明代中期淮河流域的自然灾害与社会矛盾》，《安徽大学学报》1998 年第 3 期。

王建革：《河北平原水利与社会分析 1368—1949》，《中国农史》2000 年第 2 期。

张红安：《明清以来苏北水患与水利探析》，《淮阴师范学院学报》2000 年第 6 期。

苏凤格：《康熙时期黄淮水灾成因探析》，《河南机电高等专科学校学报》2001 年第 4 期。

房建：《对水事纠纷处理程序及方法的研究和探讨》，《水利科技与经济》2002 年第 4 期。

蔡守秋：《论跨行政区的水环境资源纠纷》，《江海学刊》2002 年第 4 期。

王培华：《清代滏阳河流域水资源的管理、分配与利用》，《清史研究》2002 年第 4 期。

胡其伟：《行政权力在水利纠纷调解中的角色——以民国以来沂沭泗流域为例》，《中国矿业大学学报（社会科学版）》2017 年第 3 期。

徐民华、李霞：《近二十年苏北研究的域外视角》，《江海学刊》2003 年第 4 期。

赵来军、李怀祖：《流域跨界水污染纠纷对策研究》，《中国人口资源与环境》2003 年第 6 期。

王培华：《清代河西走廊的水利纷争及其原因》，《清史研究》2004 年第 2 期。

王培华：《清代河西走廊水资源分配制度》，《北京师范大学学报》2004 年第 3 期。

杜群：《西北地区水资源可持续管理与防治土地退化的区域政策——以石洋河流域为例》，《资源科学》2004 年第 6 期。

邹逸麟：《我国水资源变迁的历史回顾——以黄河流域为例》，《复旦学报（社会科学版）》2005 年第 3 期。

陈渭忠:《成都平原近代的水事纠纷》,《四川水利》2005 年第 5 期。

胡其伟:《运河水量与农业生产的矛盾——以明清时期沂沭泗流域及里下河地区为例》,《农业考查》2015 年第 6 期。

张崇旺:《明清时期江淮地区频发水旱灾害的原因探析》,《安徽大学学报（哲学社会科学版）》2006 年第 6 期。

陈泽伟:《地方创新化解边界纠纷》,《瞭望》2006 年第 22 期。

胡其伟:《漕运兴废与水神崇拜的盛衰——以明清时期徐州为中心的考察》,《中国矿业大学学报（社会科学版）》2008 年第 2 期。

国外论著

丰岛静英:《中国西北部にぉける水利共同体について》,《历史学研究》1956 年 201 号。

森田明:《明清时代の水利团体——その共同体的性格について》,《历史教育》1965 年第 13 卷第 9 号。

安东篱:《水道、爱情、劳动:性别化环境的各种面向》,《积渐所至:中国环境史论文集》,台湾"中央研究院"经济研究,1995 年。

杜赞奇著,王福明译:《文化、权力与国家 1900—1942 年的华北农村》,江苏人民出版社,1995 年。

森田明:《中国水利史の研究》,国书刊行会,1995 年。

森田明著,郑樑生译:《清代水利社会史研究》,台湾"国立"编译馆,1996 年。

Emily Honig, Creating Chinese Ethnicity: Subei People in Shanghai, 1850 – 1980, Harvard University, 1992.

Mark Elvin (伊懋可), Introduction. Japanese Studies on the History of Water Control in China: A Selected Bibliography. Edited by Mark Elvin, etc. The Institute of Advanced Studies, Australian National University, Canberra. With Centre for East Asian Cultural Studies for Unesco, The Toyo Bunko, Tokyo, 1994.

J.Bruce Jacobs, "Uneven Development: Prosperity and Poverty in Jiangsu", in Hans Hendrickske and Feng Chong-yi, eds., The Political Economy of China's Provinces: Comparative and Competitive Advantage, New York: Rout ledge, 1999.

Kathy Le Mons Walker, Chinese Modernity and the Peasant Path: Semi colonialism in the Northern Yangtze Delta, Stanford: Stanford University

Press , 1999.

档案全宗(号)

中国第二历史档案馆藏民国导淮委员会档案：

全宗号：三二〇(1)工程计划及报告

全宗号：三二〇(2)工程计划及报告

全宗号：三二一——三二三,各省水利档案

全宗号：三二四,测绘档案

全宗号：三三一,公地整理档案

江苏省档案馆藏省水利厅档案：

案卷号 196　　石梁河、骆马湖、黄墩湖工程查勘报告及沂沭泗流域规划的
　　　　　　　计划任务书

案卷号 1214　　苏、鲁关于陶沟河、燕井河、梁王城保麦围埝等边界工程来往
　　　　　　　文件

案卷号 1531　　苏、鲁关于惠河问题的来往文书

案卷号 1236　　苏、鲁边界新沂县黄墩河扩大初步设计及本厅初审意见(一)

案卷号 1215　　山东省编制的单丰边界除涝工程(山东部分)扩大初步设计

案卷号 1237　　微山湖水文水利计算初步分析报告

案卷号 394　　苏、鲁郯新邳苍沛微山等县关于江风口分洪及骆马湖治理等
　　　　　　　问题协商意见

案卷号 1231　　苏、鲁关于汶河、黄墩河、臧圩河统一排水规划的报告意见

案卷号 1216　　苏、鲁、皖三省关于太行堤河、复新河、苏北大堤等边界水利
　　　　　　　问题的规划设计任务书及来往文书

案卷号 1535　　江苏、丰沛二县与山东金乡、鱼台、单县关于引龙河、西支、姚
　　　　　　　楼等河水利问题的来往文书

案卷号 1520　　邳苍郯新地区统一排水规划报告的来往文书

案卷号 1231　　苏、鲁关于汶河、黄墩河、臧圩河统一排水规划的报告意见

案卷号 204　　关于解决邳、新、宿、睢等县洪涝矛盾与发展灌溉的报告

案卷号 196　　石梁河、骆马湖、黄墩湖工程查勘报告及沂沭泗流域规划的
　　　　　　　计划任务书

徐州市档案馆藏市水利局档案：

徐州市档案馆　　C21 - 2 - 134

徐州市档案馆　C21-2-160

徐州市档案馆　C21-2-23

徐州市档案馆　C21-2-91

徐州市档案馆　C21-2-85

徐州市档案馆　C21-2-24

徐州市档案馆　C21-2-55

徐州市档案馆　C21-2-133

徐州市档案馆　C21-2-89

山东省档案馆藏省水利厅档案：

山东省档案馆　A020-01-076

山东省档案馆　A020-01-276

山东省档案馆　A020-01-372

山东省档案馆　A020-01-399

山东省档案馆　A121-02-012

山东省档案馆　A121-02-186

山东省档案馆　A121-02-039

山东省档案馆　A020-02-242

山东省档案馆藏山东省政府档案：

鲁省府：关于颁发本省专区及县治行政区划调整方案令　A020-01-076

山东省1959年1~12月行政区划变动情况　A020-01-276

山东省1963年1~12月行政区划变动情况　A020-01-372

山东省1964年行政区划调整变动情况的报告　A020-01-399

湖西专署：为迅速派员解决秋官屯、吴坑排水纠纷由　A121-02-012

济宁菏泽专区边境水利问题协议执行情况会谈纪要　A121-02-186

济宁市档案馆藏市水利局档案：

省、济专水建部有关水利纠纷及省处理文件　21——6

济专水建部关于苏鲁边界、十字河建筑的往来文书　33——2

省、济专防指、苏鲁两省关于边界纠纷的报告　35——4

省、济宁地区防指关于苏鲁边界水利纠纷的往来文书　38——7

济宁专区农林水利党组有关水利纠纷处理意见协议等文件　70——15

济专水利建设指挥部关于解决水利纠纷的报告、意见、协议及函　83——9

注：县级档案馆所藏档案略

索　引

关键词索引

后　记

子曰:"四十而不惑。"盖言其于四十岁时已洞悉学理,明了世事。呜呼,余亦四十矣,然惑何其多哉!

余三十有四有志于学,由徐州师范大学而复旦学府,从明清史而历史地理,常感资质驽钝,记忆减退,于学问、学理缺乏思考,见识短浅,如何学有建树? 此惑一也。

余以历史思维入历史地理,见识诸多老师学友文理贯通、中外融汇、古今通达、思维缜密、理论熟谙,交谈间吾常瞠目无以为对。如何得历史地理其门而入? 此惑二也。

吾于复旦求学三年,可谓艰辛备至:以区区300元之生活补贴饫七尺男儿之躯,无异天方夜谭,此经济之艰辛也;以七尺男儿之躯抛家别子、洗衣做饭,谈何容易? 此生活之艰辛也;以思家念子之心青灯黄卷、昼夜不舍,情何以堪? 此心力之艰辛也。

有此二惑复以三艰,吾入学之初,几生退意,然机缘巧合,使吾坚持至今,得以竟全功者,所幸有六:

业师邹逸麟先生以古稀之龄,言传身教,其孜孜于学问,拳拳于学子,兢兢于工作之精神,使吾心生敬意,此一幸也。

史地所诸师,学问、人品皆足称道。犹记第一学期,得从周振鹤先生研学《历史政治地理》一课,茅塞顿开,期末作业得周先生褒扬,信心爆棚,兴趣大增;各科教师,如葛剑雄、张修桂、满志敏、吴松弟、王振忠、王建革、安介生等,均造诣深厚,学有专长,此二幸也。

得与徐建平君、王国强君、魏向东教授同处一室,朝夕相处,并与谢湜、王大学、吴轶群、吴媛媛、张珊珊等同窗,建平君之勤恳、国强君之敏锐、谢湜君之聪敏、大学君之刻苦、向东君之稳健,加之吴轶群、吴媛媛、张珊珊等之周到细致,使吾耳濡目染,得益良多,其友情之切切,不一而足,此三幸也。

复旦学园,书香浓郁,学术鼎盛,人才辈出。在读期间,适逢百年校庆盛典,其活动内容纷繁,形式包罗万象,或深入浅出,或深厚凝重,徜徉其间,归属感日深,此四幸也。

史地研究,倚重资料,故余常往来于各地图书、档案馆所,所到之处,多受善待。如中国第二历史档案馆、江苏省档案馆、山东省档案馆、徐州市档案馆、济宁市档案馆、沛县档案馆、沛县湖田办、丰县档案馆、铜山县档案馆等。徐州市档案馆关女士、董先生工作之认真,济宁市档案馆曲科长等服务之周到,沛县湖田办吴光伟先生讲解之细致,使吾收益颇丰。至于史地所资料室徐、陈两位老师给史地所诸学子之帮助,自毋庸于此赘言。此五幸也。

贤妻周晨,温良贤淑,供楼育雏,无怨无悔;犬子珺桓,聪颖伶俐,敏于求知,学有所成,使吾后顾无忧。家严家慈,倾全力以襄助;贤妹其颖,馈私蓄以盘费。更有硕士导师马雪芹先生,时时督促,关心备至;复有同门杨煜达、高凯、陆发春、巴兆祥、李德楠、段伟等君,于学问有师长之情,于朋友有手足之谊。此六幸也。

幸矣哉!得入复旦史地所求学。幸矣哉!见教于诸师。幸矣哉!得与诸位学兄学姐学弟学妹相与唱和。无以为谢,特制五言绝句一首与诸师友共勉:

　　　学海际无涯,苦舟以为家。
　　　何为楫与橹? 烛影共书华。

初稿:2007 年 5 月于复旦北区武川善堂

修改稿:2013 年 2 月于中国矿业大学

再修改稿:2015 年 5 月于澳洲格里菲斯大学

补　记

笔者自2007年踏入中国矿业大学旅游系供职。未几，学校院系调整，旅游系解散，于是我成了无专业、无根基的浮萍，一直在飘摇之中，于所钟爱的历史地理研究，竟置之高阁数年。

其间，一度蒙管理学院MBA中心收留，从事EMBA管理工作，一时耽于应酬，忙于事务而无暇顾及本业；更有浮躁心态，心生慵懒而不愿翻故纸堆，坐冷板凳。

2012年10月，开始在矿大管理学院办公室任事，再不必东奔西跑，觥筹交错，工作之余，略有闲暇，方才有机会将该论文整理补充，并与上海交通大学出版社接洽出版事宜。

2013年7月，蒙上海交通大学出版社推荐，获批国家社科基金后期资助项目，理应快马加鞭，尽快修改完成，却适逢本人另一本书《阅读运河》进入最后的编辑修改阶段，又蒙国家汉办选派，获得出国任教的资格，培训、准备资料、办理手续等牵扯大量精力，影响了研究进程。好在努力都获得了回报，《阅读运河》于二〇一四年八月出版，我也于十月如愿赴澳大利亚格里菲斯大学旅游孔子学院任教。

时隔八年，终于可以对自己读博三年的心血有个交代，在此再次感谢邹逸麟先生百忙之中为我作序；感谢上海交大出版社姜浩编辑的推荐；感谢不知名的学者为本研究提出的中肯的修改意见；感谢矿大前旅游系，虽然没有给我学术地位，但是给了我友情和归属感；感谢矿大管理学院每一位领导和老师，你们的学术成就和造诣，给了我急起直追的动力；感谢父母和家人的宽容与支持，我爱你们！

二〇一五年六月于澳洲格里菲斯大学